国家级职业教育规划教材

人力资源和社会保障部职业能力建设司推荐

高等职业技术院校焊接技术及自动化专业任务驱动型教材

焊接检测技术

HANJIE JIANCE JISHU

罗茗华　主编

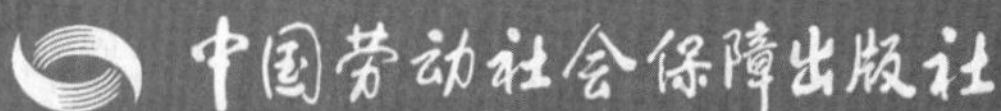

中国劳动社会保障出版社

图书在版编目(CIP)数据

焊接检测技术/罗茗华主编. —北京：中国劳动社会保障出版社，2011
高等职业技术院校焊接技术及自动化专业任务驱动型教材
ISBN 978-7-5045-9107-4

Ⅰ.①焊… Ⅱ.①罗… Ⅲ.①焊接-检验-高等职业教育-教材 Ⅳ.①TG441.7

中国版本图书馆 CIP 数据核字(2011)第 155862 号

中国劳动社会保障出版社出版发行

（北京市惠新东街 1 号 邮政编码：100029）

出 版 人：张梦欣

*

北京隆昌伟业印刷有限公司印刷装订 新华书店经销

787 毫米×1092 毫米 16 开本 12.5 印张 299 千字

2011 年 8 月第 1 版 2022 年 5 月第 9 次印刷

定价：23.00 元

读者服务部电话：(010) 64929211/ 84209101/ 64921644

营销中心电话：(010) 64962347

出版社网址：http:// www.class.com.cn

http:// jg.class.com.cn

前　言

为了更好地满足企业对焊接技术及自动化专业高技能人才的需求，全面提升教学质量，人力资源和社会保障部教材办公室组织全国有关院校的一线教学专家、企业技术专家，在充分调研企业生产实际和学校教学实际的基础上，精心编写了高等职业技术院校焊接技术及自动化专业教材，包括《金属熔焊基础》《冷作技术》《焊条电弧焊技术》《埋弧焊技术》《气体保护焊技术》《金属材料焊接》《焊接结构生产》和《焊接检测技术》。

本套教材紧紧围绕焊接工艺制定、焊接操作、焊接施工管理、焊接质量控制和检测等岗位的要求，参照《国家职业技能标准·焊工》设计内容，并确定以培养焊接工程现场操作能力、典型结构件焊接工艺制定能力、焊接质量检测与控制能力、焊接工程施工组织管理能力为主要教学目标。

焊接工程现场操作能力：主要通过《冷作技术》《焊条电弧焊技术》《埋弧焊技术》《气体保护焊技术》的教学，使学生能熟练进行一般性焊接工程的施工，能完成焊接材料选择、划线、号料、下料、装配、焊接等工作，熟悉相关设备。

典型结构件焊接工艺制定能力：主要通过《金属熔焊基础》《金属材料焊接》《焊接结构生产》的教学，使学生能熟练编制简单容器结构、桁架结构、格架结构、梁柱结构等常见中小型结构的焊接工艺，能读懂典型焊接结构的设计资料并对其合理性做出判断。

焊接质量检测与控制能力：主要通过《焊接检测技术》的教学，使学生能较熟练运用有关检测设备和方法并依据检测标准进行焊接质量检测。

焊接工程施工组织管理能力：主要通过《焊接结构生产》的教学，使学生能熟练进行焊接工程的现场组织与管理等工作。

在教材内容的组织上，采用任务驱动的编写思路。在教材的每一单元，首先提出具体的学习任务，使学生明确目标，产生学习的积极性；然后结合具体实例，讲解完成任务所需要的相关知识，使学生认识由感性上升到理性；在任务实施环节，详细介绍完成任务的步骤和注意事项，使学生能够顺利完成任务，增强学生的成就感。

在本套教材编写过程中，我们得到了有关省市人力资源和社会保障部门、高等职业技术院校和相关企业的大力支持，教材的编审人员做了大量的工作，在此表示衷心感谢！同时，恳切希望广大读者对教材提出宝贵的意见和建议。

人力资源和社会保障部教材办公室

2011 年 3 月

简　介

本教材由焊缝外观检测、无损检测、泄漏检测与压力试验以及破坏性检验等模块组成，以实际生产典型工作任务作为教学载体，学生将分别学习焊缝外形尺寸与表面缺陷检测、射线检测、超声波检测、磁粉检测、渗透检测、泄漏检测、压力试验、拉伸试验、弯曲试验以及冲击试验等常用焊接检测方法。每个模块下有若干教学任务，包含了任务提出、任务分析、相关知识、任务实施、任务评价、思考与练习等教学环节。

本书为国家级职业教育规划教材，适用于高等职业技术院校焊接技术及自动化专业教材，也可作为成人高校、本科院校举办的二级职业技术学院和民办高校的相关专业教材，或作为自学用书。

本书由广东省技师学院罗茗华、喻新民、喻凯余、黄志，颇尔过滤器（北京）有限公司徐峰，广州铁路（集团）公司罗瑞忠，李德华，大庆职业学院李文聪，沈阳职业技术学院张红兵编写。罗茗华担任主编并统稿，喻新民担任副主编，湖南铁道职业技术学院周桂芬主审。

目　录

模块一　焊缝外观检测

在焊接结构件、焊接容器、管道的生产制作中，焊缝外观必须满足设计要求或符合有关生产质量标准的规定。为保证焊接质量，在焊后必须按有关标准对焊缝外观进行检测，并评定其是否合格。焊缝外观检测包括焊缝外形尺寸检测和焊缝表面缺陷检测。

任务1　焊缝外形尺寸检测

技能点

◎ 正确使用焊接检验尺、量具对焊缝外形尺寸进行检测；焊缝外形尺寸检测结果的评定。

知识点

◎ 焊缝外形尺寸；焊缝外形尺寸检测标准；焊接检验尺、量具的结构和用途。

任务提出

焊缝外形尺寸检测是焊接生产制作中首先要进行的检测项目，《钢制压力容器》（GB 150—1998）、《压力容器安全技术监察规程》和《蒸汽锅炉安全技术监察规程》分别对锅炉压力容器和压力管道焊缝的外形尺寸作出了要求。焊接接头的焊缝余高过高不仅影响美观，还浪费材料，而且在使用中会引起应力集中，从而缩短使用寿命，严重的甚至会导致焊接结构的破坏、危及生命和财产的安全。焊缝外形尺寸检测若不合格，则必须按规定进行焊缝返修或重新焊接试板，之后再进行焊缝外形尺寸的检测。

如图1—1—1所示，焊接试件的坡口形式为V形坡口，平焊焊接，材质为Q235B，板厚$t=10$ mm，采用焊条电弧焊单面焊双面成型。焊接试件的焊缝形状尺寸要符合图样要求，特别是要符合《钢制压力容器》（GB 150—1998）标准对对接焊缝的余高、焊缝宽度和角焊缝的焊脚尺寸等的规定。本任务要求在焊后对焊件焊缝外形尺寸进行检测，以评定焊缝是否合格。

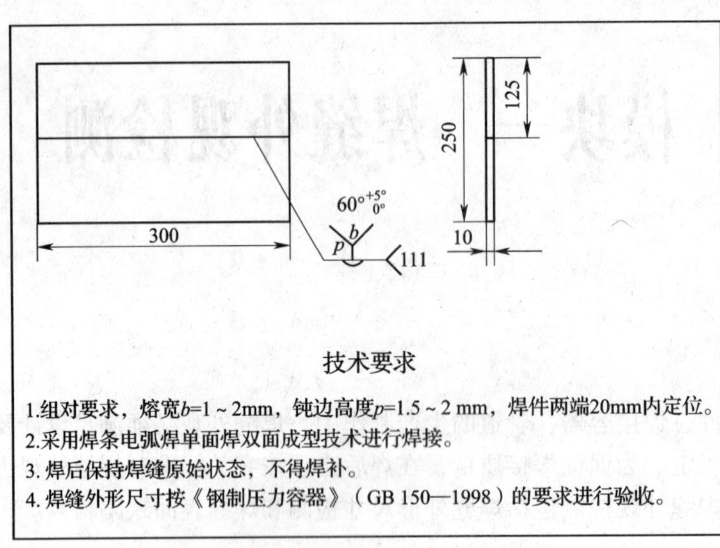

a)

b)

图 1—1—1　焊接试件 S2010－80

a）工件图　b）试件

任务分析

为完成此任务，需要了解试板的焊接要求，对检测前的准备、计量器具的准备以及检测范围进行确认，确认量具能否使用（是否在校验有效期内），并按说明书进行操作练习，确保使用熟练。根据图样明确焊缝外形尺寸的检测内容、检测标准，然后进行外形尺寸检测并对结果进行评定。

相关知识

一、焊缝外形尺寸检测方法

1. 焊缝外形尺寸检测的作用

在焊接生产中，焊缝外形检测是最基本的焊接质量检测方法，对任何焊缝都必须先进行外形检测，检测合格后才能进行焊缝内部质量检测等其他检测。在焊接结构中，对接焊缝外形尺寸检测主要是检测其焊缝余高及焊缝宽度；角焊缝外形尺寸检测主要是检测其焊缝的焊脚尺寸。检测时要有良好的照明，主要用肉眼和焊缝卡板、焊接检验尺、游标卡尺等量具进行观察和测量，有时还借助低倍放大镜检测。要测出焊缝的外形尺寸，检测焊缝表面缺陷，对照技术标准评定焊缝外形质量是否合格。

外观检测是一种成本很低的质量控制手段，所需检测工具最少，能检测焊缝表面的清理质量、焊缝几何形状、焊缝表面缺陷、焊缝缺陷修复后的表面质量。在焊接生产时采用外观检测能在缺陷形成时就将其发现，便于及时采取最为经济的措施予以纠正，以免造成更大的经济损失，甚至埋下安全隐患。此外，越早发现焊接缺陷，所需的修补时间就越少，对整个工程进度的影响也越小。

2. 焊缝外形尺寸检测的内容

焊缝外形尺寸（例如对接焊缝的焊缝宽度、角焊缝的焊脚尺寸等）是表示焊缝形状特征的指标，是影响焊接质量的重要因素之一。若焊缝过宽，焊缝外形尺寸过大，不但使焊接接头受热程度严重而引起焊缝晶粒粗大，塑性、韧性下降，而且使焊接热影响区较大，易产生焊接应力与变形，同时也浪费材料、增加成本；若焊缝过窄，使焊脚尺寸过小，母材与焊缝可能熔合不良而引起应力集中，同时使焊缝易产生咬边、裂纹等缺陷，从而影响接头强度。如图 1—1—2 所示为不符合要求的对接焊缝外形尺寸。为了避免焊缝尺寸造成的损失，做好焊缝外形尺寸的检测是保证焊接质量的关键。

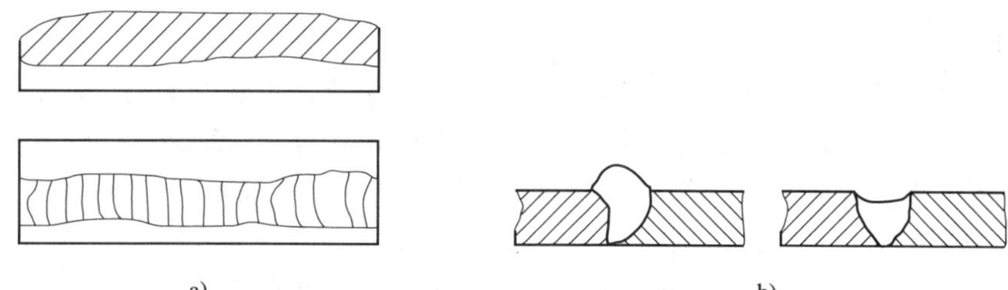

图 1—1—2　焊缝尺寸不符合要求
a）高低不平、宽窄不平　b）余高过高、余高过低

对焊缝外形尺寸进行检测时，焊缝应处于原始状态，不同形式焊缝的检测内容有所区别。

（1）对接焊缝。主要包括焊缝余高及高低差，焊缝宽度及宽窄差，焊缝波纹均匀还是粗劣，错边量、变形角、焊缝边缘直线度，焊缝成型是否美观。

（2）角焊缝。主要包括角焊缝的焊脚尺寸，角焊缝的凸度或凹度尺寸。

3. 目视检测

焊缝外形尺寸检测主要采用目视检测的方法。目视检测是指仅用人的眼睛或借助于光学仪器和设备与各种放大装置相结合的方式，对试件焊缝表面进行直接观察或测量，具有简单、快速的特点。典型目视检测是将检测限制在电磁谱的可见光范围内，如图 1—1—3 所示为目视检测状态。目视检测可以直接观察焊缝的表面，并判定其是否是原始表面，它不但能检测构件的几何尺寸、结构完整性、焊缝形状缺欠等，还能检测构件表面上的缺陷和其他细节，如焊缝边缘直线度等。目视检测方法一般分为直接检测和间接检测两种。

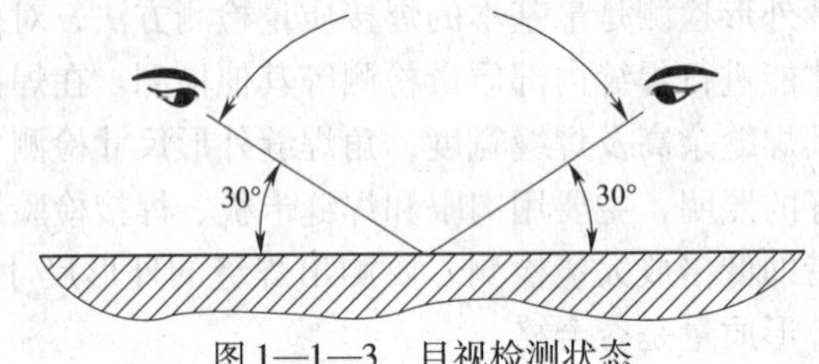

图 1—1—3　目视检测状态

（1）直接检测。指直接用人眼或使用放大倍数为 6 倍以下的放大镜，对试件进行检测。

（2）间接检测。用于检测无法直接观察的焊缝区域。采用间接检测时可以借助各种光学仪器或设备进行间接观察，如望远镜、工业内窥镜、光导纤维等。

目前在锅炉压力容器的焊缝外形尺寸检测中，主要是采用直接检测法。根据目视检测的基本要求，对于不同类型的焊缝表面可采用不同的目视检测手段，一般采用各类检测尺对焊接构件的外形及尺寸进行检测，以确定焊缝宽度、余高，以及角焊缝的有效厚度、焊脚尺寸、焊脚的对称度等。

目视检测的基本条件：被检面的光照度不小于 350 lx，推荐值为 500 lx（夏季晴天的室内光照度为 100 ~ 550 lx）；人眼与被检面的距离不大于 600 mm；人眼与被检面的夹角不小于 30°；经商定可采用其他检测设备，如内窥镜等。

二、检测量具

检测量具包括各类焊接检验尺、间隙测量规、半径量规、深度量规、内外卡尺、定心规、塞尺、螺纹规及千分表等。

1．焊接检验尺

焊接检验尺是目前对焊缝外形尺寸进行检测的主要量具，主要由主尺、高度尺、咬边深度尺及多用尺四部分组成，主要用来检测焊接构件的各种角度和焊缝余高、焊缝宽度，以及角焊缝的有效厚度、焊脚尺寸、焊脚对称度等，如图 1—1—4 所示。表 1—1—1 是常用的 60 型焊接检验尺的用途及测量范围。

图 1—1—4　60 型焊接检验尺

表 1—1—1　　60 型焊接检验尺的用途及测量范围

测量项目		测量范围	示值允差	焊接检验尺简图
高度	平面高度	0～15 mm	0.2 mm	高度尺 主尺 咬边深度尺 多用尺
	角焊缝高度	0～15 mm	0.2 mm	
	角焊缝厚度	0～15 mm	0.2 mm	
宽度		0～60 mm	0.3 mm	
焊件坡口角度		≤160°	30′	
焊缝咬边深度		0～5 mm	0.1 mm	
间隙尺寸		0.5～6 mm	0.1 mm	

2. 其他检测量具

各类量规、直尺、样板和塞尺等，也是焊缝外形尺寸检测很重要的量具。表 1—1—2 是其他检测量具的用途及其测量范围和参数。

表 1—1—2　　其他检测量具的用途及其测量范围和参数

焊缝量具	说明	焊缝类型				测量范围/mm	读数精度/mm	夹角或角焊缝角度/(°)	夹角或角焊缝允许偏差
		角焊缝			对接焊缝				
		平面	凹面	凸面					
简易焊缝量具	1. 可测量 3～15 mm 厚的焊缝。曲线部分将置放在熔合面上，有三个点可与工件和焊缝相接触 2. 用直线部分测量对接焊缝的余高	√	√	—	√	3～15	0.5	90	小
一套焊接测量样板	可测量 3～12 mm 厚的角焊缝。3～7 mm 的精度为 0.5 mm。该量具用三点接触的原理进行测量	√	√	—	—	3～12	0.5	90	无
有（数字）游标的焊缝测量尺	可测量角焊缝，也可用于测量对接焊缝的余高。能够利用其角部测量 V 形和单面 V 形对接焊缝的 60°、70°、80° 和 90° 的夹角，但是会由于小的偏差而导致大的误差	√	√	—	√	0～20	0.1	90	无

续表

焊缝量具	说明	焊缝类型				测量范围/mm	读数精度/mm	夹角或角焊缝角度/（°）	夹角或角焊缝允许偏差
		角焊缝			对接焊缝				
		平面	凹面	凸面					
自制焊缝量具	测量内角为90°的角焊缝厚度	√	—	—	—	0～20	0.2	90	无
量规	用于测量角焊缝焊脚尺寸；也可用于测量对接焊缝的宽度、咬边量	√	√	√	√	—	—	—	—
万用焊接测量器具	测量角焊缝形状和尺寸；测量对接焊缝的错边量、接头准备（角度）、焊缝余高、焊缝宽度和咬边	√	√	√	√	0～30	0.1	—	±25%
间隙测量器具	测量间隙宽度	—	—	—	√	0～6	0.1	—	—
错边量钩状检查器具	测量板材和管材对接焊缝坡口的错边量	—	—	—	√	0～100	0.05	—	—
万用对接焊缝测量器具	测量接头准备和完成的对接焊缝：坡口角度；根部间隙宽度；焊缝余高；焊缝表面宽度；咬边的深度；填充材料的直径	√	√	√	√	0～30	0.1	—	±25%

注：√为适合；—为不适合。

三、检测操作步骤

1. 目视检测

目视检测是用眼睛直接观察和分辨缺陷。一般情况下，目视检测的距离约为600 mm，眼睛与被检工件表面所成的视角不小于30°，同时被检面的光照度不小于350 lx，推荐为500 lx。在检查过程中，可以采用适当照明、利用反光镜调节照射及观察角度、借助低倍放大镜观察等措施，提高眼睛发现缺陷和分辨缺陷的能力。

对眼睛不能接近的焊缝必须借助望远镜、内孔管道镜等进行观察。借助的设备至少应具有与直接目视检测效果相同的能力。

在焊接工作结束后，将工件表面的焊渣和飞溅物清理干净，按表1—1—3所列的项目进行目视检测。

表1—1—3　　焊缝目视检测的项目

检测项目	检测部位	质量要求	备注
清理质量	所有焊缝及其两侧25 mm范围内	无焊渣、飞溅物及阻碍检测的附着物	
几何形状	焊缝与母材连接处	焊缝完整，不得有漏焊，连接处应圆滑过渡	
	焊缝形状和尺寸急剧变化的部位	焊缝高低、宽窄及结晶焊缝波纹应均匀	可用焊接检验尺等测量
伤痕补焊	装配拉肋板拆除部位	无缺肉及遗留焊疤	
	母材机械划伤部位	划伤部位不应有明显棱角和沟槽，伤痕深度不超过有关标准规定	

2. 焊缝尺寸检测

焊缝尺寸检测主要测量焊缝外形尺寸是否符合图样标注尺寸或技术标准规定的尺寸。

（1）对接焊缝尺寸的检测。主要检查焊缝的余高 h 和熔宽 b，一般使用焊接检验尺来测量对接焊缝外形尺寸，其中以测量余高 h 为主，如图1—1—5a、图1—1—5b所示。目前，《钢制压力容器》（GB 150—1998）、《压力容器安全技术监察规程》只对焊缝余高有明确定量的规定和限制，见表1—1—4，而对焊缝宽度无定量规定，只要求焊缝宽度较均匀即可。

（2）角焊缝尺寸的检测。主要检测焊缝的厚度、焊脚尺寸、凸度和凹度，测量角焊缝可以使用焊接检验尺和样板。使用焊接检验尺测量焊脚尺寸的方法如图1—1—5d所示；测量角焊缝厚度的方法如图1—1—5e所示。但在多数情况下，只测量焊脚尺寸 K_1、K_2；当图样标注中要求角焊缝厚度时，不但要求实际角焊缝厚度符合尺寸 a，而且还要求焊脚尺寸 $K_1=K_2$，因为只有这样才能准确测量 a 的值，如图1—1—6所示。

3. 焊接检验尺检测焊缝外形尺寸的方法

（1）余高测量（见图1—1—5a）。测量焊缝余高时，首先把咬边深度尺对准零位，并紧固螺钉，然后将滑动高度尺与焊缝余高接触，高度尺的示值即为焊缝余高。

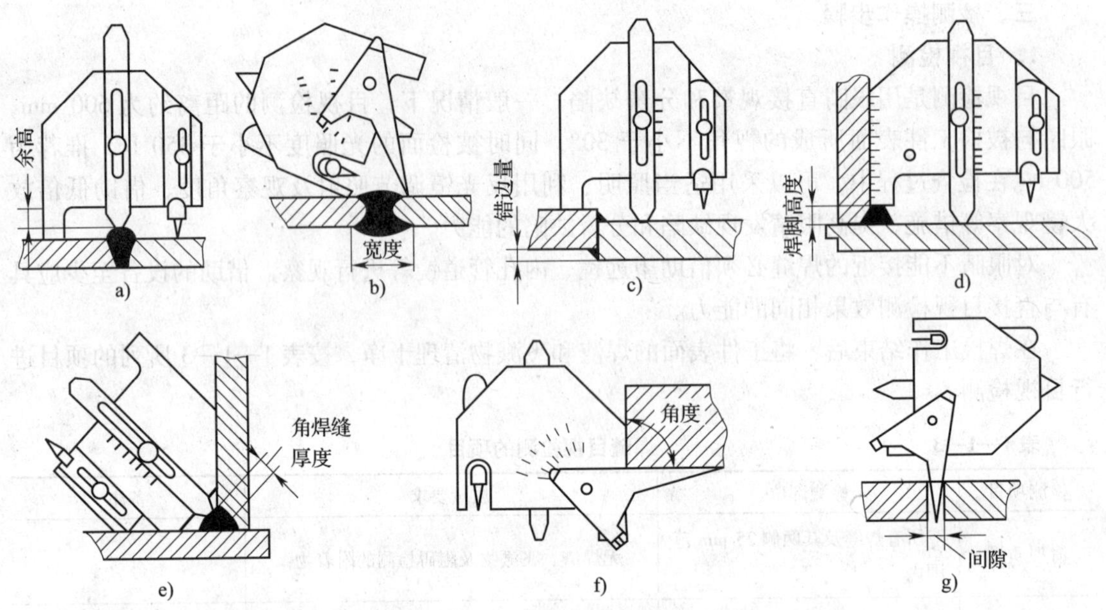

图1—1—5 焊接检验尺的使用方法

a）余高测量 b）宽度测量 c）错边量测量 d）焊脚高度测量 e）角焊缝厚度测量 f）角度测量 g）间隙测量

表1—1—4 压力容器A、B类焊缝余高允许值 mm

焊缝熔深 H	焊缝余高 h	
	手工焊	自动焊
$H\leqslant12$	0~1.5	0~4
$12<H\leqslant25$	0~2.5	0~4
$25<H\leqslant50$	0~3	0~4
$H>50$	0~4	0~4

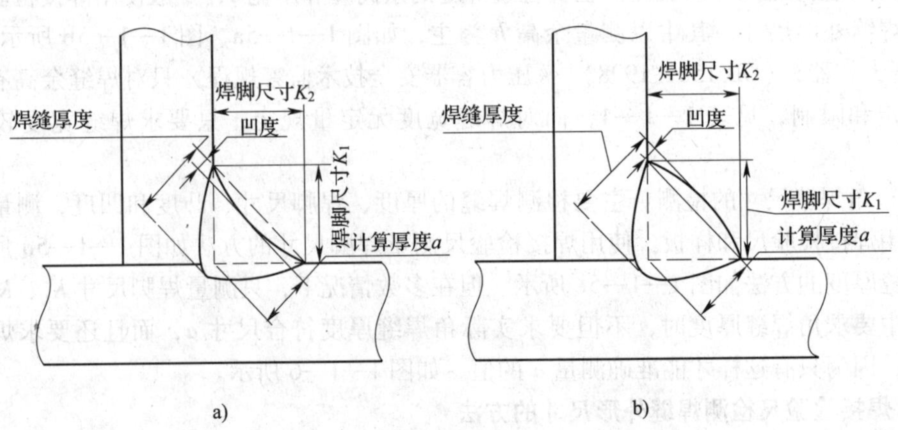

图1—1—6 角焊缝尺寸

a）凹形角焊缝 b）凸形角焊缝

（2）宽度测量（见图1—1—5b）。测量焊缝宽度时，先用主尺测量角紧靠焊缝一边，然后将旋转多用尺的测量角紧靠焊缝的另一边，读出焊缝宽度示值。

（3）错边量测量（见图1—1—5c）。测量错边量时，先用主尺紧靠焊缝一边，然后滑动高度尺，使之与焊缝另一边接触，高度尺示值即为错边量。

（4）焊脚高度测量（见图1—1—5d）。测量角焊缝焊脚高度时，用尺的工作面紧靠焊件和焊缝，并滑动高度尺使之与焊件的另一边接触，高度尺示值即为焊脚高度。

（5）角焊缝厚度测量（见图1—1—5e）。测量角焊缝厚度时，把主尺的工作面与焊件靠紧，并滑动高度尺与焊缝接触，高度尺示值即为角焊缝厚度。

（6）角度测量（见图1—1—5f）。将主尺和多用尺分别紧靠被测角的两个面，其示值即为角度值。

（7）间隙测量（见图1—1—4g）。多用途尺插入两焊件间，测量两焊件的装配间隙。

4. 检测数据记录

对检测数据均应进行记录，对于不合格数据必须进行标记，对每一检测数据需要进行2～3次的确认，检测数据必须准确无误。

四、检测结果评定

焊接结构件、焊接容器及管道必须满足设计要求或符合有关标准的规定。因此，其焊缝外形尺寸检测应满足设计要求或符合有关标准（如《钢制压力容器》（GB 150—1998）、《压力容器安全技术监察规程》）的规定。

例如，焊接产品试板焊缝外形尺寸必须符合《钢制压力容器》（GB 150—1998）及《钢制压力容器焊接规程》（JB/T 4709—2000）的规定；焊接工艺评定的试件应符合《钢制压力容器焊接工艺评定》（JB 4708—2000）的规定；焊工考试的焊接试件焊缝外形尺寸的检测主要是根据《锅炉压力容器压力管道焊工考试与管理规则》进行评定的。综合以上相关标准，锅炉压力容器焊接接头的焊缝外形尺寸质量要求如下。

（1）形状、尺寸以及外观应符合技术标准和设计图样的规定。

（2）焊缝与母材应圆滑过渡。

（3）角焊缝的焊脚高度应符合技术标准和设计图样要求，外形应平缓过渡。

（4）焊缝外形尺寸应满足表1—1—5的要求。

表1—1—5　　焊缝外形尺寸　　mm

焊接方法	焊缝余高		焊缝余高差		焊缝宽度		焊道高度差	
	平焊	其他位置	平焊	其他位置	比坡口每侧增宽	宽度差	平焊	其他位置
手工焊	0～3	0～4	≤2	≤3	0.5～2.5	≤3	—	—
（半）自动化焊	0～3	0～3	≤2	≤2	2～4	≤2	—	—
堆焊	—	—	—	—	—	—	≤1.5	≤1.5

注：除电渣焊、摩擦焊、螺柱焊外，厚度大于或等于20 mm的埋弧焊试件，余高可为0～4 mm。

任务实施

一、检测前准备

1. 检测要求与被检工件清理

(1) 检测要求。如图 1—1—1 所示，焊件 S2010 - 80 的检测要求符合技术标准和设计图样的规定。本焊件为压力容器的焊接试板，因此应符合技术标准《钢制压力容器》(GB 150—1998) 和《压力容器安全技术监察规程》的规定。

(2) 被检工件清理。焊缝外形检测区域一般是指焊缝及热影响区，具体尺寸为焊缝及两侧各 25 mm 范围内，检测前用钢（铜）丝刷或錾子对本试件焊缝及其两侧附近（25 mm 范围内）表面进行清理，清除焊缝表面的熔渣及其两侧的飞溅物、污物，确保没有影响检测和评定的异物存在。

2. 检测工量具的准备

准备检测工作平台、焊接检验尺、卡规、卡尺、钢直尺等。

3. 检测主要项目的确定

本试件焊缝外形尺寸检测主要项目的确定，见表 1—1—6。

表 1—1—6　焊缝外形尺寸检测项目

序号	检测内容	质量要求
1	焊缝直线度	焊缝中心线偏斜 <2 mm
2	焊缝余高	0 ~ 3 mm
3	焊缝余高差	≤2 mm
4	焊缝宽度	0. 5 ~ 2. 5 mm
5	焊缝宽窄差	≤3 mm
6	角变形	≤3°
7	错边量	<1 mm

待焊件焊后冷却至室温后，将焊件置于检测平台（检测平台应放在光照良好的位置）上，同时检测人员眼睛与被检测焊件表面的视角应不小于 30°，以确保读取检测数据的准确性。

二、检测操作

1. 焊缝外观成型检测

焊缝完整，焊波均匀，成形美观，焊缝与母材连接处无焊漏，连接处圆滑过渡，焊缝的侧面角小于 90°，采用样板（长 200 mm）配合直尺进行检测，不应有明显棱角和沟槽。

2. 试件焊缝外形尺寸的检测

(1) 焊缝宽窄的检测。可采用量具，例如卡尺、卡规、直尺等进行检测；也可采用焊接检验尺配合直尺进行检测（包括正面、背面的表面焊缝宽窄检测）。检测时，一般要各选择 3 个目测最宽和最窄的焊缝处进行检测，检测结果取 3 个最宽中的最大数据为焊缝宽度的最大值，取 3 个最窄中的最小数据为焊缝宽度的最小值，如图 1—1—7 所示。

（2）焊缝余高的检测。采用焊接检验尺进行检测（包括正面、背面的表面焊缝余高检测）。与宽窄的检测一样，检测时一般要各选择 3 个目测最高和最低的焊缝处进行检测，检测结果取 3 个最高中的最大数据为焊缝余高的最大值，取 3 个最低中的最小数据为焊缝余高的最小值，如图 1—1—8 所示。

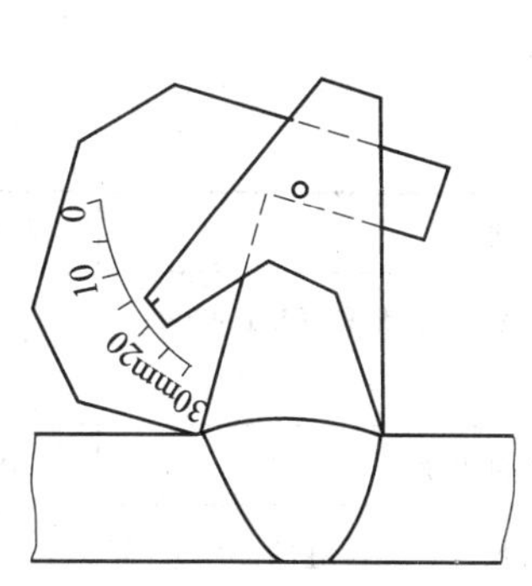

图 1—1—7　测焊缝宽度

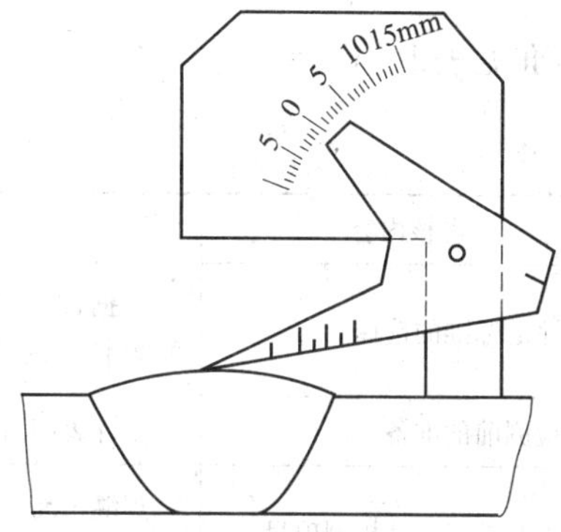

图 1—1—8　测焊缝余高

（3）错边量的检测。对接焊缝在组对时容易出现错边，此项检测通常是在组对时进行，焊接后也可进行检测，一般采用焊接检验尺配合直尺进行，本试件的错边量为 0 mm。

3. 检测的数据记录

检测数据均应进行记录，对于不合格的数据必须进行标记，每一检测数据需要进行 2 ~ 3 次的确认。本焊接试板 S2010 - 80 的焊缝外形尺寸检测数据记录见表 1—1—7。

表 1—1—7　　焊缝外形尺寸检测数据记录

产品名称		焊缝编号	S2010 - 80	焊工号	12
材质		焊接方法	焊条电弧焊	施焊日期	
焊缝成型					
焊缝余高/mm	正面	1.5 ~ 2.0	余高差/mm	正面	0.5
	背面	0.8 ~ 1.0		背面	0.2
焊缝宽度/mm	正面	13.5 ~ 14.5	宽窄差/mm	正面	1.0
	背面	8.5 ~ 9.0		背面	0.5
焊脚尺寸/mm	/		错边量/mm	0	
其他	/				
检测结果	合格				
备　注	按图样要求、GB 150—1998 和 JB/T 4709—2000 规定进行评定				
检测人员		检测日期			

三、检测结果评定

按 GB 150—1998 标准、JB/T 4709—2000 标准和图样要求规定，结合检测数据对检测结果进行评定，具体是对表 1—1—7 测得的焊缝外形尺寸检测数据与表 1—1—6 中的焊缝外形尺寸检测项目中质量要求的数据比较后进行评定。

本焊件外形尺寸检测评定结果：合格。

任务评价

评分标准见表 1—1—8。

表 1—1—8　　评分标准

序号	考核内容	评分标准	配分	得分
1	评定标准的选择	根据图样要求、GB 150—1998 标准和 JB/T 4709—2000 标准选择正确的评定标准	10	
2	检测前的准备	工件表面清理、检测工量具的选择	20	
3	主要外形尺寸检测项目	焊缝余高、焊缝宽度（焊脚尺寸、角焊缝的凸度或凹度）、错边量、角变形	20	
4	使用焊接检验尺对焊缝外形尺寸的检测	焊接检验尺的正确使用，读数是否正确	30	
5	依据检测数据对焊缝外形尺寸进行评定	根据图样要求及相关标准规定对检测结果进行评定	20	
		总分合计	100	

思考与练习

1. 简述焊缝外形尺寸的内容及评定标准。
2. 如何正确使用焊接检验尺对焊缝外形尺寸进行检测？
3. 根据检测数据如何评定焊缝外形尺寸是否合格？

任务 2　焊缝表面缺陷检测

技能点

◎ 正确使用焊接检验尺、量具对焊缝表面缺陷进行检测；焊缝表面缺陷检测的判定。

知识点

◎ 焊缝表面缺陷内容；焊缝表面缺陷检测标准；焊接检验尺、量具的结构和用途。

任务提出

在焊接结构件、焊接容器、管道的生产制作中，按照设计要求或有关标准的规定，焊缝外观必须满足设计要求或符合有关标准的规定。如果焊缝表面存在缺陷，不仅会破坏接头的连续性，而且还会引起应力集中，缩短使用寿命，严重的甚至会导致结构的破坏，危及生命财产安全。因此，除对焊缝外形尺寸进行检测外，还必须对焊缝表面缺陷进行检测。

如图 1—2—1 所示，焊接试件的坡口形式为 V 形坡口，平焊焊接，材质为 Q235B，板厚$t=10$ mm，采用焊条电弧焊焊接单面焊双面成型。焊接试件的焊缝表面检测结果要符合标准规定。因此，要求焊后对此焊件的焊缝表面是否有缺陷进行检测，以判定焊缝是否满足相关标准要求（说明：已对此焊件进行外形尺寸检测，检测结果为合格）。

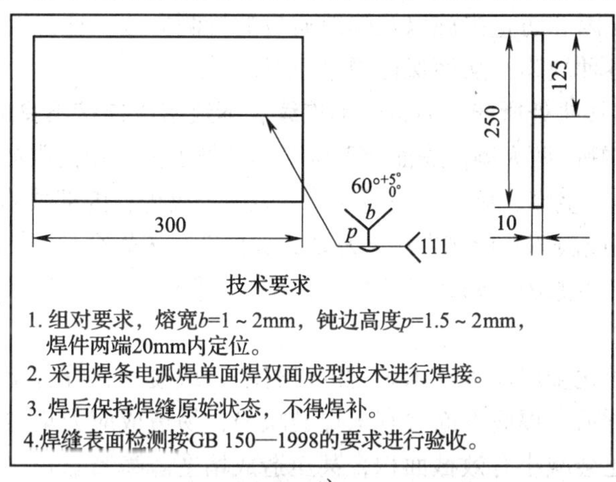

a)

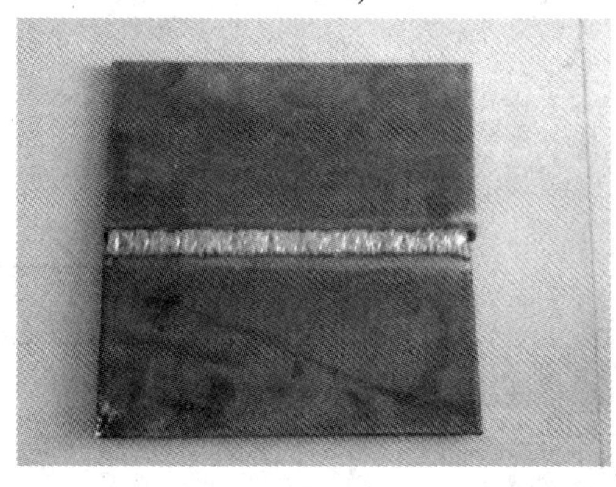

b)

图 1—2—1　焊接试件 S2010－90

a）工件图　b）试件

任务分析

为完成此任务，需要对焊件试板进行分析，对检测前的准备、计量器具的准备、检测范围进行确认，并确认量具能否使用（是否在校验有效期内）并按说明书进行操作练习，确保使用熟练。根据图样及相关标准，确认焊缝外表缺陷检测内容，一般焊缝外表缺陷包括咬边、焊瘤、烧穿、弧坑、表面气孔、表面裂纹等。使用焊接检验尺对焊缝进行检测，并根据检测结果和相关标准评定焊缝外观是否合格。

相关知识

一、焊缝表面缺陷

焊接结构件、焊接容器及管道中的缺陷不仅会破坏接头的连续性，而且还会引起应力集中，缩短使用寿命，严重的甚至会导致结构的破坏，危及生命财产安全。焊接结构发生事故大都是由于焊接结构中的缺陷所引起的。为了消除焊接缺陷所带来的质量隐患，必须了解焊接缺陷的性质、产生原因和防止措施以及焊缝质量的检测方法。通过对焊接件进行必要的检测和评定，及时消除各种缺陷，从而保证焊接质量。

焊接过程中在焊接接头处所产生的金属不连续、不致密或连接不良的现象称为焊接缺陷，可分为表面缺陷与内部缺陷两大类。表面缺陷位于焊缝外表面，用肉眼或简单测量方法就可检查出来，如咬边、焊瘤、烧穿、弧坑、表面气孔、表面裂纹等；内部缺陷位于焊缝内部，这类缺陷可用无损探伤检测或破坏性检测方法来发现，如夹杂、未熔合、未焊透、内部裂纹等。

表面缺陷类型、产生原因、防止措施如下。

1．焊瘤

在焊接过程中，熔化金属流敷在未熔化的母材上，或凝固在焊缝上所形成的金属瘤称为焊瘤，如图1—2—2所示。焊瘤下面常有未焊透缺陷，易造成应力集中，又影响焊缝表面的美观。管道内的焊瘤还会减小有效截面积，甚至造成堵塞。

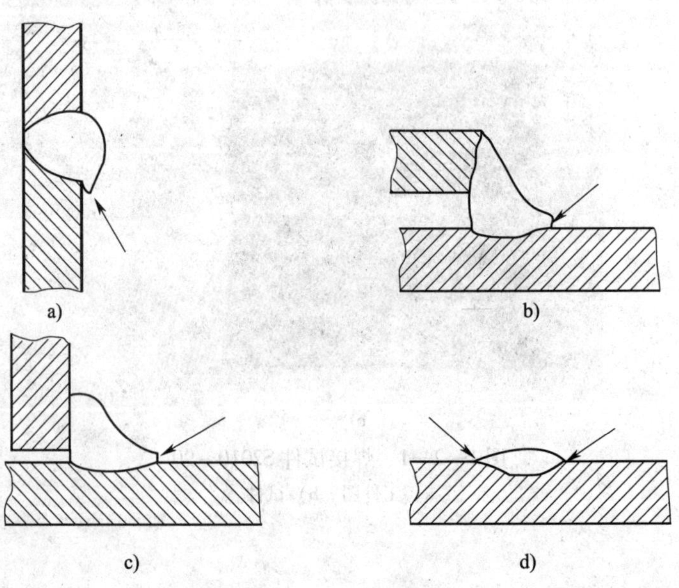

图1—2—2　焊瘤

a）对接接头焊缝的焊瘤　b）搭接接头焊缝的焊瘤　c）角接接头焊缝的焊瘤　d）堆焊焊缝的焊瘤

形成的主要原因：焊接电流太大，焊速太慢，焊件装配间隙太大，运条不当，操作不熟练等。

防止措施：提高操作技术水平，选择正确的焊接电流、焊接速度，使用碱性焊条时宜采用短弧焊接，运条方法要正确。

2. 咬边

焊缝的边缘被电弧熔化而形成的沟槽或凹陷称为咬边，如图 1—2—3 所示。咬边会使母材的有效截面积减小，不仅减弱了焊接接头强度，而且容易造成应力集中，承载后可能在此处产生裂纹。特别重要的焊件不允许存在咬边。承受动载荷焊件的母材咬边深度不得大于 0.5 mm；承受静载荷的焊件咬边深度也不得大于 1 mm。

形成的主要原因：平焊时，焊接电流过大，电弧过长或运条速度不合适；角焊时，焊条角度或电弧长度不当。

防止措施：选择适当的焊接电流，保持运条均匀，角焊时采用的焊条角度要合适，并保持一定的电弧长度。

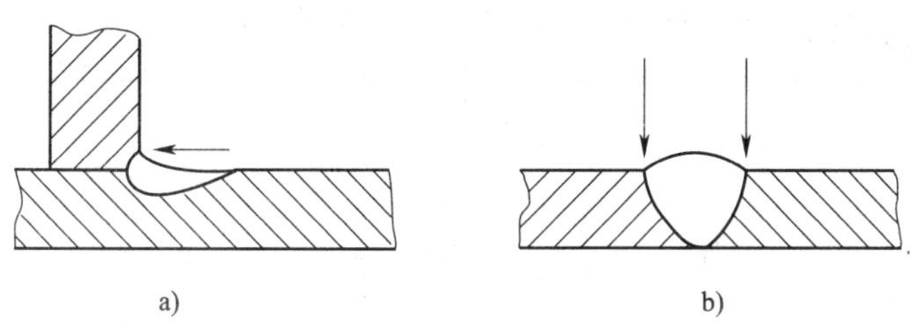

图 1—2—3　咬边

a）角焊缝的咬边　b）对接焊缝的咬边

3. 弧坑

在焊缝末端或焊缝接头处形成低于母材表面的局部凹坑称为弧坑，如图 1—2—4 所示。弧坑处焊缝的强度严重减弱，而且弧坑内容易产生气孔、夹杂或微小裂纹，所以在熄弧时一定要填满弧坑，使焊缝高于母材。

形成的主要原因：电弧拉得太长，焊接表面焊缝时，焊接电流过大，焊条又未适当摆动，熄弧太快。

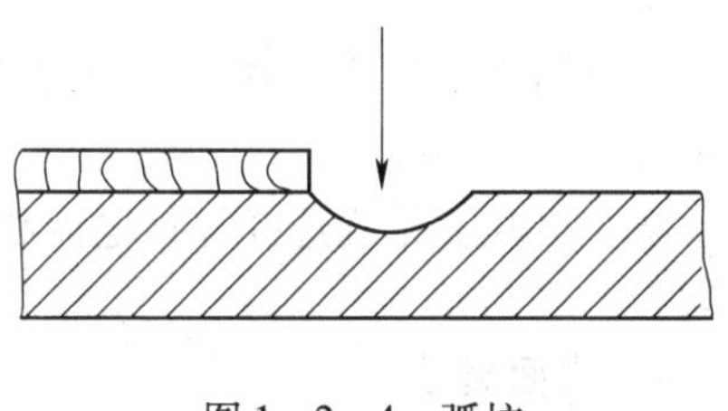

图 1—2—4　弧坑

防止措施：采用短弧焊接，填满弧坑。

4. 气孔

气孔是由于焊缝液体金属中溶解的气体在冷却和结晶时来不及析出，而残留下来所形成的空穴。气孔裸露在焊缝表面，即称表面气孔或称外部气孔，如图 1—2—5a 所示。存在于焊缝里的气孔称内部气孔，如图 1—2—5b 所示。形成气孔的气体主要有氢气、氮气和一氧化碳。气孔有球形、条虫状和针状等多种形状。表面气孔有时是单个分布的，有时是密集分布的，也有连续分布的，如图 1—2—5c、d 所示。表面气孔对强度、塑性有影响，且破坏焊缝金属的连续性，降低了结构的致密性。有些对气密性要求高的结构是不允许存在表面气孔的。

形成的主要原因：焊接工艺参数不当；冷却速度过快；母材本身原因；焊接材料未烘干等。

防止措施：焊前将焊丝和焊接坡口及其两侧 20 ~ 30 mm 范围内的焊件表面清理干净；对焊条和焊剂按规定烘干，不得使用药皮开裂、剥落、变质、偏心或焊芯锈蚀的焊条；气体保护焊时的保护气体的纯度应符合要求，并注意防风；选择合适的焊接工艺参数；碱性焊条施焊时应采用短弧焊接，并采用直流反接；若发现焊条偏心要及时调整焊条角度。

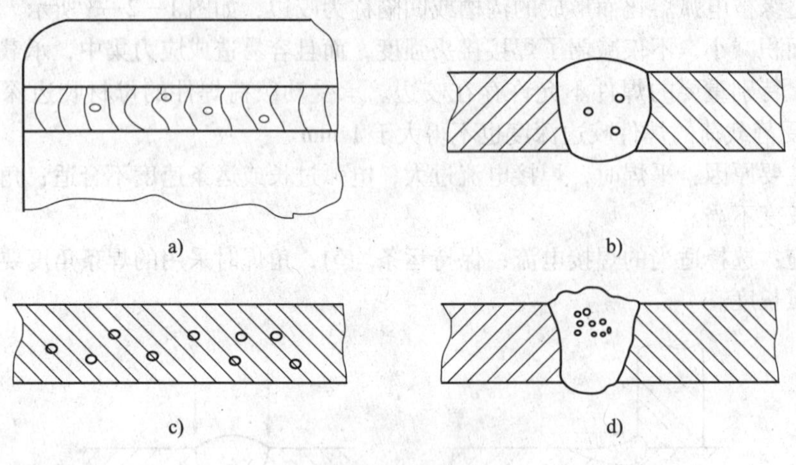

图 1—2—5　气孔

a）外部气孔　b）内部气孔　c）连续气孔　d）密集气孔

5．烧穿

在焊接过程中，熔化金属自坡口背面流出形成穿孔的缺陷称为烧穿，如图 1—2—6 所示。烧穿使该处焊缝强度显著减小，也影响外观，必须避免。

图 1—2—6　烧穿

形成的主要原因：焊接电流过大；焊接速度过慢；焊件间隙过大。

防止措施：正确选择焊接电流和焊接速度；减少熔池高温停留时间；严格控制焊件的装配间隙。

6．表面裂纹

表面裂纹是焊接裂纹的一种，即焊接接头表面由于局部结合遭受破坏而形成的。它具有尖锐的缺口和大的长宽比，在焊件工作过程中会扩大，甚至会使结构突然断裂，是接头中最危险的缺陷，一般不允许存在，如图 1—2—7 所示。

形成的主要原因：焊接应力的存在和低熔点共晶体的形成。焊接过程中产生的拉应力是产生裂纹的外因，晶界上的低熔点共晶体是产生裂纹的内因。

防止措施：控制焊缝化学成分；改变焊缝组织状态，即降低焊件焊后的冷却速度。

7．表面夹杂

表面夹杂是焊缝夹杂的一种，即裸露在焊缝金属表面的非金属夹杂物。表面夹杂与表面气孔一样，对强度、塑性有影响，且破坏了焊缝金属的连续性，降低了结构的致密性。有些气密性要求高的结构是不允许存在表面夹杂的。

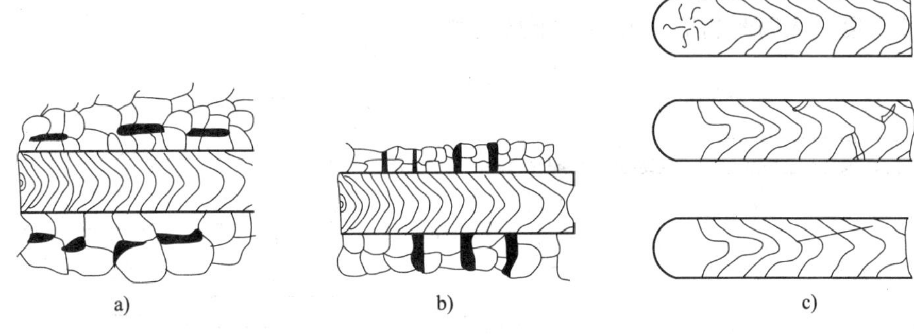

图 1—2—7　表面裂纹
a）纵向裂纹　b）横向裂纹　c）弧坑裂纹

形成的主要原因：焊件边缘及焊层、焊道之间清理不干净；焊接电流太小使熔化金属凝固速度加快，熔渣来不及浮出；运条不当，熔渣与铁液分离不清，阻碍了熔渣上浮；焊件及焊条的化学成分不当。熔池内含氧、氮等越多，则形成夹杂物的可能性也越大。

防止措施：采用具有良好工艺性能的焊条；正确选用焊接电流；焊件坡口角度不宜过小；必须清除施焊处的锈皮，多层焊时必须层层清除焊渣等。

二、检测工量具

检测工量具包括各类焊接检验尺、半径量规、深度测量尺、内外卡尺、定心规、塞尺、螺纹规及千分表、5 倍的放大镜等。对于无法直接进行检测的焊缝区域，可以借助各种光学仪器或设备进行间接观察，如使用反光镜、望远镜、工业内窥镜、光导纤维或其他合适仪器进行检测。

内窥镜有两种，一种是管道式探测仪，这种仪器不能远距离探测，更不能弯曲转动对各个方向探测，有局限性；另一种是光导纤维内窥镜，这种内窥镜具有一大扭曲探头，能够在各种角度和有障碍部位处任意弯曲。

如图 1—2—8 所示，内窥镜由以下三个系统组成。

（1）图像系统。由目镜、调焦、图像纤维管束、物镜和远端连接点组成。

（2）铰接头控制系统。由铰接头控制单元、探测管和弯曲部组成。

（3）照明系统。由导光纤维管束，以及从光源的导光插座到远端接点导光孔的整个部件组成。

近年来，随着内窥镜生产技术的不断发展和完善，以工业内窥镜作为检测工具的目视检测得到广泛的应用。根据工业内窥镜的制造工艺，工业内窥镜一般分为直杆内窥镜、光纤内窥镜、视频内窥镜。三种类型工业内窥镜的性能比较见表 1—2—1。

（1）直杆内窥镜。通常限用于观察者和被观察物之间是直通道的场合，其典型结构及部分视角如图 1—2—8a 所示。它是由一组透镜来传送图像的，因此成像质量好，价格较便宜，但长度有限，不能弯曲。

（2）光纤内窥镜。主要用于观察者到观察区并无直通道的场合，通过光纤束将图像从入射端面传递到出射端面，完成图像的传递，其典型结构如图 1—2—8b 所示。它可以在一定弯曲角度的情况下使用，相对直杆内窥镜要长得多（最长可做到 6 m），但由于受到物镜与目镜间连接的光导纤维束数量和光纤传递速率的限制，所获得的图像清晰度一般，且光导纤维在弯曲角度过大时易折断，在目镜上形成黑点。

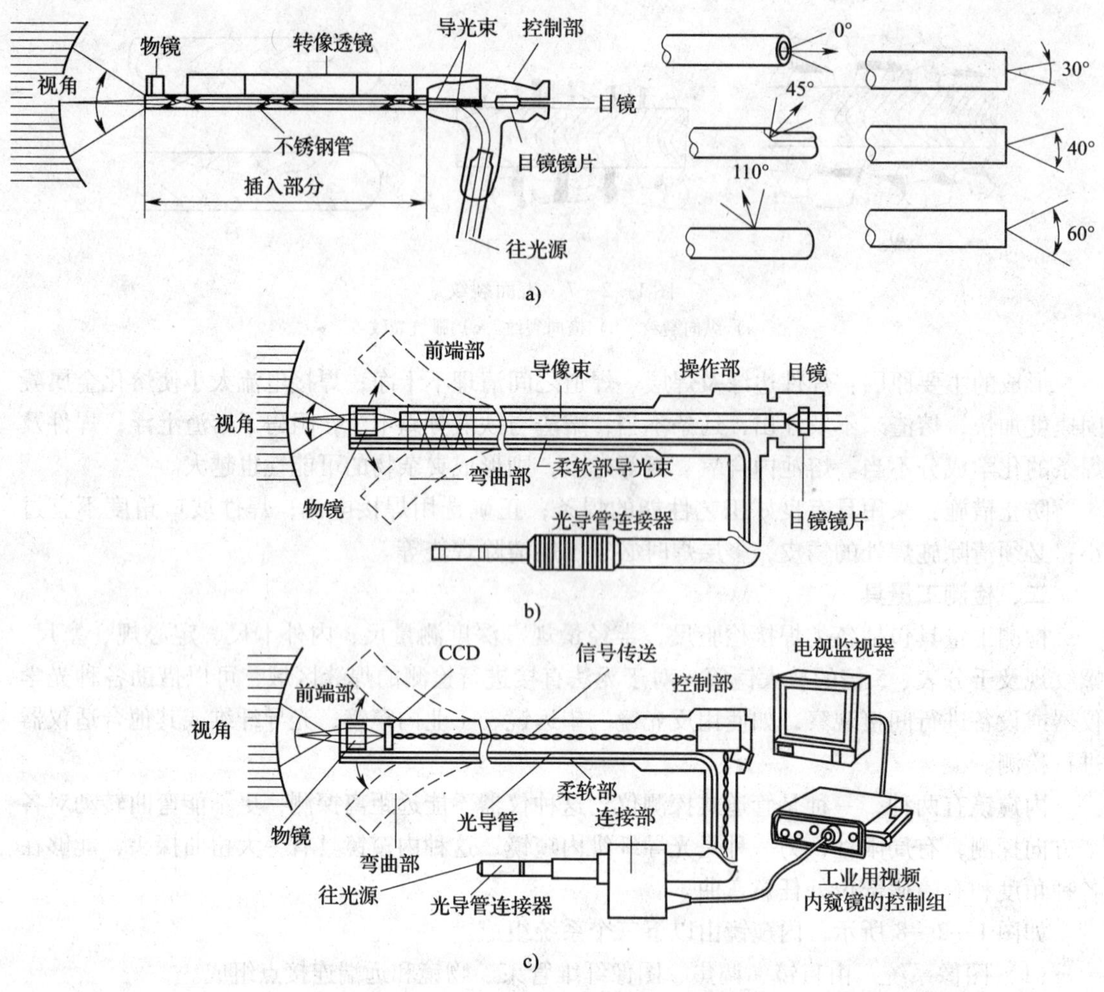

图 1—2—8　不同类型的内窥镜典型结构示意图

a）直杆内窥镜及部分观测视角　b）光纤内窥镜　c）电子视频内窥镜

表 1—2—1　　三种类型工业内窥镜的性能比较

性能＼类型	直杆内窥镜	光纤内窥镜	视频内窥镜
结构特点	简单	简单	复杂
功能	少	少	多
弯曲度	不能弯曲	可弯曲	可弯曲
成像效果	好	受光纤数量的影响，有蜂窝现象	好
成像原理	光学成像	光学成像	CCD 数字成像
图像信号	光学信号	光学信号	电子信号

续表

性能＼类型	直杆内窥镜	光纤内窥镜	视频内窥镜
图像传递介质	玻璃透镜	柔性光导纤维	电线
耐用性	好	差	较好
可换镜头	不可换	可换	多种镜头互换
可视角度	0°～90°	0°～90°	0°～90°
探头最小直径	<1 mm	<1 mm	>4 mm
探头长度	较短，一般小于500 mm。有些可采用多杆组接，长度可达10 m	较长，一般为1～2 m	很长，可达20 m
耐用性	较好	差	很好
测量功能	无法进行	无法进行	可使用测量探头对长度和深度进行直接测量
图像储存处理	后装图像采集系统	可后装图像采集系统	可直接进行图像储存处理
产品价格	低	较高	很高

（3）视频内窥镜。微小的CCD摄像头置于探头后端，利用光导束将光送至被检测区，前端部的一只固定焦点透镜则收集由检测区反射回来的光线，并将之导至CCD摄像头芯片表面，数千只细小的光敏电容器将反射光转变成模拟信号。然后，此信号进入探测头，经放大、滤波及时钟分频后，由图像处理器将其数字化并加以组合。最后，直接输出给监视器、录像设备或计算机。与光纤内窥镜相比，视频内窥镜的分辨力更高，其典型结构如图1—2—8c所示。

三、检测操作步骤

1. 目视检测焊缝表面缺陷

直接用眼睛或使用放大倍数为6倍以下的放大镜对焊缝表面进行检测，确定是否有裂纹、气孔、夹杂、焊瘤、烧穿等缺陷，并使用钢直尺、卡规等对缺陷进行测量。表1—2—2为目视检测焊缝表面缺陷的项目。

表1—2—2　目视检测焊缝表面缺陷的项目

检测项目	检测部位	质量要求	备　注
焊接缺陷	整条焊缝和热影响区附近；重点检查焊缝的接头部位、收弧部位	无裂纹、夹杂、焊瘤、烧穿等缺陷；气孔、咬边应符合有关标准规定	接头部位易产生焊瘤、咬边等缺陷；收弧部位易产生弧坑、裂纹等缺陷
	母材引弧部位	无表面气孔、裂纹、夹杂、疏松等缺陷	

2. 使用焊接检验尺检测焊缝表面缺陷

在焊缝表面缺陷中，咬边是焊接结构件中最易出现的焊缝表面缺陷，咬边处产生的应力集中对焊缝极其不利，目前主要使用焊接检验尺和钢直尺等对焊件中的咬边缺陷进行测量。

（1）平面咬边深度测量（见图1—2—9a）。先把高度尺对准零位并紧固螺钉，然后使用咬边深度尺测量咬边深度。

（2）圆弧面咬边深度测量（见图1—2—9b）。先把咬边深度尺对准零位并紧固螺钉，将三点测量面与工件接触（不要放在焊缝上），锁紧高度尺。然后将咬边深度尺松开并放于测量处。移动咬边深度尺，其示值即为咬边深度。

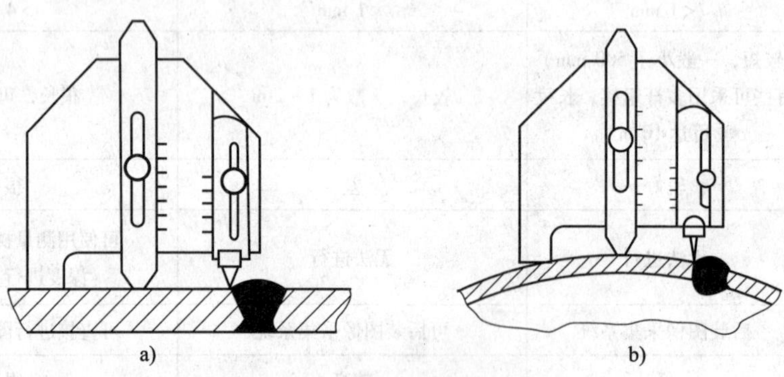

图1—2—9　焊接检验尺的使用方法

a）平面咬边深度测量　b）圆弧面咬边深度测量

3. 使用辅助仪器或设备检测焊缝表面缺陷

对于无法直接进行观察的区域，可以借助各种光学仪器或设备进行间接观察。在锅炉压力容器上，由于外形尺寸的原因，总有一些焊接部位无法用眼睛直接观察到，如管道的内壁、管板的管区内侧、集装箱内壁等，而用内窥镜可以对这些部位进行直接观察，并对检测部位拍照。

四、检测结果评定

压力容器等焊缝表面缺陷检测结果的评定应按图样要求、《钢制压力容器》（GB 150—1998）和《压力容器安全技术监察规程》规定，结合检测数据对检测结果进行评定。焊接产品试板还要符合《钢制压力容器焊接规程》（JB/T 4709—2000）的规定，焊接工艺评定的试件应符合《钢制压力容器焊接工艺评定》（JB 4708—2000）的规定，焊工考试的焊接试件其焊缝表面缺陷检测主要是根据《锅炉压力容器压力管道焊工考试与管理规则》进行评定。综合以上相关标准，对于锅炉压力容器焊接接头的焊缝表面质量要求如下。

（1）不得有表面裂纹、未焊透、未熔合、表面气孔、弧坑、未填满和肉眼可见的夹杂等缺陷。

（2）焊缝上的熔渣和两侧的飞溅物必须清除。

（3）焊缝的咬边要求如下。

1）使用抗拉强度规定值大于等于540 MPa的钢材及铬、钼低合金钢材制造的锅炉压力容器，奥氏体不锈钢、钛材和镍材制造的压力容器，低温压力容器，球形压力容器以及焊缝系数取1.0的压力容器，其焊缝表面不得有咬边。

2）除上述1）以外的锅炉压力容器的焊缝表面的咬边深度不得大于0.5 mm，咬边的连续长度不得大于 100 mm，焊缝两侧咬边的总长不得超过该焊缝长度的 10% 。

任务实施

一、检测前准备

1. 检测要求

如图 1—2—1 所示，焊件的检测要求应符合技术标准和设计图样的规定。本焊件为压力容器的焊接试板，应符合《钢制压力容器》（GB 150—1998）、《压力容器安全技术监察规程》的规定。焊接试板材质为 Q235B，因此焊缝表面检测不得有表面裂纹、未焊透、未熔合、表面气孔、弧坑、未填满和肉眼可见的夹杂，焊缝表面的咬边深度不得大于 0. 5 mm，咬边的连续长度不得大于 100 mm，焊缝两侧咬边的总长不得超过该焊缝长度的 10% 。

2. 焊缝表面缺陷检测范围

焊缝表面缺陷检测区域一般是指焊缝及热影响区，具体尺寸为焊缝及两侧各 25 mm 范围内。检测前用钢（铜）丝刷或錾子对本试件焊缝及其两侧附近（25 mm 范围内）表面进行清理，清除焊缝表面的熔渣及其两侧的飞溅物，确保没有影响检测和评定的异物存在。

3. 检测工量具的准备

准备检测工作平台、焊接检验尺、量规、卡尺、钢直尺等。

4. 焊缝表面缺陷检测项目（见表 1—2—3）。

表 1—2—3　　焊缝表面缺陷检测项目

序号	检测内容	质量要求
1	表面裂纹	无裂纹
2	表面气孔	无气孔
3	表面夹杂	无夹杂
4	咬边	总长度小于焊缝总有效长度的 10%；咬边深度的最大值小于 0. 5 mm；符合图样及有关标准规定
5	未焊透	无未焊透
6	未熔合	无未熔合
7	弧坑	无弧坑
8	焊瘤	无焊瘤
9	其他	无其他表面缺陷

待焊件焊后冷却至室温后，将焊件置于检测平台（检测平台应放在光照良好的位置）上，以待检测。

二、检测操作

1. 焊缝表面裂纹、表面气孔等缺陷的检测

通过目视检测焊缝是否存在表面裂纹、表面气孔等缺陷。直接用眼睛或使用放大倍数为 6 倍以下的放大镜对焊缝表面进行检测，确认是否有裂纹、气孔、夹杂、焊瘤、烧穿等缺陷，并使用钢直尺、量规等对缺陷进行测量。

2．焊缝缺陷检测（主要检测咬边缺陷）

本焊件是板对接工件，通过目视检测发现有两处咬边存在，使用焊接检验尺（也可用钢直尺和卡规）测量这两处咬边的长度 L_1、L_2，再计算其总咬边长度 $L = L_1 + L_2$。咬边深度测量如图 1—2—9a 所示，先把高度尺对准零位并紧固螺钉，然后使用咬边深度尺测量咬边深度，测得咬边深度的最大值。

3．检测的数据记录

检测数据均应进行记录，对于不合格的数据必须进行标记，每一检测数据需要进行 2 ~ 3 次的确认。本试件的焊缝表面缺陷检测数据记录见表 1—2—4。

表 1—2—4　　焊缝表面缺陷检测数据记录

产品名称		焊缝编号	S2010 - 90	焊工号	12
材质	Q235B	焊接方法	焊条电弧焊	施焊日期	
焊缝成型			焊波均匀		
表面裂纹	无		表面夹杂	无	
表面气孔	无		未熔合	无	
未焊透	无		焊瘤	无	
弧坑	无		烧穿	无	
咬边	总长度 10 mm，占焊缝有效长度的 4%；最大咬边深度 0.2 mm，小于规定的 0.5 mm				
其他	无				
检测结果	合格				
备　注	按图样要求、GB 150—1998 标准和 JB/T 4709—2000 标准规定进行评定				
检测人员		检测日期			

三、检测结果评定

按图样要求、GB 150—1998 和 JB/T 4709—2000 标准规定，将表 1—2—4 中的检测数据与表 1—2—3 焊缝表面缺陷检测项目的质量要求相比较，对检测结果进行评定。

焊缝表面缺陷检测评定：合格。

任务评价

评分标准见表 1—2—5。

表 1—2—5　　评分标准

序号	考核内容	评分标准	配分	得分
1	评定标准的选择	图样要求、GB 150—1998 标准和 JB/T 4709—2000 标准	10	
2	检测前的准备	工件表面清理、检测工量具的选择	20	

续表

序号	考核内容	评分标准	配分	得分
3	主要表面缺陷检测项目	表面裂纹、表面气孔、表面夹杂、咬边、未焊透、未熔合、弧坑、焊瘤、烧穿等	20	
4	使用焊接检验尺对焊缝表面缺陷的检测	焊接检验尺的正确使用，读数是否正确	30	
5	依据检测数据对焊缝表面缺陷进行评定	根据图样要求及相关标准规定对检测结果进行评定	20	
总分合计			100	

思考与练习

1. 简要说明焊缝表面缺陷的内容及评定标准。
2. 如何正确使用焊接检验尺对焊缝表面缺陷进行检测？
3. 根据检测数据如何评定焊缝表面缺陷是否合格？

模块二 无损检测

在焊接结构件、焊接容器、焊接管道的生产制作中，焊缝外观检测合格只能确定焊缝外观质量合格，但不能确定焊缝内部质量是否合格。因此，必须对焊缝内部质量进行检测。目前，对焊缝内部质量检测的主要方法是无损检测。

无损检测的英文缩写是 NDT，也称无损探伤，就是在不损坏试件的前提下，借助先进的技术和仪器设备，以物理或化学方法为手段，对试件内部和表面的结构、性质、状态进行检测。

无损检测方法有很多，在实际应用中比较常见的有以下四种：射线检测（Radiographic Testing，缩写 RT），超声波检测（Ultrasonic Testing，缩写 UT），磁粉检测（Magnetic Particle Testing，缩写 MT），渗透检测（Penetrant Testing，缩写 PT）。

任务1 射线检测

技能点

◎ 射线检测操作方法；射线检测结果的评定。

知识点

◎ 射线检测原理；射线检测设备；射线检测选择条件；射线检测安全防护注意事项。

任务提出

射线检测是目前无损检测方法中最常用的一种。射线检测是利用 X 射线或 γ 射线对焊缝照相，根据底片影像来判断焊缝内部有无缺陷、缺陷的类型和数量，再根据产品技术要求评定焊缝是否合格。

图 2—1—1b 是根据图 2—1—1a 的要求进行焊接的试板，焊后要求对焊缝进行 100% 的 X 射线检测。

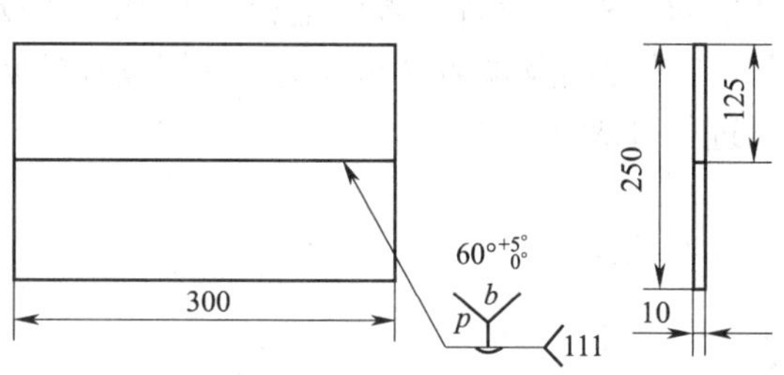

技术要求

1. 装配平齐，熔宽b=1~2mm，钝边高度p=1.5~2mm，焊件两端20mm内定位，用单面焊。
2. 采用焊条电弧焊单面焊双面成型技术。
3. 焊缝表面不得有严重焊接缺陷。
4. 焊后保持焊缝原始状态，不得修饰、焊补和打磨，焊缝外形尺寸符合相关规定。
5. 焊后要求按标准《金属熔化焊焊接接头射线照相》（GB/T 3323—2005）对焊缝进行100%的X射线检测，Ⅱ级合格。

焊接试板类型		带钝边V形坡口平对接单面焊双面成型		
材质	Q235B	材料规格	300mm×125mm×10mm	
核定工时	60min	工件数量	2块	实做工时

a)

b)

图 2—1—1　带钝边 V 形坡口平对接单面焊双面成型焊接件

a）工件图　b）焊接试板（S2010—100）

任务分析

要对如图 2—1—1 所示的对接接头焊缝进行射线检测，首先应根据试件的厚度和射线检测比例等选定射线源，即选定射线检测设备；再确定相关的器材（胶片、增感屏、像质计等），同时掌握射线照相检测工艺编制及检测操作方法，掌握胶片的暗室处理方法，重点掌握根据射线底片对焊缝质量进行分级评定。

相关知识

一、射线检测基础知识

1. 射线检测原理

射线检测是利用 X 射线或 γ 射线可以穿透物质和在物质中有衰减的性质，来发现工件内部缺陷的一种无损探伤方法。

如图 2—1—2 所示，当平行射线束透过工件时，由于缺陷内部介质（如空气、非金属夹杂等）对射线的吸收能力比基本金属对射线的吸收能力要低得多，因而透过缺陷部位（图中 *A*、*B* 处）的射线强度高于周围完好部位（图中 *C* 处）。在感光胶片上，有缺陷部位将接受较强的射线曝光，经暗室处理后将变得较黑（图中 *A*、*B* 处黑度比 *C* 处大）。因此，工件中的缺陷通过射线照相后，就会在底片上产生黑色的缺陷影迹。这种缺陷影迹的大小实际上就是工件中缺陷在投影面上的大小。

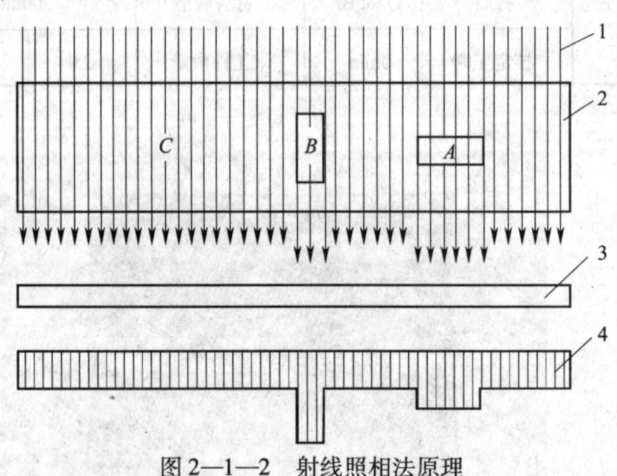

图 2—1—2　射线照相法原理

1—X 射线　2—工件　3—胶片　4—底片黑度变化

值得注意的是，缺陷在底片上的显示与缺陷和射线之间的相对位置有关。缺陷沿射线方向的尺寸越大，在底片中缺陷影像黑度就越大，如图中 *B* 处黑度比 *A* 处大。因此，像裂纹这样的缺陷，如果其裂向与射线方向平行，则容易被发现；如果垂直，则不易被发现，甚至不能显示出来。

射线检测按所使用的射线源种类不同，分为 X 射线检测、γ 射线检测、高能 X 射线检测等。焊接结构检测最常用的是 X 射线和 γ 射线。按显示缺陷的方法，射线检测又可分为射线照相检测、射线荧光屏观察检测、射线实时成像检测和计算机断层扫描技术等。

2. 射线照相检测系统

射线照相检测是根据被检工件与其内部缺陷介质对射线能量衰减程度的不同，引起射线透过工件后的强度差异，使缺陷在底片上显示出来的一种方法。射线照相检测具有灵敏度较高、所得射线底片能作为质量凭证长期保存等优点，是目前最常用的检测方法之一。射线照相检测系统的组成如图 2—1—3 所示。

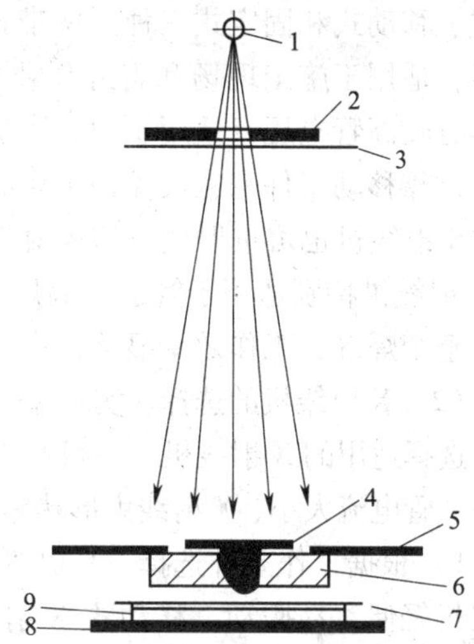

图 2—1—3 射线照相检测系统的组成

1—射线源 2—铅光阑 3、7—滤板 4—标记带、像质计 5—铅遮板 6—工件 8—底部铅板 9—暗盒、胶片、增感屏

3. 射线照相检测应用

射线照相检测能直观显示缺陷形状，特别适合于检测体积缺陷，而对面状缺陷检测的灵敏度则取决于射线入射角度。因此，目前射线照相检测主要用于检测被检工件内部的体积型缺陷，如气孔、夹杂、缩孔等；而本模块任务 2 将介绍的超声波检测主要用于检测被检工件内部的面积型缺陷，如裂纹、白点、分层和焊缝中的未熔合等。射线照相检测常被用于检测金属铸件和焊缝，超声波常被用于检测金属铸件、型材和焊缝。

二、射线照相检测设备、器材及材料

1. X 射线机

在焊接结构射线照相检测中，射线源种类很多，主要分 X 射线机、γ 射线机和电子加速器。常见射线装置的主要性能见表 2—1—1。

表 2—1—1 常见射线装置的主要性能

类型		型号	管电压/kV	管电流/mA	焦点尺寸/mm	钢最大穿透厚度/mm	射线管质量/kg	备注
X 射线机	便携式	XXQ—2005	100 ~ 200	5	1.5 × 1.5	29	20	中国/玻壳
		XXQ—2505	250	5	2.0 × 2.0	38	32	中国/玻壳
		300EG − S_2	300	5	2.5 × 2.5	53	20	日本/玻纹陶瓷管
	移动式	XY—3010	300	10	4.0 × 4.9 1.2 × 1.2	70	—	金属陶瓷管
	固定式	MG450	420	10	4.5 × 4.5	100	—	荷兰/金属陶瓷管
类型		型号	源种类	容量/Ci	焦点尺寸/mm	钢穿透厚度（范围）/mm	本体质量/kg	备注
γ 射线机	便携式	DL—ⅡA	Ir192	100	2.0 × 3.0	10 ~ 100	20	中国/贫化铀屏壁
	移动式	TK—100	Co60	100	4.0 × 4.0	30 ~ 250	140	中国/贫化铀屏壁
类型		型号	能量/MeV	X 射线输出量/R①	焦点尺寸/mm	钢最大穿透厚度/mm	1 m 处照射范围/mm	灵敏度（%）
电子加速器	直线式	沈变 25MeV	25	60	0.1 ~ 2.0	300	ϕ200	0.6
	感应式	ML—15RⅡ	12	7 000	< ϕ1	500	ϕ300	< 1
	回旋式	RM—8	8	1 500	ϕ2	—	—	1

①R（伦琴）是暂时可使用的非法定计量单位，1 R = 2.58 × 10^{-4} C/kg。

（1）X射线机的分类和用途。X射线机即X射线探伤机，按其结构形式不同，分为携带式、移动式和固定式三种。携带式X射线机多采用组合式X射线发生器，其体积小、质量轻，适用于施工现场和野外作业的探伤工作；移动式X射线机能在车间或实验室移动，且具有较高管电压，适用于中、厚板焊件的探伤；固定式X射线机则固定在确定的工作环境中，靠移动工件来完成探伤工作。

X射线机也可按射线束的辐射方向不同，分为定向辐射和周向辐射两种。其中，周向辐射X射线机特别适用于管道、锅炉和压力容器的环形焊缝探伤，这是由于其一次曝光可以检查整个焊缝，工作效率显著提高。

（2）X射线机的选择。实际探伤时，应根据不同的透照对象、灵敏度要求、工作场地等因素选择适用的X射线机。一般选择X射线机都要考虑其穿透力、可搬运性、X射线管焦点大小、管电流大小、X射线束形状等因素，根据工作条件、被透照物的材料和厚度进行选择。

1）根据工作条件选择。X射线机按其可搬运性分为携带式和移动式两大类。携带式X射线机轻便，易搬动。移动式X射线机则比较重，组件多，但管电压、管电流可以较大，其线路结构和安全可靠性也较好。因此，对于零件较小、可以搬至地面集中工作的，宜选用移动式X射线机；对于零件较大、需要在高空或地下工作的，则宜选用携带式X射线机。

2）根据被透照物的材料和厚度选择。X射线检测是利用射线透过被检测物质来发现其中是否有缺陷的。所以，首先关心的是X射线机产生的X射线能否穿透被检测材料或焊缝。X射线的穿透能力取决于其能量或波长。X射线机的管电压越高，产生的X射线波长就越短，能量也就越大，透过物质的能力也就越强。因此，选择管电压高的X射线机可以得到高的穿透能力。

另外，X射线穿过不同物质时，物质对射线的衰减能力不同。一般来说，被透照物质的原子序数越大、密度越大，则对射线衰减能力越大。因此，透照轻金属或厚度较薄的工件时，宜选用管电压低的X射线机；透照重金属或厚度较大的工件时，宜选用管电压高的X射线机。

（3）加速器。在工业射线检测中，一般X射线机的管电压不超过450 kV，这种能量范围的射线不适于透照较厚的材料，透照更厚的材料需要更高能量的射线。必要时，一般采用加速器（带电粒子加速器的简称）产生更高能量的射线。目前，用于工业射线检测产生高能X射线的加速器主要有电子感应式、电子直线式和电子回旋式三种。其中，电子直线式加速器应用最为广泛。

射线照相检测的主要参数之一是射线能量与射线源尺寸。射线源尺寸越小，缺陷影像越清晰。在能保证穿透焊件使胶片感光的前提下，应尽量选择较低的射线能量，以提高缺陷影像的反差。不同厚度金属材料（钢、铜和镍基合金材料）选用的射线检测设备见表2—1—2。

表2—1—2　　不同厚度金属材料选用的射线检测设备

工件厚度/mm	X射线检测设备
6	100 kV射线机
12	200 kV射线机
25	250 kV射线机

续表

工件厚度/mm	X 射线检测设备
50	300 kV 射线机
75～100	400 kV 射线机
≥100	加速器

2. 射线胶片与暗盒

射线胶片不同于普通照相胶片之处是在片基的两面均涂有乳剂，以增加对射线敏感的卤化银含量。通常依据卤化银颗粒的粗细和感光速度快慢对射线胶片分类。检测时可按检测的质量和像质等级要求来选用胶片。检测质量和像质等级要求高，选用颗粒小、感光速度慢的胶片；反之，则可选用颗粒大、感光速度快的胶片。

在实际检测时，胶片须放在暗盒内，以免意外曝光和遭受机械损伤。暗盒通常采用对射线吸收不明显的柔软材料（如不透明橡胶或不透明黑塑料）制成，以便很好地弯曲并能贴紧工件，其大小由胶片尺寸决定。

3. 增感屏

射线照相法检测中，常使用金属增感屏来提高胶片感光速度和底片的成像质量。金属增感屏是由金属箔（常用铅、钢或铜等）黏合在纸基或胶片片基上制作而成。增感屏被射线透照时产生二次电子和二次射线，增强了对胶片的感光作用，从而达到提高感光速度的目的。同时，增感屏对波长较长的散射线有吸收作用（又称滤波作用），可以提高成像质量。

金属增感屏有前屏和后屏之分，使用时夹于胶片两侧。前屏（覆盖在胶片靠近射线源的一面）较薄，后屏（覆盖在胶片背面）较厚。对其厚度应根据射线能量进行适当的选择。使用时应与胶片贴紧，否则会使射线照相清晰度和反差严重下降。另外，增感屏应保持清洁，表面不能划伤或磨损。若有污物，可用酒精药棉轻轻擦洗。受潮的增感屏可用红外线照射或在烘箱中低温烘干，切不可暴晒。金属增感屏的选用见表 2—1—3。

表 2—1—3　　金属增感屏的选用

射线机能量	增感屏材料	前屏厚度/mm	后屏厚度/mm
>100～150 kV	铅箔	≤0.10	≤0.15
>150～250 kV	铅箔	0.02～0.15	0.02～0.15
>250～350 kV	铅箔	0.02～0.2	0.02～0.2

4. 像质计

像质计是用来定量评价射线照相灵敏度的一种工具，有线型、孔型和槽型三种，焊缝检测多采用线型像质计。线型像质计的规格和技术要求应满足《无损检测　射线照相检测用线型像质计》（JB/T 7902—2006）和《无损检测　射线底片质量》（EN462—1）标准。线型像质计是由相同材质和长度的不同直径金属丝组成的，以 7 根编号相连续的金属丝为一组，共分 W1～7、W6～12、W10～16、W13～19 四组。金属丝之间互相平行，并固定在由弱吸收材料制成的包壳中，使一组金属丝组成一个整体。国家标准规定的线型像质计组别见表 2—1—4。不同材质的线型像质计的组别标志和适用范围见表 2—1—5。

表 2—1—4　　线型像质计的组别　　mm

像质计的组别代号	W1	W6	W10	W13
线径	3. 20	1. 00	0. 40	0. 20
	2. 50	0. 80	0. 32	0. 16
	2. 00	0. 63	0. 25	0. 125
	1. 60	0. 50	0. 20	0. 100
	1. 25	0. 40	0. 16	0. 080
	1. 00	0. 32	0. 125	0. 063
	0. 80	0. 25	0. 100	0. 050

表 2—1—5　　不同材质线型像质计的组别标志和适用范围

像质计的组别标志	像质计丝号	金属丝材质	适用范围
W1FE	W1 ~ 7	碳素钢	铁类材料
W6FE	W6 ~ 12		
W10FE	W10 ~ 16		
W13FE	W13 ~ 19		
W1CU	W1 ~ 7	铜	铜、锌、锡及锡合金
W6CU	W6 ~ 12		
W10CU	W10 ~ 16		
W13CU	W13 ~ 19		
W1AL	W1 ~ 7	铝	铝及铝合金
W6AL	W6 ~ 12		
W10AL	W10 ~ 16		
W13AL	W13 ~ 19		
W1TI	W1 ~ 7	钛	钛及钛合金
W6TI	W6 ~ 12		
W10TI	W10 ~ 16		
W13TI	W13 ~ 19		

检测时，所采用的像质计必须与被检工件材质相同，其放置方式应符合图 2—1—4 所示要求，即安放在焊缝被检区长度 1/4 处，金属丝横跨焊缝并与焊缝轴线垂直，且细丝朝外。

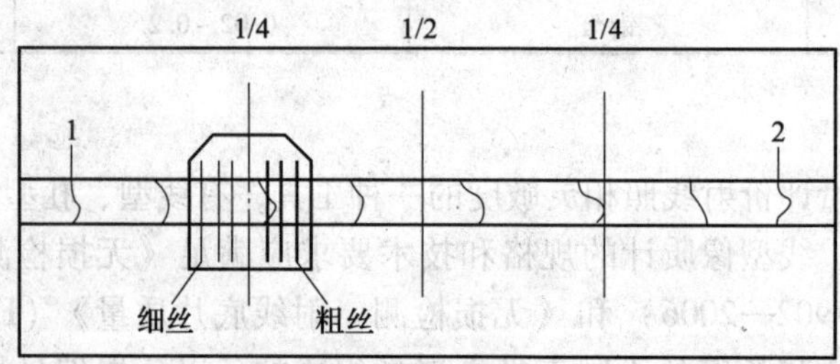

图 2—1—4　线型像质计的正确安放（1 ~ 2 为被检区）

5. 标记系

对于选定的焊缝检测位置必须进行标记，使每张射线底片与焊件被检部位能够始终对照，易于找出返修位置。标记内容主要有：

（1）定位标记。包括中心标记、搭接标记。局部检测时，搭接标记称为有效区段标记。

（2）识别标记。识别标记包括产品编号、焊缝编号、部位编号、板厚和透照日期等。返修部位还应有返修标记 R1、R2……（其数字表示返修次数）。A 表示纵缝，B 表示环缝，S 表示试板、试管，K 为扩探加照代号。

（3）识别系统标记位置。如图 2—1—5 所示为识别系统标记位置。

（4）搭接标记放置要求。平面部件或纵缝透照时，搭接标记应放在射源一侧；凹面朝向射源，射源到胶片距离小于半径，搭接标记放在射源一侧；凹面朝向射源，射源到胶片距离大于半径，搭接标记放在胶片一侧；凸面朝向射源，搭接标记应放在射源一侧；射源在曲率中心，搭接标记可放在射源一侧或胶片一侧。

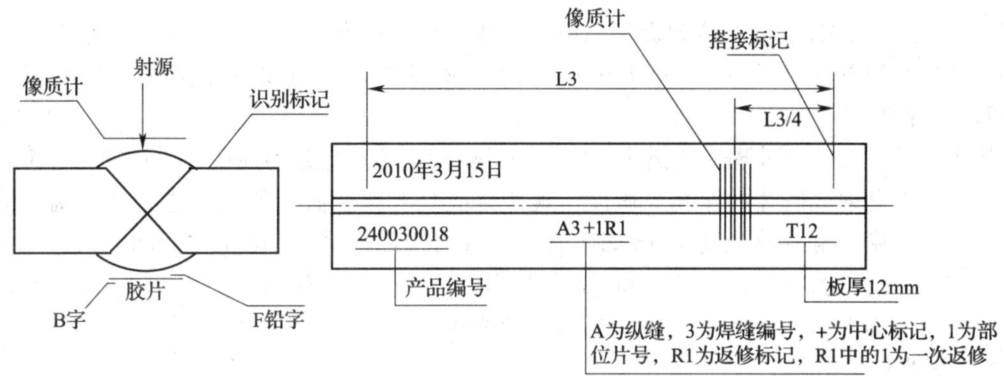

图 2—1—5　识别系统标记位置

（5）B 标记。该标记贴附在暗盒背面，用以检查背面散射线防护效果。若此标记影像较暗或不可见，表明散射线屏蔽良好，则此底片合格；若底片上出现该标记的影像较亮，此底片作废无效，应予重照。

（6）油漆、钢印。

1）在受检部位用油漆标明搭接标记部位、中心标记部位、焊缝代号和焊缝编号（在起始部位编号 1 的中心标记左侧位置）以及部位编号。

2）在受检部位中心标记处打上相应的部位编号钢印，并在起始部位编号 1 的中心标记处左侧打上焊缝代号和焊缝编号，钢印离焊缝边缘 25 mm 左右，如图 2—1—6 所示。

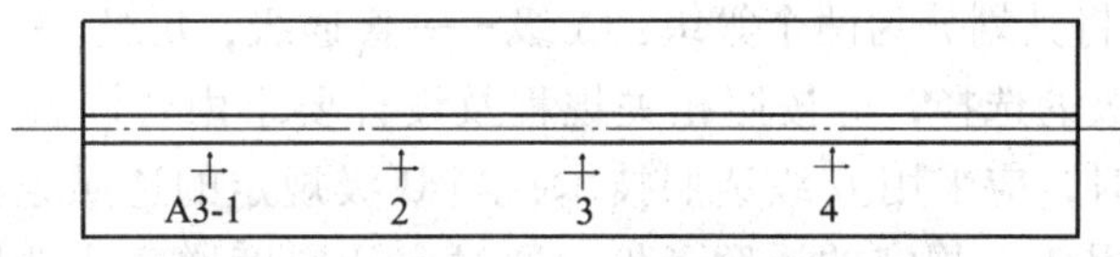

图 2—1—6　钢印位置

注明工件上的部位编号钢印即为焊缝一次透照长度的中心标记，标记系统中的中心标记要对准焊缝受检位置上的中心标记。

3）钢印规定。抽查的焊缝要打上抽查部位的相应部位编号钢印，全检（100% 检查）

的焊缝在每张片号的相应位置打上钢印。

6. 散射线防护装置

散射线会使射线底片灰雾度（未经曝光的胶片经暗室处理后获得的最小黑度）增加，影像对比度降低，降低射线照相质量。因此，在射线检测时应采取措施对散射线加以防护。具体使用以下装置：

（1）铅光阑和滤光板。附加在射线机窗口的铅光阑，可将一次射线尽量限制在被检区段内，限制射线照射区域大小，减小来自其他物体（试件、墙壁、地面等）的散射作用，从而在一定程度上减少散射线。采用Ir192和Co60放射源或产生边缘散射时，可将铅箔或薄铅板（厚度为0.5～2.0 mm）插在工件和暗盒之间，作为低能散射线的滤光板。

（2）铅遮板。铅遮板放置在工件表面和周围，能有效屏蔽前方散射线（来自暗盒正面的散射线）。

（3）底部防护板。底部防护板又称后防护板，贴附在胶片暗盒后，用于防止来自暗盒背面的散射线对胶片的影响。常用1.0 mm以上的铅板或1.5 mm以上的锡板作为后防护板。

7. 观片灯

黑度是胶片经暗室处理后的黑化程度，与含银量有关。它是射线底片质量的一个重要指标，直接关系到射线底片的照相灵敏度。观片灯应具有按照底片的黑度进行亮度调节的挡位。当底片黑度（底片感光度）$D \leqslant 2.5$时，透过射线照相底片的亮度应不小于30 cd/m^2；底片黑度$D > 2.5$时，透过射线照相底片的亮度应不小于10 cd/m^2；当底片黑度$D = 4$时，观片灯的亮度应为1 000 cd/m^2。观片灯应备有遮光板。

8. 评片室

评片应在评片室进行，评片室的光线应暗淡，但不能全暗，周围环境亮度应大致与底片上需要观察部位透过光的亮度相当，室内照明光线不得在观察的底片上产生反射。评片人员开始评片时，要经过一定的暗适应时间。

三、检测条件选择

射线照相法检测是通过底片上的缺陷影像，对照有关标准来评定工件内部质量的。因此，获得高质量的射线底片是焊接质量分析工作的前提。为获得高质量的射线底片，必须合理选择各种检测条件。对于钢制焊件射线检测，主要依据的标准为《金属熔化焊焊接接头射线照相》（GB/T 3323—2005）。

1. 射线透照技术等级的选择

射线透照技术等级是对射线检测本身的质量要求，《金属熔化焊焊接接头射线照相》（GB/T 3323—2005）将其划分为两个等级：A级——普通级；B级——优化级。

射线透照技术等级的选择，应按照相关规程及设计要求由合同各方商定。当A级灵敏度不能满足检测要求时，应采用B级透照技术；当B级规定的透照条件无法实现时，经合同各方商定，也可选用A级规定的透照条件，通过底片黑度增高或选用较高对比度的胶片系统来补偿灵敏度的损失。当需要采用优于B级的透照技术时，相应的检测参数可由合同各方商定。

2. 检测位置的选择

对焊件的探伤，应按产品制造标准的具体要求对产品的焊缝进行全检（即100%检查）

或抽检。抽检面有 5%、10%、20%、40% 等几种，采用何种抽检面应依据有关标准及产品技术条件而定。

对允许抽检的产品，抽检一般选在以下部位：可能或常出现缺陷的位置；危险断面或受力最大的焊缝部位；应力集中部位；经外观检查感到可疑的部位。如图 2—1—7 所示为压力容器射线检测位置的确定。

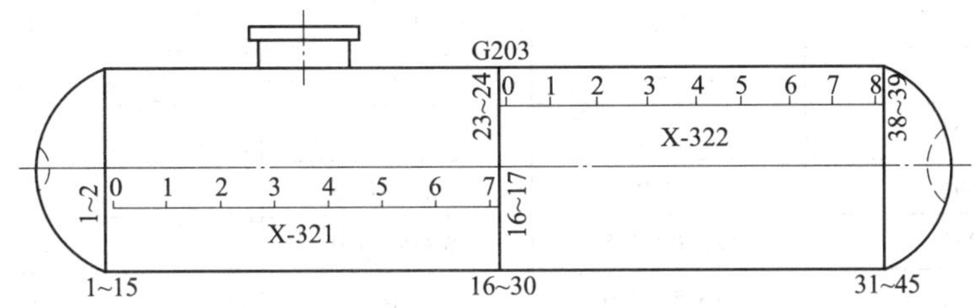

图 2—1—7 压力容器射线检测位置的确定

如图 2—1—7 所示，压力容器（Ⅰ类）由两节筒体和两个封头对接焊成，其钢板厚度为 12 mm。根据《压力容器监察规程》（以下简称《容规》），对检测位置确定如下。

（1）《容规》规定："筒体与封头连接部位必须进行探伤。"因此，1 ~ 15、31 ~ 45 两条环焊缝应进行 100% 探伤，共拍片 30 张。

（2）《容规》规定："筒节纵、环缝交叉部位必须探伤。"因此，16 ~ 17、23 ~ 24 两个区段必须探伤。同时，《容规》要求Ⅰ类压力容器的 20% 焊缝应用射线探伤抽查，中间环焊缝 16 ~ 30 共有 15 个区段，应至少探伤三个区段才能满足 20% 抽检面要求。因此，该焊缝除16 ~ 17、23 ~ 24 两个区段外，还需要再增加一个探伤区段。

（3）筒体纵焊缝 X—321 上的 0 ~ 1、6 ~ 7 两个区段占该焊缝长度的 28%，X—322 上的 0 ~ 1、7 ~ 8 两个区段占该焊缝长度的 25%，均达到 20% 抽检面要求。

上述（2）、（3）是将《容规》规定的 20% 抽检面落实到每条焊缝上考虑，是正确合理的。

3. 灵敏度的选择

灵敏度是评价射线照相质量的最重要指标，它标志着射线探伤时发现最小缺陷的能力，一般以在工件中能够发现的最小缺陷尺寸来表示。由于事先无法了解沿射线穿透方向上的最小缺陷尺寸，为此必须采用已知尺寸的人工"缺陷"——像质计来度量。

《承压设备无损检测》（JB/T 4730—2005）标准规定，射线照相灵敏度以像质计数值表示。通过观察底片上的像质计影像，确定可识别的最细丝径编号，以此作为像质计数值。对于线型像质计，若在黑度均匀的区域内有至少 10 mm 丝长连续清晰可见，该丝就视为可识别。该标准同时规定了钢铁材料射线照相时，不同的透照方法、透照技术等级和透照厚度所需达到的像质计数值。

值得注意的是，利用像质计得到的射线照相灵敏度，仅用以衡量射线照相的质量，而不能直接表示可以发现自然缺陷的实际尺寸。在透照灵敏度相同的情况下，由于缺陷性质、取向、内含物的不同，所能发现的实际尺寸也不同。所以，在达到某一灵敏度时并不能断定能够发现缺陷的实际尺寸究竟有多大。但是，像质计得到的灵敏度反映了某些人工"缺陷"

（金属丝）发现的难易程度，因此它完全可以对影像质量作出客观的评价。

像质计的选择一般只与被透照的工件厚度和透照方式有关，《承压设备无损检测》（JB/T 4730—2005）规定了不同厚度所要求的像质计丝径大小，见表2—1—6、表2—1—7。

表2—1—6　像质计灵敏度值——单壁透照、像质计置于源侧

应识别丝号（丝径/mm）	公称厚度 t/mm		
	A级	B级	C级
18（0.063）	—	—	≤2.5
17（0.080）	—	≤2.0	>2.5~4.0
16（0.100）	≤2.0	>2.0~3.5	>4~6
15（0.125）	>2.0~3.5	>3.5~5.0	>6~8
14（0.160）	>3.5~5.0	>5.0~7	>8~12
13（0.20）	>5.0~7	>7~10	>12~20
12（0.25）	>7~10	>10~15	>20~30
11（0.32）	>10~15	>15~25	>30~35

表2—1—7　像质计灵敏度值——双壁双影透照、像质计置于源侧

应识别丝号（丝径/mm）	透照厚度 W/mm		
	A级	AB级	B级
18（0.063）	—	—	≤2.5
17（0.080）	—	≤2.0	>2.5~4.0
16（0.100）	≤2.0	>2~3.0	>4~6
15（0.125）	>2.0~3.0	>3.0~4.5	>6~9
14（0.160）	>3.0~4.5	>4.5~7	>9~15
13（0.20）	>4.5~7	>7~11	>15~22
12（0.25）	>7~11	>11~15	>22~31
11（0.32）	>11~15	>15~22	>31~40
10（0.40）	>15~22	>22~32	>40~48
9（0.50）	>22~32	>32~44	>48~56
8（0.63）	>32~44	>44~54	—
7（0.80）	>44~54	—	—

4. 射线能量的选择

射线能量的选择实际上是对射线源的kV、MeV值或射线源的种类的选择。射线能量越大，其穿透能力越强，即可透照的工件厚度越大，但同时也会由于衰减系数的降低而导致成像质量下降。所以，在保证穿透的前提下应根据材质和成像质量要求，尽量选择较低的射线能量。在《承压设备无损检测》（JB/T 4730—2005）中，对允许使用的最高管电压和透照厚度的下限值均做了规定，如图2—1—8所示。

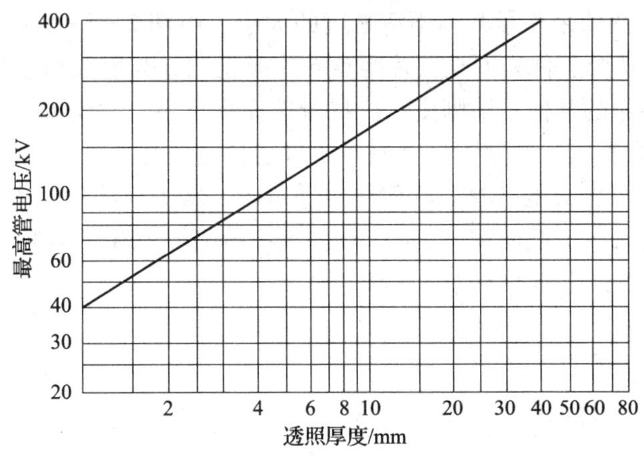

图 2—1—8　透照厚度和允许使用的最高管电压

5．透照几何参数的选择

（1）射线焦点大小的影响。射线焦点的大小对射线底片图像细节的清晰程度影响很大，因而影响检测灵敏度。如图 2—1—9 所示，当焦点为点状时，得到的缺陷影像最为清晰，底片上的黑度由 D_2 急剧过渡到 D_1。而当焦点为直径 d 的圆截面时，缺陷在底片上的影像将存在黑度逐渐变化的区域 u_g，称为半影。它使得缺陷的影像边缘变得模糊而降低底片的清晰度，且焦点越大，半影也越大，成像就越不清晰。但射线一定的情况下，焦点就一定了，只在使用相当长时间后才会稍微地增大，但不会影响拍片质量。另外，真正的点源是不存在的，只能在制造时尽量将焦点或源做小，但小焦点或细小的源的射线强度很小，不能满足工业探伤的需要。

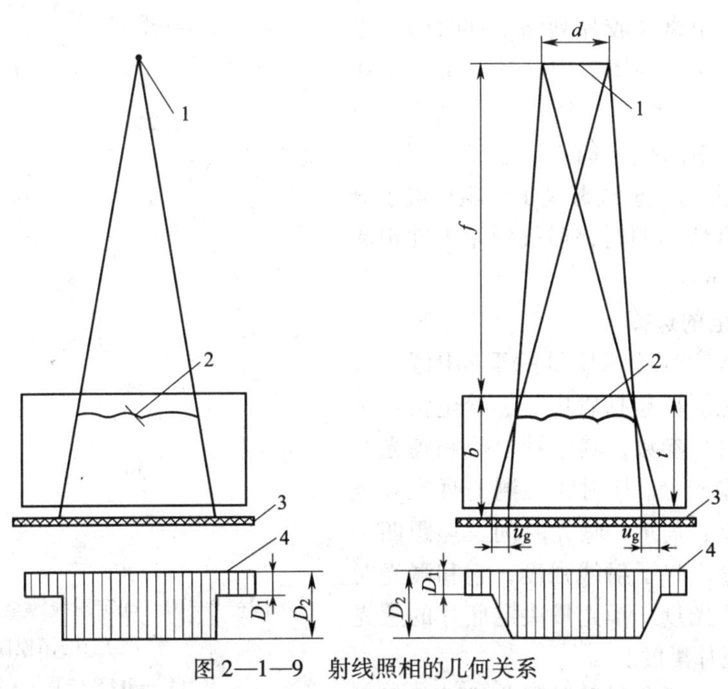

图 2—1—9　射线照相的几何关系

1—射线源（焦点）　2—缺陷　3—胶片　4—底片黑度变化

通常用半影 u_g 的数值来衡量几何不清晰度的大小。由图 2—1—9 所示的几何关系可知，u_g 的大小与焦点尺寸 d 及工件表面至胶片距离 b 均成正比，与射线源至工件表面距离 f 成反比。因此，为减小影像的几何不清晰度，应尽量选择焦点小的射线源，或者增加焦点至工件表面的距离 f，并尽量把胶片贴紧工件（减小工件表面至胶片的距离）。

（2）射线源至工件距离的选择。在射线源选定后，增大射线源至工件距离 f，可提高底片清晰度，也可增大每次透照面积。《承压设备无损检测》（JB/T 4730—2005）规定，射线源至工件距离 f 的选择，应使 f/d 符合下列要求。

A 级：$f/d \geqslant 7.5 \times b^{2/3}$

B 级：$f/d \geqslant 15 \times b^{2/3}$

式中 f——射线源至工件的距离，mm；

d——射线源尺寸，mm；

b——工件至胶片的距离，mm。

若公称厚度为 t，当 $b < 1.2t$ 时，可用 t 取代。但射线源至工件距离 f 的增大，将会大大削弱照射面积上单位面积的射线强度，从而使得曝光时间过长。因此，不能为了提高清晰度而无限地加大透照距离，通常采用的透照距离为 400 ~ 700 mm。

目前在射线检测中，根据几何不清晰度原理制作的诺模图来确定最小透照距离的方法最为实用。例如，若射线源焦点尺寸 $d = 3$ mm，工件表面至胶片距离（胶片紧贴工件时即为工件厚度）$b = 40$ mm。在图 2—1—10 中 d 线上找到“3”刻度，在 b 线上找到“40”刻度，连接这两点，交于中间线上的 $f^{1)}_{min}$ 为 520、$f^{2)}_{min}$ 为 270。即 A 级透照时，射线源至工件距离最小值应为 270 mm；B 级透照时，射线源至工件距离最小值应为 520 mm。

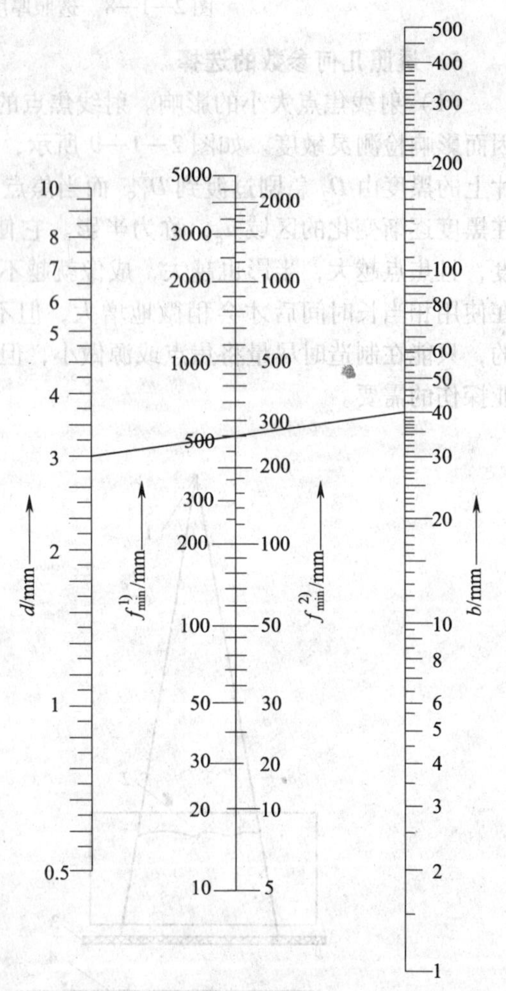

图 2—1—10　确定射线源至工件最小距离 f_{min} 的诺模图

1）—B 级　2）—A 级

6. 曝光规范的选择

曝光规范是影响照相质量的重要因素。X 射线检测的曝光规范包括管电压、管电流、曝光时间及焦距四个参数，其中管电流和曝光时间的乘积称为曝光量。γ 射线检测的曝光规范包括射线源种类、剂量、曝光时间及焦距四个内容。射线剂量反映了射线强度，它和曝光时间的乘积称为曝光量。曝光量决定底片的感光量，直接影响底片黑度。

射线检测中，通常利用曝光曲线进行曝光

规范的选择。曝光曲线是表示工件（材质和厚度）与工艺规范（管电压、管电流、曝光时间、焦距、暗室处理条件等）之间相关性的曲线。由于二维坐标图只能表示三个相关的参数，因此在构成曝光曲线时通常选择工件厚度、管电压和曝光量作为可变参数，其他条件必须相对固定。目前应用较多的是以横坐标表示工件厚度，纵坐标表示曝光量，管电压为变化参数的曝光曲线，即工件厚度—曝光量曲线，如图 2—1—11 所示。曝光曲线由检测机制造厂给出或由检测人员自行用试验方法作出，后者更为实用。

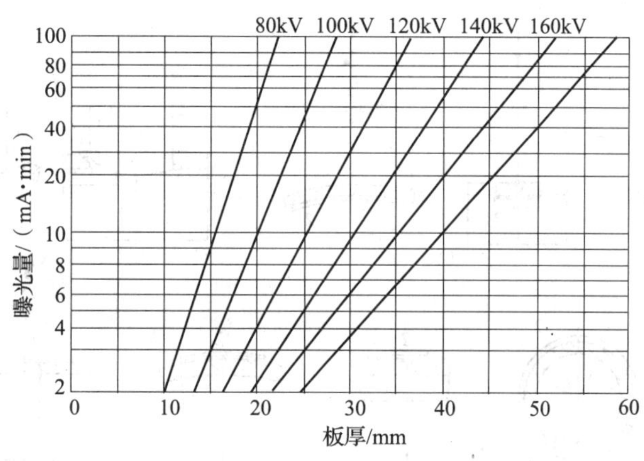

图 2—1—11　X 射线的曝光曲线

7. 透照布置的选择

射线照相检测中，涉及不同的工件，必须根据所检工件的特点，采用适当的透照布置。按照被检测对象以及射线源、被检焊缝和胶片之间的位置关系，透照布置可分为：

（1）纵缝单壁透照法。射线源位于工件前侧，胶片位于另一侧，如图 2—1—12a 所示。

（2）环缝单壁外透法。射线源位于被检工件外侧，胶片位于内侧。对接环焊缝单壁外透法如图 2—1—12b、c 所示。

（3）环缝周向透照法。射线源中心法的射线源位于工件内侧中心轴线处，胶片位于外侧。对接环焊缝周向曝光的透照布置如图 2—1—12d 所示。

（4）环缝单壁偏心内透法。射线源位于被检工件内侧偏心处，胶片位于外侧。对接环焊缝单壁偏心内透法的透照布置如图 2—1—12e 所示。

（5）双壁单影法。射线源位于被检工件外侧，胶片位于另一侧。对接环焊缝双壁单影法的透照布置如图 2—1—12f 所示。

（6）双壁双影法。射线源和胶片位于被检工件外侧，焊缝投影呈椭圆形，如图 2—1—12g 所示。射线源和胶片位于被检工件外侧，射线垂直入射，如图 2—1—12h 所示。

（7）角焊缝的透照。射线源位于被检工件角焊缝一侧，胶片位于另一侧。角焊缝的透照布置如图 2—1—12i 所示。

（8）不等厚透照法。材料厚度差异较大，采用多张胶片透照，如图 2—1—12j 所示。

8. 一次透照长度的控制

一次透照长度是指焊缝射线照相一次透照的有效检测长度，对照相质量和工作效率同时产生影响。显然，选择较大的一次透照长度可以提高效率，但会引起照相质量的下降。X 射线管发出的 X 射线以一定辐射角向外辐射，且其照射范围内的射线强度不均匀，如图 2—1—13 所示。同时，以射线束垂直照射工件表面时，射线束中心射线透照的工件厚度小于边缘射线透照的工件厚度，如图 2—1—14 所示。由于上述两个原因，会造成照射底片的射线照射强度不均匀，从而使底片黑度不均匀（中间部位黑度高于两端部位）。若以底片中间部位控制黑度，中间黑度适中，则两端将会因为黑度过低而降低影像对比度，位于两端的缺陷有可能漏检，尤其是横向裂纹，为此要控制透照厚度比。透照厚度比 K 定义如下：

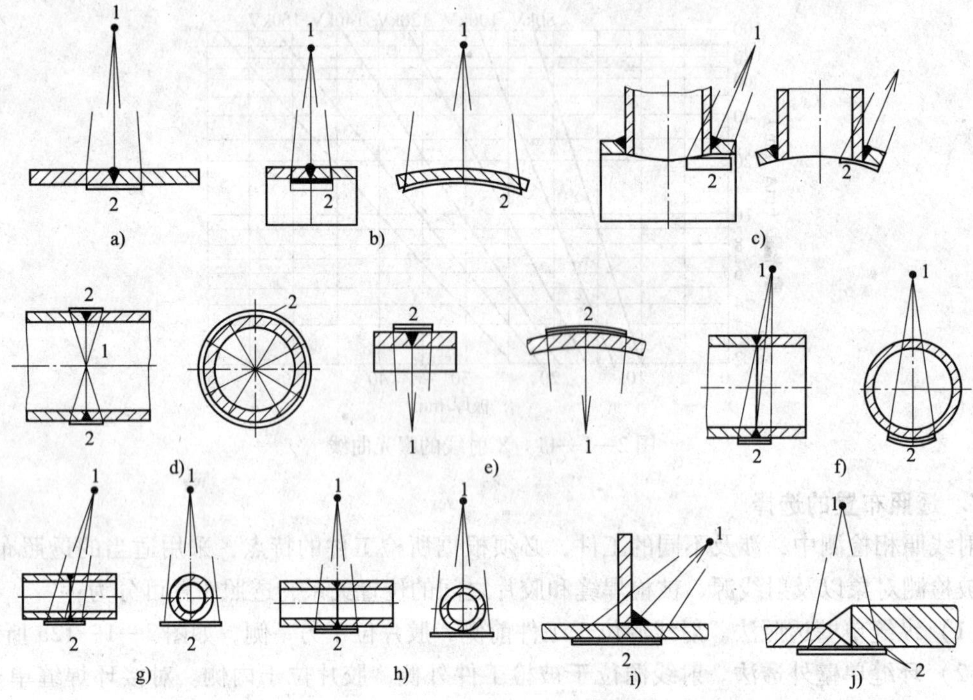

图 2—1—12 射线照相透照布置

a）纵缝单壁透照布置 b）环缝单壁外透法透照布置 c）插入式管座焊缝单壁外透法透照布置 d）环缝周向曝光透照布置 e）环缝单壁偏心内透法透照布置 f）环缝双壁单影法透照布置 g）环缝双壁双影椭圆透照布置 h）环缝双壁双影垂直透照布置 i）角焊缝透照布置 j）不等厚对接焊缝多胶片透照布置

1—射线源 2—胶片

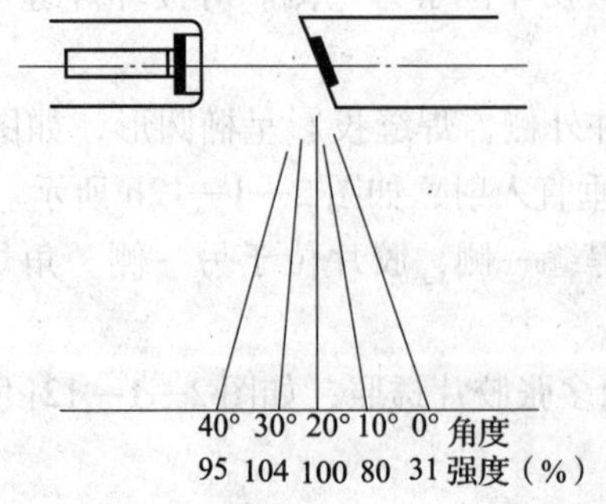

图 2—1—13 射线照射场内射线强度分布

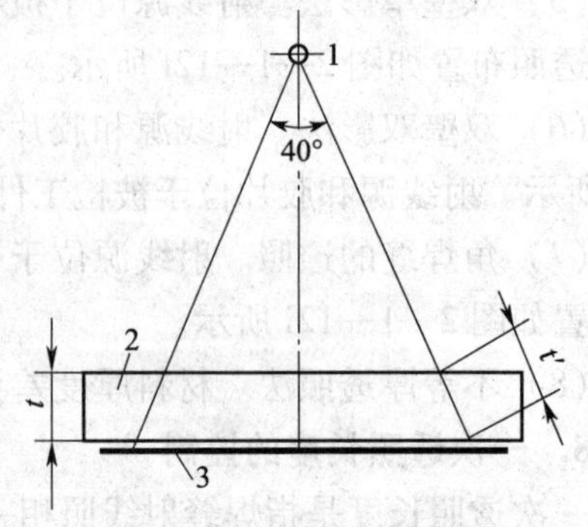

图 2—1—14 透照厚度差

1—射线源 2—焊件 3—胶片

$$K = t'/t$$

式中 t'——边缘射线束穿透工件厚度，mm；

t——中心射线束穿透工件厚度，mm。

对透照厚度比 K 值的限制，实际体现为对每次透照长度的控制。焊缝100%透照时，则体现为最少曝光次数。平板纵焊缝透照和射线源位于偏心位置透照曲面焊缝时，为保证100%透照，其曝光次数应按技术要求确定。对接环焊缝100%透照时，其曝光次数最小值见《金属熔化焊焊接接头射线照相》（GB/T 3323—2005）标准的附录A。

四、射线检测工艺

所谓射线检测工艺实际上就是对射线检测的方案和要求作出统一的规定，以符合有关规范、规程、标准的要求，保证射线检测诊断结果的一致性和可靠性。一般射线检测工艺分为"射线检测工艺规程"和"射线检测工艺卡"两种，属于同一性质的工艺文件。

1. 射线检测工艺规程

射线检测工艺规程是针对主要产品通用性射线检测操作的指导性文件，具有强制性。它内容比较详细，是一项必须严格遵守的企业质量管理法规，也是实际操作的主要依据。

射线检测工艺规程应包括必要的内容，遵循这些内容进行射线检测操作，才能保证检测质量。一般应包括：

（1）适用范围（编制依据的标准，检测质量等级，检测母材厚度范围，工件种类，焊接方法和类型等）。

（2）检测人员要求（资格，视力等）。

（3）对工件的要求（工件表面状况等）。

（4）设备器材（射线源和能量选择，胶片牌号和类型，增感屏，像质计，暗盒，铅字等）。

（5）透照方法及相关要求（100%分段透照及要求，局部透照及扩透要求，焦距，划片长度，编号方法，像质计和标记的摆放，散射线的屏蔽等）。

（6）钢印标记方法。

（7）曝光曲线（管电压，管电流，曝光时间等）。

（8）暗室处理（洗片方法，胶片处理程序、条件及要求等）。

（9）底片评定（评片条件，验收标准，像质鉴定，级别评定，返修规定）。

（10）记录报告（记录报告及要求，资料，档案管理要求等）。

（11）其他必要的说明。

2. 射线检测工艺卡

射线检测工艺卡是针对产品具体结构检测操作的指导性工艺文件，它是工艺规程的"浓缩"，一般是用一张表或卡片来说明应当执行的各种工艺参数。它没有详细的文字叙述，最多对一些工艺要点、难点有少量的"注释"，或用简图说明工艺方法的要点。

射线检测工艺卡通常包括以下内容。

（1）试件原始数据。包括试件名称（编号）、类别、材质、规格、焊接方法、坡口形式、检测焊缝及部位（编号）以及草图等。

（2）规范标准数据。包括试件质量验收标准和照相技术标准、照相质量等级、检查比例、底片质量要求等。

(3) 检测技术数据。包括选定的设备、材料、检测方式、射线能量、焦距以及其他曝光参数等。

(4) 特殊的技术措施及说明。对复杂的试件或特殊的工作条件，有时需要增加一些措施或作出说明。

(5) 有关人员签字。

3. 射线照相检测的一般程序

对焊接结构件进行射线照相检测，首先应充分了解被检测焊接件的材质、焊接方法和几何尺寸等，并确定检测要求与验收标准；然后依据相应标准来选择适当的射线源、胶片、增感屏和像质计等，同时进一步确定该焊接构件的透照方式和几何条件。射线照相检测的一般程序如图2—1—15所示。

4. 焊缝射线（透照）检测常规工艺

(1) 平板对接焊缝射线（透照）检测工艺。平板对接焊缝是最简单的焊缝试件，锅炉压力容器的筒体纵缝、焊接试板，以及封头拼缝都属此种形式。平板焊缝透照工艺的一些透照条件和参数的选择说明如下：

1) 透照方式。只有单壁透照一种方法。

2) 焦距。按照标准确定，同时要考虑到几何不清晰度和一次透照长度的要求。

3) 管电压。小于标准要求的最高管电压，通常根据曝光曲线选定。

4) 曝光量。一般不小于标准推荐值，具体数值根据试件厚度查曝光曲线选定。

5) 一次透照长度。根据标准中的 K 值计算允许的一次透照长度，然后结合试件和设备器材情况确定具体数值。

6) 胶片尺寸。胶片长度为一次透照长度加搭接长度，再加适当余量，胶片宽度为规格化正常尺寸。

(2) 环缝射线（透照）检测工艺。环缝射线（透照）检测方式比平板对接焊缝复杂一些，不同要点如下：环缝的透照方式有多种选择，一般来说，应优先选择单壁透照，无法实施单壁透照时采用双壁透照；应优先选择放射源在内的透照方式，这样布置透照厚度比较小，横裂检出角较小，一次透照长度较大，但有时因工件和设备原因，只能选择放射源在外的透照方式。环缝透照的其他工艺条件和参数可参照平板对接焊缝射线（透照）检测工艺要求。

5. 焊缝射线（透照）检测的基本操作方法

焊缝射线检测操作应严格遵守工艺规定、操作程序，基本内容及有关要求如下：

(1) 试件检查及清理。试件上如有妨碍射线穿透或贴片的附加物，应尽可能去除；表面如有可能产生掩盖焊缝缺陷图像的不规则状态，应对表面进行打磨修整。

(2) 划线。按照工艺文件规定的检查部位、比例、一次检测长度，在工件上划线。

(3) 像质计和标记摆放。按照标准和工艺的有关规定，摆放像质计和各种标记。标记应放在适当位置，距焊缝边缘应不小于5 mm。

(4) 贴片。采用可靠的方法（磁铁、绳带等）将胶片（暗盒）固定在被查位置上，胶片应与工件表面紧密贴合，尽量不留间隙。

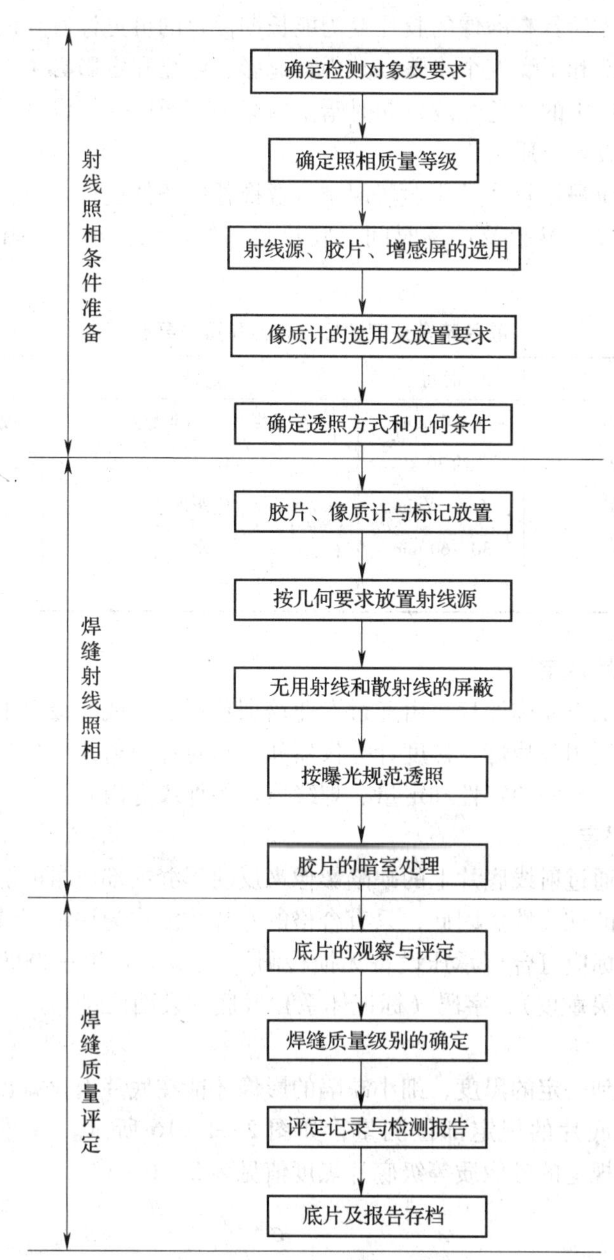

图 2—1—15　射线照相检测的一般程序

（5）对焦。将射线源安放在适当位置，使射线束中心对准被检区中心，并使焦距符合工艺规定。

（6）散射线防护。按工艺的有关规定执行散射线的防护措施。

（7）曝光。在以上各步骤完成后，先确定现场射线防护安全符合要求，方可按照工艺规定的参数和仪器操作规则进行曝光。曝光后的胶片应及时进行暗室处理。

五、胶片的暗室处理

暗室处理是将曝光后具有潜像的胶片变为能长期保存的可见像底片的处理过程，包括显影、停显、定影、水洗和干燥五个步骤。其中，显影、停显和定影必须在暗室中进行。暗室内的安全光线为亮度适中的红色光线，同时暗室内必须有通风换气设施，以防止室内温度过高和湿度过大而引起胶片变质。

胶片的暗室处理应根据胶片及化学药剂制造者推荐的条件进行，以获得选定的胶片系统性能，特别要注意温度、显影及冲洗时间。胶片暗室处理的标准条件和操作要点见表2—1—8。

表2—1—8　　胶片暗室处理的标准条件和操作要点

步骤	温度	时间	药液	操作要点
显影	(20±2)℃	4~6 min	显影液（标准配方）	预先水洗、过程中适当搅动
停显	16~24℃	约30 s	停显液	充分搅动
定影	16~24℃	5~15 min	定影液	适当搅动
水洗	—	30~60 min	水	流动水漂洗
干燥	≤40℃	—	—	去除表面水滴后干燥

六、焊缝射线底片评定

射线底片的评定工作简称评片。由经过专业培训获得Ⅱ级或Ⅱ级以上射线探伤资格证书的人员，在评片室内利用观片灯、黑度计等仪器和工具对焊缝射线底片进行评定。评片工作包括底片质量的评定、缺陷的定性和定量、焊缝质量的评级等内容。

1. 底片质量的评定

射线照相检测是通过射线底片上的缺陷影像来反映焊缝内部质量的。底片质量的好坏直接影响焊缝质量评价的准确性。因此，只有合格的底片才能作为评定焊缝质量的依据。

合格底片各项指标应符合《承压设备无损检测》（JB/T 4730—2005）中相应规定的黑度值、像质计影像（灵敏度）、字码（标记体系）及底片表面质量等。

2. 黑度值

射线底片只有达到一定的黑度，细小缺陷的影像才能在底片上显露出来。射线底片的黑度可用黑度计直接在底片的规定部位测量，如图2—1—16所示。《承压设备无损检测》（JB/T 4730—2005）规定的各像质等级底片黑度值见表2—1—9。

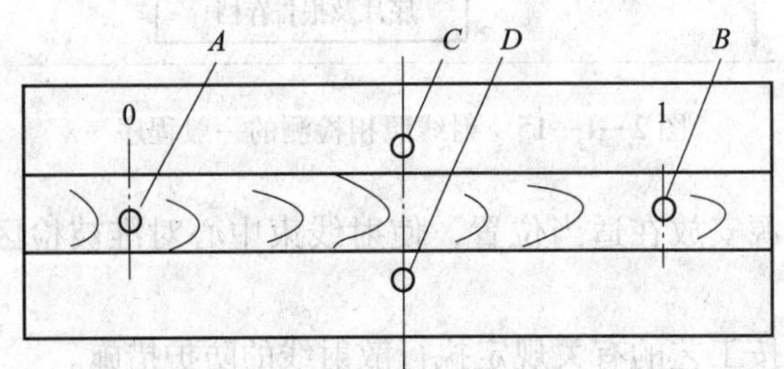

图2—1—16　底片黑度测量部位

A、B—最小处　C、D—最大处

表 2—1—9　　底片的黑度范围

等级	黑度①	灰雾度②
A	≥2.0③	≤0.3
B	≥3.0④	

①测量误差允许为 ±0.1。

②灰雾度指未经曝光即进行暗室处理的胶片的总黑度（片基 + 乳剂）。

③经合同各方商定，可降为 1.5。

④经合同各方商定，可降为 2.0。

3. 灵敏度

射线照相灵敏度是用底片上像质计影像反映的像质指数来表示的。因此，底片上必须有像质计影像显示，且位置正确，被检测部位必须达到灵敏度要求。《承压设备无损检测》（JB/T 4730—2005）中规定的不同质量等级、不同透照厚度下的像质指数可按表 2—1—6、表 2—1—7 的要求执行。

4. 标记系

底片上的定位标记和识别标记应齐全，且不掩盖被检焊缝影像。值得注意的是，若在较黑背景上出现“B”的较淡影像，应予重照。

5. 表面质量

底片上被检焊道影像应规整齐全，不缺边角。底片表面不应存在明显的机械损伤和污染。检测区内无伪缺陷。质量不符合要求的底片必须重照。

6. 底片上缺陷影像的识别

（1）焊接缺陷在射线检测中的显示。焊接缺陷一般可分为裂纹、气孔、夹杂、未熔合与未焊透、形状缺陷以及其他缺陷。在焊缝射线照相底片上，除上述缺陷影像外，还可能出现一些伪缺陷影像，应注意区分，以避免将其按焊缝缺陷处理，造成误判。底片上常见的焊接缺陷和伪缺陷的影像特征如图 2—1—17 所示，特征见表 2—1—10。

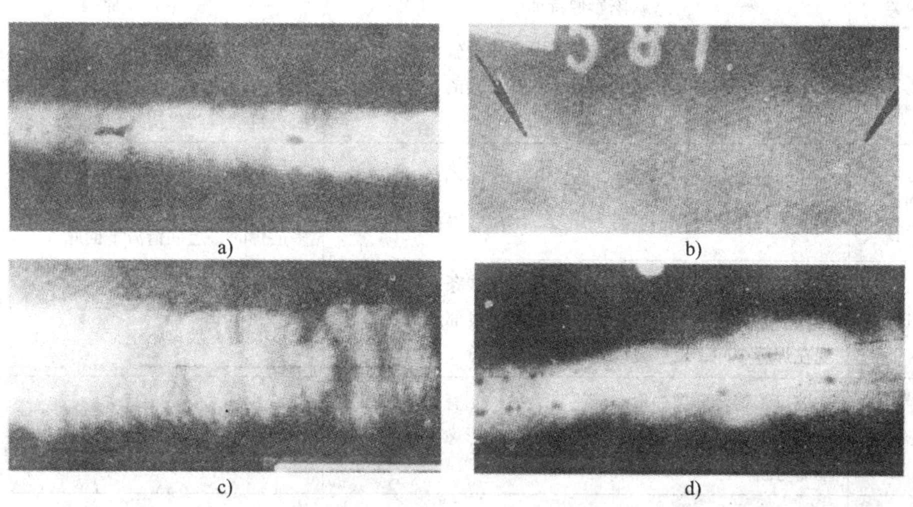

a)　b)　c)　d)

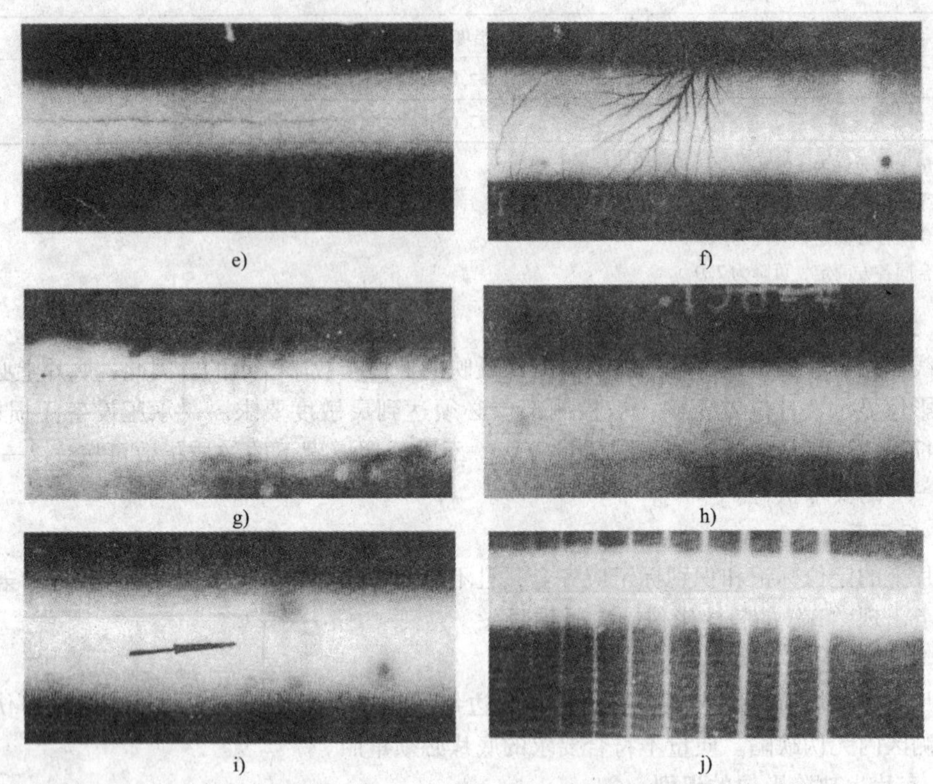

图 2—1—17　底片上常见的焊接缺陷和伪缺陷的影像

a）气孔和夹杂　b）夹钨　c）未焊透　d）未熔合　e）纵向裂纹

f）树枝状伪缺陷　g）线状伪缺陷　h）蜘蛛状伪缺陷　i）斑状伪缺陷　j）波浪状伪缺陷

表 2—1—10　　　底片上常见的焊接缺陷和伪缺陷的影像特征

缺陷种类	缺陷影像特征	产生原因
气孔	多数为圆形、椭圆形黑点，其中心黑度较大；也有针状、柱状气孔。其分布情况不一，有密集的、单个的和链状的	焊条受潮；焊接处有锈、油污等；焊接速度太快或电弧过长；母材坡口处存在夹层；自动焊产生明弧现象
夹杂	形状不规则，有点、条块等，黑度不均匀。一般条状夹杂都与焊缝平行，或与未焊透、未熔合等混合出现	运条不当，焊接电流过小，坡口角度过小；焊件上有锈，焊条药皮性能不当等；多层焊时，层间清渣不彻底
未焊透	在底片上呈现规则的、直线状的黑色线条，常伴有气孔或夹杂。在 X、V 形坡口的焊缝中，根部未焊透都出现在焊缝中间，K 形坡口则偏离焊缝中心	间隙太小；焊接电流或电压不当；焊接速度太快；坡口不正常等
未熔合	坡口未熔合影像一般一侧平直、另一侧有弯曲，黑度淡而均匀，时常伴有夹杂。层间未熔合影像不规则，且不易分辨	坡口不够清洁；坡口尺寸不当；焊接电流或电压小；焊条直径或种类不对
裂纹	一般呈直线或略带锯齿状的细纹，轮廓分明，两端尖细，中部稍宽，有时呈现树枝状影像	母材与焊接材料不当；焊接热处理不当；应力太大或应力集中；焊接工艺不正确

续表

缺陷种类	缺陷影像特征	产生原因
夹钨	底片上呈现圆形或不规则的亮斑点，且轮廓清晰	采用钨极气体保护焊时，钨极爆裂或熔化的钨粒进入焊缝金属
伪缺陷	细小霉斑	底片陈旧发霉
	底片角上边缘有雾	暗盒封闭不严，漏光
	普遍严重发灰	红灯不安全，显影液失效，胶片存放不当或过期
	暗黑色珠状影像	显影处理前溅上显影液滴
	黑色枝状条纹	静电感光
	密集黑色小点	定影时，银粒子流动
	黑度较大的点和线	局部受机械压伤或划伤
	淡色圆环斑	显影过程中有气泡
	淡色斑点或区域	增感屏损坏或夹有纸片，显影前胶片上溅上定影液也会产生这种现象

在焊缝射线底片上除了上述缺陷影像外，还可能出现一些伪缺陷影像，应注意区分，避免将其误判成焊件缺陷。所谓伪缺陷，是指由于胶片本身质量、胶片保管、剪切、装取、暗室操作处理不当，以及操作者其他操作不慎等原因，在底片上留下可辨别的影像，但并非是被检测工件缺陷在底片上留下的影像。

（2）焊接缺陷的识别。对于射线底片上影像所代表的缺陷性质的识别，通常可从以下三个方面来进行综合分析与判断。

1）缺陷影像的几何形状。缺陷影像的几何形状常是判断缺陷性质的最重要依据。分析缺陷影像几何形状时，一是分析单个或局部影像的基本形状；二是分析多个或整体影像的分布形状；三是分析影像轮廓线的特点。不同性质的缺陷具有不同的几何形状和空间分布特点。例如，气孔一般为球状，在底片上呈黑色斑点。裂纹多为宽度很小且变化的缝隙，在底片上呈两头尖、中间宽的黑色线条。

应注意的是，对于不同的透照布置，同一缺陷在射线底片上形成的影像的几何形状将会发生变化。例如，球形可能变成椭圆形；裂纹可能呈现为鲜明的细线，也可能呈现为模糊的片状影像等。

2）缺陷影像的黑度分布。缺陷影像的黑度分布特点是判断缺陷性质的另一个重要依据。分析影像黑度特点时，一是考虑影像黑度相对于焊件本体黑度的高低；二是考虑影像自身各部分黑度的分布。在缺陷具有相同或相近的几何形状时，影像的黑度分布特点往往成为判断影像缺陷性质的主要依据。

不同性质的缺陷，其内在性质往往是不同的。可以认为气孔内部不存在物质，夹杂是不同于焊件本体材料的物质等。这种不同内在性质的缺陷对射线的吸收也不同，从而形成的缺陷影像的黑度分布也就不同。

3）缺陷影像的位置。缺陷影像在射线底片上的位置是判断缺陷性质的又一重要依据。

缺陷影像在底片上的位置是缺陷在焊件中位置的反映，而缺陷在焊件中出现的位置常具有一定的规律，某些缺陷只能出现在焊缝特定位置上。例如，对接焊缝的未焊透缺陷，其影像出现在焊缝影像中心线上，而未熔合缺陷的影像往往偏离焊缝影像中心。

7. 焊接缺陷的定量测定

在厚壁工件的检测中，需要知道缺陷的确切位置，以便判断焊缝中缺陷的大小及进行返修。缺陷在焊缝中的平面位置及大小可在底片上直接测定，而其埋藏深度却必须用特殊的透照方法才能确定。

(1) 缺陷埋藏深度的测定。确定缺陷的埋藏深度可采用双重曝光法，即移动射线源（焦点）与被检焊件之间的相互位置，对同一张胶片进行两次重复曝光，如图 2—1—18 所示。为测定缺陷 x 的深度 h，可分别在 A、B 两个位置进行两次曝光，即可在底片上得到缺陷的两个影像 E_1 和 E_2，根据它们的几何关系可以计算出缺陷的埋藏深度：

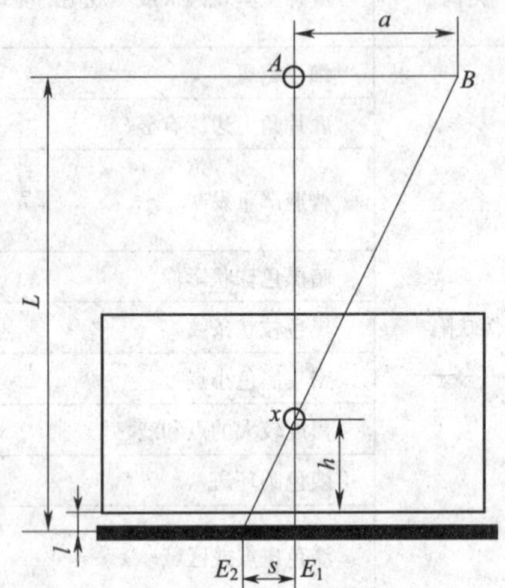

图 2—1—18　双重曝光法测量缺陷埋藏深度

$$h = [s(L-l) - al]/(a+s)$$

式中　h——缺陷距工件下表面的距离，mm；

s——底片上两个缺陷影像之间的距离，mm；

L——焦距，mm；

l——工件与胶片的距离，mm；

a——射线源移动的距离，mm。

一般透照时，暗盒很薄且紧贴工件，可取 $l=0$，则上式简化为：

$$h = sL/(a+s)$$

(2) 缺陷在射线方向上的尺寸。缺陷在射线方向上的尺寸大小可用黑度计测量。根据射线照相法原理，底片上缺陷影像的黑度越大，说明照射时透过该部位的射线越强，缺陷在射线方向的尺寸也就越大。如果通过人为缺陷事先绘制出缺陷尺寸与黑度的关系曲线，便可以根据从黑度计上测得的缺陷影像黑度来确定缺陷在射线方向上的尺寸大小。

七、焊缝质量评定

1. 焊缝质量分级

根据射线底片来划分焊缝质量等级时必须依据一定的标准，目前我国普遍采用的国家标准是《金属熔化焊焊接接头射线照相》（GB/T 3323—2005），该标准适用于母材厚度为 2 ~ 200 mm 钢的熔化焊对接接头的 X 射线和 γ 射线检测。《金属熔化焊焊接接头射线照相》（GB/T 3323—2005）规定，根据焊接缺陷的形状、大小，将焊缝中的缺陷分成圆形缺陷、条形缺陷、未焊透、未熔合和裂纹五种。其中，圆形缺陷是指长宽比小于或等于 3 的缺陷，它们可以是圆形、椭圆形、锥形或带有尾巴（在测定尺寸时应包括尾部）等不规则的形状，包括气孔、夹杂和夹钨。长宽比大于 3 的气孔、夹杂和夹钨定义为条形缺陷。

在《金属熔化焊焊接接头射线照相》（GB/T 3323—2005）中，根据缺陷性质、数量和大小将焊接接头质量分为四个等级，即Ⅰ、Ⅱ、Ⅲ、Ⅳ，其质量依次降低。

（1）Ⅰ级焊缝。不允许存在任何裂纹、未熔合、未焊透以及条形缺陷，允许有一定数量和一定尺寸的圆形缺陷存在。

（2）Ⅱ级焊缝。不允许存在任何裂纹、未熔合以及未焊透，允许有一定数量和一定尺寸的条形缺陷和圆形缺陷存在。

（3）Ⅲ级焊缝。不允许存在任何裂纹、未熔合以及双面焊和加垫板的单面焊中的未焊透，允许有一定数量、一定尺寸的条形缺陷和圆形缺陷及未焊透（指非氩弧焊封底的不加垫板的单面焊）存在。

（4）Ⅳ级焊缝。焊接接头中缺陷超过Ⅲ级。

2. 评定厚度的确定

评定厚度 T 是指用于缺陷评定的母材厚度或角焊缝厚度。对接焊缝的评定厚度为母材公称厚度；不等厚材料对接时，取其中较薄的母材公称厚度；T 形接头取制备坡口的母材公称厚度；角焊缝的评定厚度为角焊缝的理论厚度。

3. 焊接接头质量的评定方法

对允许存在缺陷的焊缝，标准规定要根据母材厚度对缺陷数量、大小及密集程度加以限制。因此，对焊接接头进行评定时应根据缺陷种类、单个缺陷尺寸、总量和密集程度分别评定，然后再进行综合评定。

（1）圆形缺陷质量分级。首先，确定评定区。圆形缺陷用评定区进行评定，评定区的大小见表 2—1—11，评定区应选择在缺陷最严重的部位。

表 2—1—11　　圆形缺陷评定区　　mm

母材公称厚度 T	≤25	>25～100	>100
评定区尺寸	10×10	10×20	10×30

其次，换算缺陷点数。同类性质的缺陷，其尺寸越大，对焊接接头的危害程度也越大。因此，对于评定区内大小不同的圆形缺陷不能等同对待，评定时应将缺陷尺寸按表 2—1—12 换算成缺陷点数。缺陷尺寸过小可不计点数，见表 2—1—13。当缺陷与评定区边界相接时，应把缺陷划入该评定区内计算点数。最后，按表 2—1—14 的规定评定焊接接头的质量级别。

表 2—1—12　　缺陷点数换算表

缺陷长径/mm	≤1	>1～2	>2～3	>3～4	>4～6	>6～8
缺陷点数	1	2	3	4	5	6

表 2—1—13　　不记点数的缺陷尺寸　　mm

母材公称厚度	缺陷长径
≤25	≤0.5
>25～50	≤0.7
>50	≤1.4%T

表 2—1—14　　各级别允许的圆形缺陷点数

评定区尺寸/mm	10×10		10×20			10×30
母材公称厚度 T/mm	≤10	>10~15	>15~25	>25~50	>50~100	>100
Ⅰ级	≤1	>1~2	>2~3	>3~4	>4~6	>6~8
Ⅱ级	1	2	3	4	5	6
Ⅲ级	1	2	3	4	5	6
Ⅳ级	缺陷点数大于Ⅲ级或缺陷长径大于 $T/2$					

注：当母材公称厚度不同时，取较薄板的厚度；表中的数字是允许缺陷点数的上限。

对由于材质或结构等原因进行返修可能会产生不利后果的焊接接头，经合同各方商定，各级别的圆形缺陷可放宽 1~2 点。

对于致密性要求高的焊接接头，经合同各方商定，可将圆形缺陷的黑度作为评定依据，将黑度大的圆形缺陷定义为深孔缺陷，有深孔缺陷时评为Ⅳ级。Ⅰ级焊接接头和评定厚度小于等于 5 mm 的Ⅱ级焊接接头内不计点数的圆形缺陷，在评定区内不得多于 10 个。圆形缺陷长径大于 $T/2$ 时，评为Ⅳ级。

（2）条形缺陷评级。条形缺陷评级应根据单个缺陷长度、缺陷总长及相邻两缺陷间距三个方面来进行综合评定。

1）单个条形缺陷的评定。当底片上存在单个条形缺陷时，以缺陷长度确定其等级。考虑到条形缺陷长度对不同板厚的焊件危害程度不同，一般较厚的焊件允许较长的条形缺陷存在。因此，《金属熔化焊焊接接头射线照相》（GB/T 3323—2005）规定，用条形缺陷长度占板厚的比值来进行等级评定。同时规定：对薄板焊缝采用最小允许值（Ⅱ级焊缝为 4 mm，Ⅲ级焊缝为 6 mm），以避免对薄板要求过高的倾向；而在厚板焊缝中，采用最大允许值（Ⅱ级焊缝为 20 mm，Ⅲ级焊缝为 30 mm），以避免按厚度比值确定使厚板焊缝中存在过长缺陷的可能。条形缺陷的分级见表 2—1—15。

表 2—1—15　　各级别焊接接头允许的条形缺陷长度

级别	单个条形缺陷最大长度	一组条形缺陷累计最大长度
Ⅰ	不允许	
Ⅱ	≤$T/3$（最小可为 4）且≤20	任意选定长度为 $12T$ 的条形缺陷评定区内，相邻缺陷间距不超过 $6L$ 的任意一组条形缺陷的累记长度超过 T，但最小可为 4
Ⅲ	≤$2T/3$（最小可为 6）且≤30	任意选定长度为 $6T$ 的条形缺陷评定区内，相邻缺陷间距不超过 $3L$ 的任意一组条形缺陷的累记长度超过 T，但最小可为 6
Ⅳ	大于Ⅲ级	

注：1. L 为该组条形缺陷中最长缺陷本身长度；T 为母材公称厚度，当母材公称厚度不同时，取较薄板的厚度值。

2. 条形缺陷评定区是指与焊缝方向平行的、具有一定宽度的矩形区。T≤25 mm，宽度为 4 mm；25 mm < T≤100 mm，宽度为 6 mm；T>100 mm，宽度为 8 mm。

3. 当两个或两个以上条形缺陷处于同一直线上且相邻缺陷的间距小于等于较小缺陷长度时，应作为 1 个缺陷处理，且间距也应计入缺陷的长度之中。

2）断续条形缺陷的评定。如果在底片上不是单个条形缺陷，而是有几段相隔一定距离的条形缺陷，此时的等级评定应从单个条形缺陷长度、缺陷间距以及缺陷总长三方面进行评定。首先，对最长的缺陷按单个条形缺陷评定方法进行评定；然后，从其相邻两缺陷间距来判断缺陷成“组”情况；最后，评定缺陷总长。条形缺陷的评定如图 2—1—19 所示。

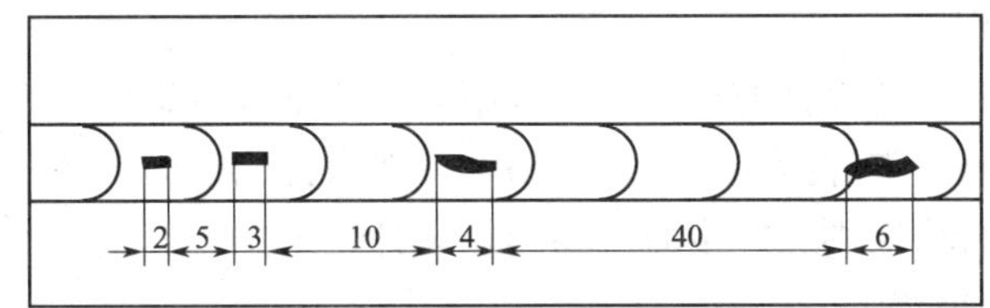

图 2—1—19 条形缺陷的评定

评级过程：对照表 2—1—15，评定单个条形缺陷。每个缺陷长度均未超过评定厚度的三分之一（$T/3=8$ mm），符合Ⅱ级，暂定为Ⅱ级。

评定缺陷总长。首先判别缺陷成“组”情况：最长的条形缺陷的长度 $L=6$ mm，它与最近的缺陷之间的距离为 40 mm，超出了 $6L$（36 mm）范围，故它们之间不属于“组”的范围。再看剩余三条缺陷成“组”情况：剩下的三条缺陷中，最长者 $L=4$ mm，由于它们之间的间距均小于 $6L$ 而构成“组”，因此计算其总长 4 mm + 3 mm + 2 mm = 9 mm，未超过板厚，故可以评为Ⅱ级。

在厚焊缝中，当 $12T$（Ⅱ级）或 $6T$（Ⅲ级）大于底片长度，或者焊缝本身长度小于 $12T$（Ⅱ级）或 $6T$（Ⅲ级）时，条形缺陷总长可按比例折算。值得注意的是，如果上述折算后的数值小于单个缺陷的允许长度，应按单个缺陷长度允许值的规定处理。在薄板中，板厚小于单个缺陷允许长度，也应按单个缺陷长度允许值的规定处理。

如图 2—1—20 所示，板厚 $T=100$ mm 的对接焊缝内两个长度均为 10 mm 的条形缺陷，间距为 50 mm，拍摄的底片长度为 200 mm，试评定该焊接接头等级。

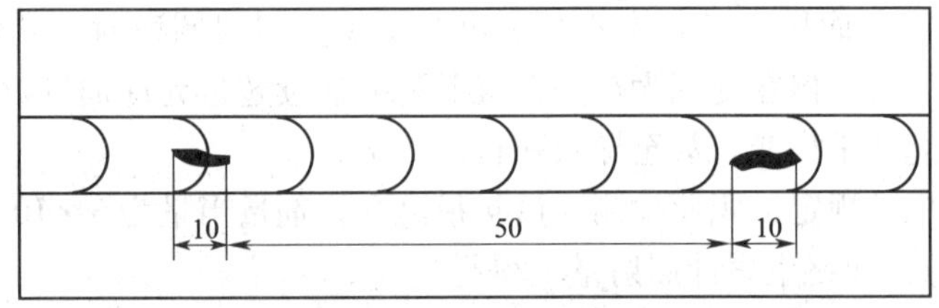

图 2—1—20 厚板焊缝条形缺陷的评定

评级过程：从条形缺陷长度及间距来评定，该片无疑符合Ⅱ级要求。但在评定缺陷总长时，按照 $12T$ 焊缝内缺陷总长不得超过 T 的规定，200 mm 长的底片上按比例折算缺陷总长不得超过 16.7 mm，而实际缺陷总长为 20 mm，并不符合Ⅱ级的要求。这种情况下，就该按单个条形缺陷长度允许值（Ⅱ级为 20 mm）的规定评为Ⅱ级。

（3）未焊透评级。Ⅰ级、Ⅱ级以及双面焊和加垫板的单面焊中的Ⅲ级焊缝内均不允许存在未焊透缺陷。只有在不加垫板的单面焊的Ⅲ级焊缝中才允许存在未焊透，其允许长度按《承压设备无损检测》（JB/T 4730—2005）进行评定。

角焊缝的未焊透是指角焊缝的实际熔深未达到理论熔深值，应按《承压设备无损检测》（JB/T 4730—2005）进行评定。

（4）根部内凹和根部咬边评级。根部内凹缺陷和根部咬边的分级按《承压设备无损检测》（JB/T 4730—2005）执行。

（5）综合评定。在圆形缺陷评定区内，同时存在圆形缺陷和条形缺陷（或未焊透、根部内凹和根部咬边）时，应各自评级再综合评级。如有两种缺陷，则将两种缺陷所评级别之和减 2 作为最终级别。

当焊接接头级别不符合设计要求时，评为不合格。不合格焊接接头必须进行返修。返修后，经再次检测且合格，该焊接接头才算合格。一般来说，根据产品要求，对每种产品在设计中都规定了检测的合格级别，评定时应当遵循设计规定。

4. 射线照相检测报告

射线照相后，应对检测结果及有关事项进行详细记录，并填写检测报告。检测报告的主要内容应包括：检测单位，产品名称，材质，热处理状况，焊接接头的坡口形式，公称厚度，焊接方法，检测标准（包括验收要求），透照技术及等级（包括像质计和要求达到的像质计数值），透照布置，标记，布片图，射线源种类和焦点尺寸及所选用的设备，胶片、增感屏和滤光板，管电压和管电流，源的活度，曝光时间，射线源与胶片的距离，胶片处理（手工/自动），像质计的型号和位置，检测结果（包括底片黑度、像质计数值），由合同各方之间商定的与《承压设备无损检测》（JB/T 4730—2005）规定的差异说明，有关人员的签字及资格，透照及检测报告日期。

八、射线安全防护

射线对人体有危害作用，应对其进行有效防护。

1. 射线对人体的危害

当射线作用到有机体时，射线使有机体内的组织、细胞和蛋白质等发生生物化学反应而变成一种细胞毒，这种细胞毒对有机体具有破坏性。

射线对人体的危害作用随着射线剂量的不同、照射部位不同以及射线对有机体作用的不同（穿透或表面辐射）而异。当人体的有机组织受少量射线照射时，其作用并不显著，有机组织能迅速恢复正常。但在受到大剂量射线照射或连续超过允许剂量射线照射时，将会在人体有机组织内引起严重病变，甚至导致死亡。

放射卫生防护标准规定，职业检测人员年最高允许剂量当量为 5×10^{-2} Sv（希沃特，射线剂量当量的单位），而终生累计照射量不得超过 2.5 Sv。

2. 射线的防护方法

射线检测时，对射线的防护通常采用的方法主要有三种，即屏蔽防护、距离防护和时间防护。

（1）屏蔽防护。屏蔽防护是最重要的防护手段。它是利用在射线源与检测人员及其他邻近人员之间加上有效合理的屏蔽物来防护射线的一种方法。屏蔽效果主要取决于屏蔽材料及其厚度，屏蔽材料一般由原子序数大的物质制成。

屏蔽防护应用很广，如射线检测机中的衬铅、射线发生器中的遮光器、现场使用的流动铅房、建立固定曝光室的钡水泥墙壁等。

（2）距离防护。距离防护是通过增大射线源与检测人员及其他邻近人员之间的距离来防护射线的一种方法。实践表明，射线剂量率与距离的平方成反比。随着距离的增大，剂量率的降低十分明显。因此，在没有防护物或防护层厚度不够时，利用增大距离的方法同样能够达到防护的目的。

在实际检测中，究竟采用多远的距离才安全，应当用剂量仪进行测量。当该处射线剂量率低于规定的最大允许剂量率时，可视为安全。在进行野外或流动性检测时，利用距离防护是极为经济且有效的方法。

（3）时间防护。在可能的情况下，尽量减少接触射线的时间也是防护方法之一。因为人体所接受的射线总剂量和与辐射源接触的时间成正比。

为了更好地进行防护，实际检测中往往三种防护方法同时使用。

3. 射线检测现场安全知识

在一般企业条件下，射线检测很大一部分的工作是透照固定的设备和各种结构的部件，最常遇到的是锅炉、船体以及起重或运输设备等的焊缝。对上述对象的检查可以在工地上，也可以在车间中进行，而且最好在无人或很少有人的地方进行检查。如果在工作人数很多的工地上或车间内进行透照，在危险区边缘要设置警告标志，防止外人误入。例如，用三角小红旗围起来，写上带有警告性的字样或将几块警告牌置于安全距离处，操作人员要保持安全距离，选择散射线小的方向，并尽量利用屏蔽物防护。

在实验室中进行透照的工件一般是较小的焊接件，因此采用放射线检测的工件和容器均可在有利于防护的适当位置固定下来，同时实验室又有围壁和外界隔绝，所以在实验室中的条件较工地或车间好，但也不能忽视射线防护。为了最大限度地保证工作中的安全，室内射线机房应有射线安全指示灯，以防止意外事故发生。另外，实验室内应有通风设备，通风的入气孔和出气孔应设置在适宜的地方，保证室内有良好的通风。室内用具包括清扫工具都为专用工具，禁止他人动用。

在检测工作中，操作人员必须使用各种防护品，不留指甲，以免遭受无谓的损伤。绝对禁止在检测工作场所进食、吸烟和储藏食品。工作完毕后应彻底地洗手。

任务实施

一、检测前准备

1. 检测要求与被检工件熟悉

本次检测是按《金属熔化焊焊接接头射线照相》（GB/T 3323—2005）要求进行100%射线检测，合格验收级别为Ⅱ级，试件厚度为10 mm，焊缝为单面焊双面成型。

2. 检测区域准备与确定

根据标准要求，对试板焊缝及焊缝两侧各25 mm范围进行检查确定，这一区域内试件表面应没有任何影响射线检测的缺陷存在（如果发现有缺陷存在，必须在检测前打磨去除）。

3. 检测相关器材确认

根据工艺卡要求，可采用以下射线设备和器材。

（1）射线设备。根据标准要求，推荐曝光量为15 mA · min，考虑到射线设备的穿透能力，一般可选用额定管电压为200 kV的射线设备，因此选定XXQ2005（定向）射线机，如图2—1—21所示。

(2) 胶片。采用天Ⅲ或 Agfa C7 胶片均可，根据试件规格 300 mm×125 mm×10 mm，选用规格为300 mm×80 mm 的胶片（也可用 14 in ×17 in 的大胶片，按此规格在暗室截取胶片）。

(3) 增感屏。一般情况下采用铅箔增感屏，根据《金属熔化焊焊接接头射线照相》（GB/T 3323—2005）要求，前屏为 0.03 mm，后屏为 0.1 mm。

(4) 铅字标记选用。0～9，A～Z，中心标记，单箭头标记等。

(5) 暗盒。采用带铅字插口的暗盒或者不带插口的普通暗盒。

(6) 像质计。对于本试板检测，根据《金属熔化焊焊接接头射线照相》（GB/T 3323—2005）要求，10 mm厚的钢板焊缝采用 3#像质计（Fe10～16 号）。

(7) 铅板。用于背散射的防护，一般为 3～5 mm 厚的铅板。

如图 2—1—22 所示为射线机头，如图 2—1—23 所示为暗盒、铅字、铅屏、像质计，如图 2—1—24 所示为射线机控制箱。

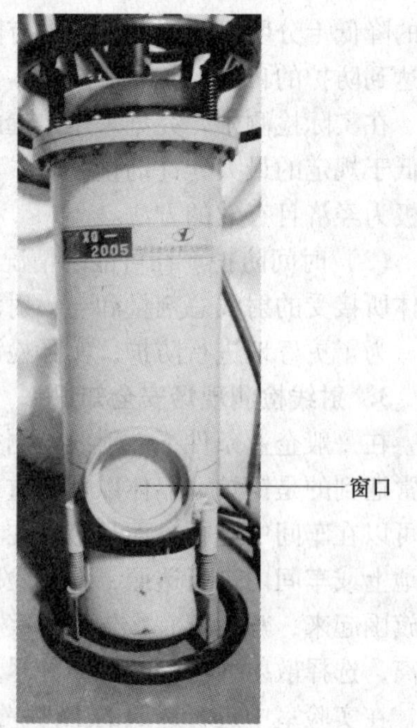

图 2—1—21　XXQ2005（定向）射线机

图 2—1—22　射线机头

图 2—1—23　暗盒、铅字、铅屏、像质计

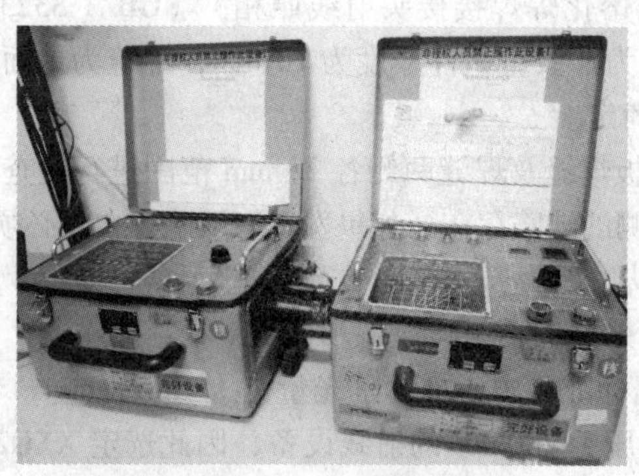
图 2—1—24　射线机控制箱

4. 暗室前期准备工作

（1）洗片药水配制。目前市场上有配套处理药水（工业洗片套液），按操作说明书进行药水配制，并加热备用（注意加热温度为20℃左右）。

（2）胶片准备。为防止胶片曝光，注意暗室门和可能发光的光源必须关闭，按上面说明选择胶片，放入两增感屏之间，同时装入暗盒里，盖好暗盒盖。

（3）收拾暗室，特别是没有装入暗盒的胶片需要装入专用的包装盒内。

5. 拍片前准备

（1）设备准备。射线检测设备是利用高压线包产生高压加载在射线管两端，从而使电子在高压下高速撞击阳极靶产生射线的装置。为防止射线管很快被击穿，在使用前必须要对射线机进行训机——俗称“老化”。可按射线机操作说明书的要求进行操作，一般情况下是以最低管电压开机，然后每1 min升高10 kV，开机每5 min休息5 min。训机结点结束后可在不断电情况下等待备用（机头风扇仍在工作）。

（2）暗盒准备。将铅字插入暗盒上插口（如果采用没有插口的暗盒，则可将铅字选择好并排列整齐后，用胶带固定在暗盒长边方向的边缘10~20 mm范围内）。注意不能将铅字码放在暗盒的中心，因为中心区域是焊缝影像的显示区，不能有任何其他外来影像出现，而影响焊缝影像的显示与评定。

一般情况下，胶片上的字码应包含以下内容：产品工作令号（本任务即试板号S2010－100）、焊工号、板厚、中心位置、有效长度标志单向箭头（胶片两端各一个）、日期、公司代号等。以上内容是基本内容，除公司标志可以省略外，其他均不能缺省。但也可根据需要增加其他铅字码。暗盒上加上铅字后如图2—1—25所示。

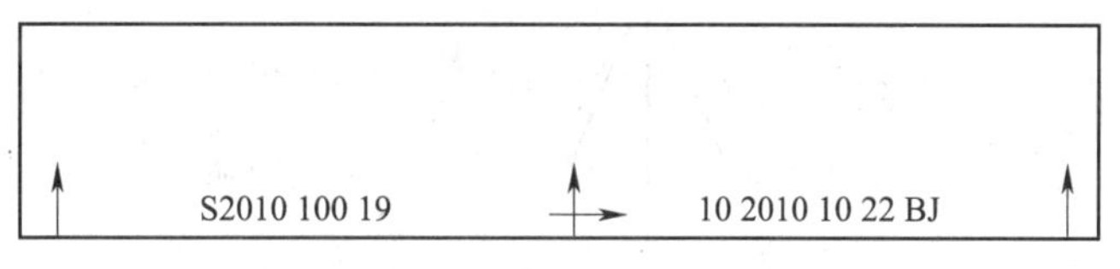

图2—1—25　胶片上的字码标记

（3）像质计的摆放。将上面选择好的像质计，贴上胶带一起粘贴到暗盒上有字码一面的端部1/4处。注意尽量不要与铅字码重叠，这是像质计摆放在胶片一侧的情况。如果像质计放在胶片一侧，还需要在像质计旁放一个铅字“F”，如图2—1—26所示。

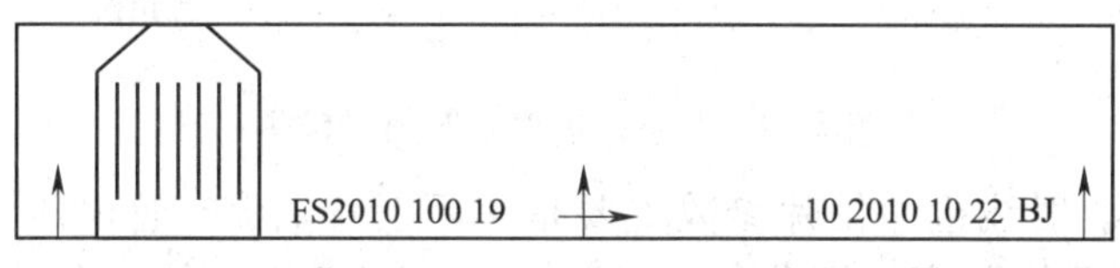

图2—1—26　像质计的摆放

（4）像质计的摆放。一般情况下像质计应该摆放在射线源一则，即摆放在工件上，采用胶带固定，这里必须认真核对，确保像质计影像能够出现在底片的1/4处。

（5）工件准备。在地面放上铅板（5 mm厚），大小与试板相同，或者是与胶片形状相关，比胶片稍微大一点。因采用的是300 mm×80 mm的胶片，则铅板可采用350 mm×

90 mm，然后将装有胶片且铅字已经放好的暗盒放在铅板的中心位置，与铅板同方向。然后将试板放在胶片上，注意试板上的焊缝应对正胶片的中心，和胶片长度方向相同并与焊缝平行。将像质计放在试板的上面，且端部的 1/4 处与焊缝垂直。如图 2—1—27 所示为 X 射线检测前准备就绪的工件。

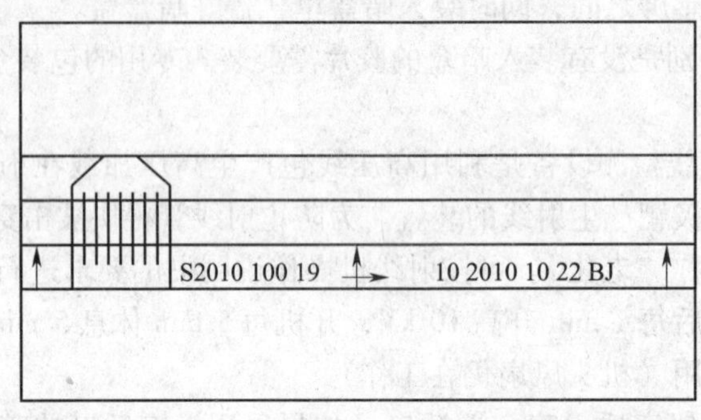

图 2—1—27　X 射线检测前准备就绪的工件

二、检测操作

1. 拍片操作

（1）对机。将射线机头窗口中心垂直对准试板焊缝的中心，这样才能确保焊缝影像全部在底片上显示，如图 2—1—28 所示。注意对机时可以使用辅助工具，如指示器、直尺等，同时确认焦距，即射线机中心到工件的距离为 600 mm。

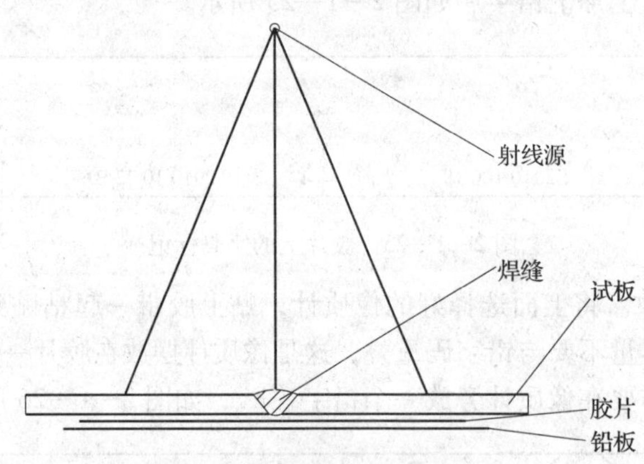

图 2—1—28　试板焊缝 X 射线检测

（2）参数确定。射线检测拍片参数主要是焦距、管电流、管电压、时间。选用的射线机中心到焊接试板的距离，即焦距为 600 mm；选定的射线机管电流是固定的，为 5 mA；根据标准要求选取曝光时间 3 min；根据曝光曲线（见图 2—1—29）确定管电压为160 kV。

（3）拍片。胶片贴好，参数选定，所有人员离开曝光室到操作室，将大小铅门关好，检查所有报警灯是不是亮起。然后，调节控制箱上相关调节器，选择时间为 3 min，管电压为 160 kV，再次确认所有线路已经接好，所有人员均已经离开曝光室后按下开机按钮。

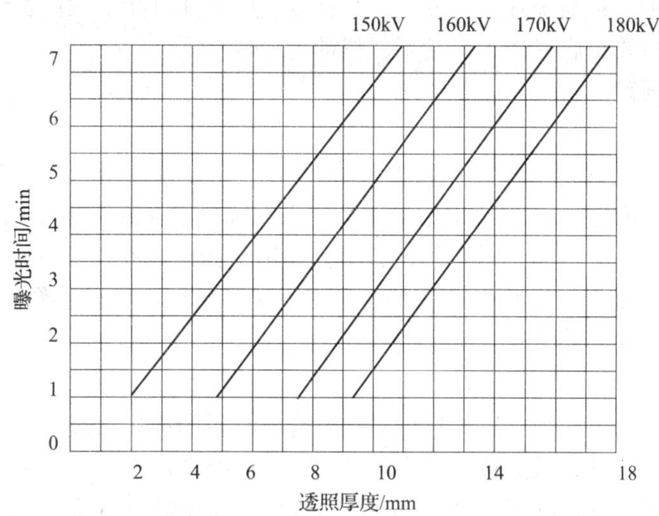

图 2—1—29　XXQ2005 射线机曝光曲线

因拍片时间只有 3 min，可一次开机完成。如果拍片时间大于 5 min，则射线机在工作 5 min后将会自动休息 5 min，然后可继续开机完成剩余的时间。注意射线机功能不同，则需要进行的操作也不同。有些射线机自动休息 5 min 后，不需要调节时间调节器，直接开机即可；有些射线机要求重新调节时间调节器，调到剩余的时间，然后开机。注意此时不要调节错误，否则将会曝光过度（时间长了），或者曝光不足（时间不够）。

（4）现场清理。拍片完成后，将装有拍好胶片的暗盒送到暗室，然后清理现场。射线机头归位，将铅字码放回字码盒，将铅板归位等。

2．暗室操作

（1）胶片拆出。关闭暗室门窗，关闭暗室照明灯，等待 5 min 让眼睛适应暗室环境后，将拍完的胶片取出，注意手不要碰到胶片的两面，用手拿胶片的两边，并将胶片放入洗片夹内。

（2）胶片冲洗。

1）浸湿。确认显影药水的温度在 20℃左右，先将胶片放入清水池内浸湿，注意时间为 1 ~ 2 s。

2）显影。然后放入显影药水中，并不停上下移动。需要连续不断地移动 5 min 左右，然后每分钟移动一下，直到显影时间为 10 ~ 15 min，以胶片显影到位即可。

3）停显。将显影完成的胶片放入停显液中过一下，时间为 1 ~ 2 s。

4）定影。将停显后的胶片放入定影液内，并且不断地上下移动 5 min，放好后定影，每 2 ~ 3 min 上下移动一下，定影时间一般为 15 ~ 20 min，原则是确保胶片定影到位。

5）水洗。胶片经上面四步后，就成了底片，此时拍摄的影像已经在底片上显示出来，但还不稳定，需要进行下一步——水洗，即将定影完成的底片放入流动的清水中，上下移动 5 min，然后就放入水中，保持清水的流动性，底片水洗时间为 20 ~ 30 min。

（3）底片干燥。底片冲洗完成后进行干燥，冲洗好的底片干燥可采用以下方式进行：

自然晾干、烘箱烘干、自动干片机干燥。这几种方式的干片时间依次由长到短。本任务采用自动干片机干燥，只要将底片送入自动干片机即可。

三、检测结果评定

1. 底片质量核对

在评定底片质量之前，必须熟悉相关标准——《金属熔化焊焊接接头射线照相》（GB/T 3323—2005）的要求，标准对底片的质量有明确规定：底片上字码是不是显示齐全，是否上焊道，黑度（1.8～4.0）、像质计（IQI）是不是满足标准要求。本任务是10 mm板，按《金属熔化焊焊接接头射线照相》（BG/T 3323—2005）标准要求，像质计（IQI）需要在底片焊缝处看到10 mm长的13号金属丝。

2. 底片评定

在进行底片评定前，必须了解标准中对缺陷合格与否的描述：裂纹、未熔合、未焊透不允许存在，气孔按点计算，条渣按长度进行评定，还有综合评定等。熟悉了合格要求，就可在观片灯下对底片进行评定（见图2—1—30），最后根据缺陷的性质、大小评定底片的级别（Ⅰ级、Ⅱ级和Ⅲ级）。本试件焊缝底片有单个气孔，直径为0.2 mm，按《金属熔化焊焊接接头射线照相》（GB/T 3323—2005）标准评定为Ⅰ级合格。

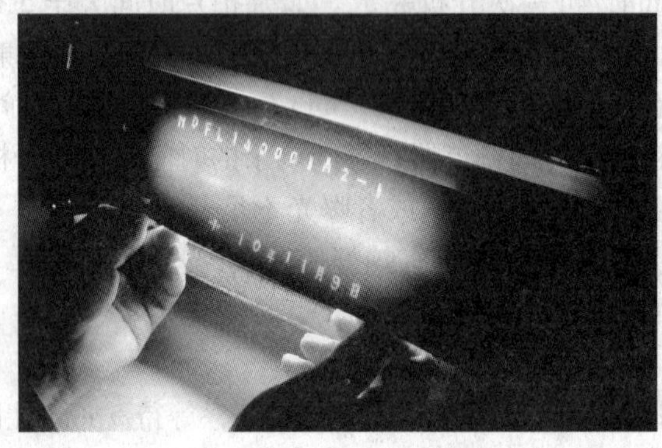

图2—1—30　焊缝底片评定

四、撰写检测报告

在制定好的报告表中填写相关内容，根据拍片结果撰写检测报告。

任务评价

评分标准见表2—1—16。

表2—1—16　　评分标准

序号	操作内容	评分标准	配分	得分
1	明确检测要求	符合JB/T 4730.2—2005标准，100%探伤检测，Ⅱ级合格	10	
2	检测设备选择	选择XXQ2005（定向）射线机	10	
3	主要材料选择	正确选用Agfa C7胶片，规格300 mm×80 mm；铅箔增感屏前屏为0.03 mm，后屏为0.1 mm；3#像质计（Fe10～16号）	10	

续表

序号	操作内容	评分标准	配分	得分
4	拍片操作	正确选择焦距、管电流、管电压、曝光时间	30	
5	暗室操作	正确选择显影药水及温度；正确施行胶片冲洗的五个步骤	20	
6	底片评定	根据焊缝质量分级准确评片	20	
总分合计			100	

思考与练习

1. 射线照相法检测的原理是什么？
2. 简述射线照相法检测的步骤。
3. 简述射线照相法底片评定的步骤。

任务 2 超声波检测

技能点

◎ 超声波检测操作方法；超声波检测结果的评定。

知识点

◎ 超声波检测的原理；超声波检测设备；常用超声波检测方法。

任务提出

超声波检测是利用超声波在物体中的传播、反射和衰减等物理特性来发现缺陷的一种无损检测方法。它主要用于检测金属材料和部分非金属材料的内部缺陷。超声波检测具有成本低、操作方便、检测厚度大、对人和环境无害等突出优点，但也存在探伤不直观、难以确定缺陷的性质、评定结果在很大程度上受操作者技术水平和经验的影响及不能给出永久性记录等缺点。

如图 2—2—1a 所示的焊接试件编号为 S2010 - 101，它是按图 2—2—1b（埋弧自动平板焊工件图）埋弧焊平焊对接接头双面焊成型的试板。其规格为 300 mm × 200 mm × 30 mm，开有 X 形坡口，材质为 Q235A，焊丝选用 H08MnA，焊剂采用熔炼焊剂 HJ431。设计时要求按《承压设备无损检测》（JB/T 4730—2005）对此试件进行 100% 超声波检测，Ⅱ级合格。

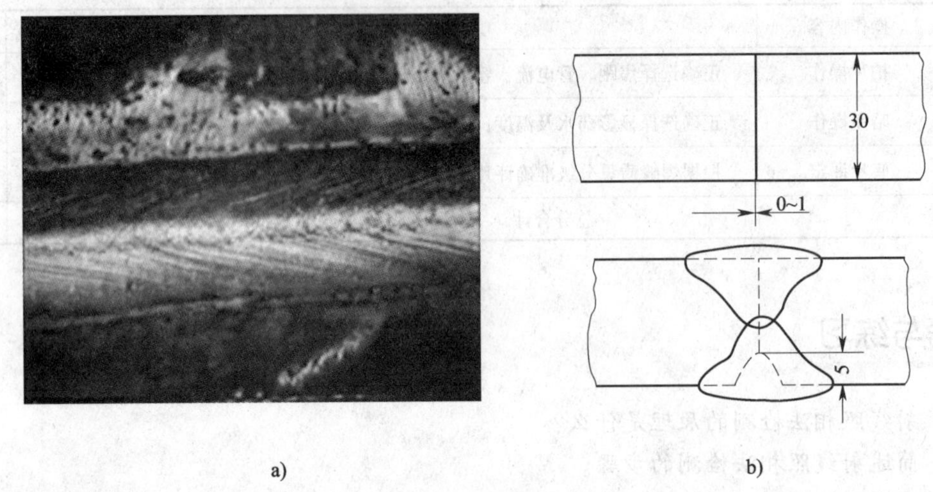

图 2—2—1　埋弧自动焊试件及其工件图

a）埋弧自动焊焊接试件　b）埋弧自动平板焊工件图

任务分析

本试件厚度为 30 mm，焊缝为双面焊成型。根据标准 JB/T 4730—2005，按Ⅱ级要求进行检测，采用单探头单面双侧及焊缝两侧横向缺陷检测，因此应了解超声波探测设备及检测原理，掌握超声波探测的方法、操作程序及缺陷波形的评定。本任务采用模拟式 A 型脉冲式超声波探伤仪，厚度 30 mm 的试件需要采用 K2 的斜探头，频率为 2. 5 MHz。斜探头型号为 2. 5P10 ×8K2，探头的扫查速度不能超过 150 mm/s，对试件进行 100% 超声波检测。

相关知识

一、超声波检测基本原理

超声波检测一般用来探测大厚度焊件的焊缝内部缺陷。超声波检测具有灵敏度高、操作灵活方便的优点，但对缺陷性质的辨别能力差且没有直观性。检测时，要求工件表面平滑光洁，并涂上一层耦合剂作为传声介质。常用的耦合剂有机油、变压器油、甘油、化学浆糊、水玻璃及水等。由于焊缝表面不平，不能用直探头来探测内部缺陷，故一般采用斜探头，并在焊缝两侧磨光面上对焊缝内部进行检测。

超声波检测适合于检测焊缝中的平面型缺陷，如裂纹、未焊透和未熔合等。焊缝越大（例如≥20 mm），其优点越明显。

脉冲超声波的形成是利用压电换能器通过瞬间的电激发产生脉冲机械振动，借助于声耦合介质传入到焊缝金属中。超声波在传播时，如果遇到缺陷就会产生反射并返回到换能器，由于压电效应是可逆的，再把声脉冲信号转换成电脉冲信号。通过测量该信号的幅度及传播时间，就可评定工件中缺陷的位置及严重程度。

如图 2—2—2 所示为 A 型脉冲反射式超声波探伤仪电路原理图。接通电源后，同步电路产生的触发脉冲同时加至扫描电路和发射电路。扫描电路受触发后开始工作，产生的锯齿波电压加至示波管水平（x 轴）偏转板上，使电子束发生水平偏转，从而在示波屏上产生一条水平扫描线（又称时间基线）。与此同时，发射电路受触发产生高频窄脉冲加至探头，激励压电晶片振动而产生超声波，再通过探测表面的耦合剂将超声波导入工件。超声波在工件中传播遇到缺陷或底面时会发生反射，回波被同一探头或接收探头所接收并被转变为电信号，经接收电路放大和检波后加至示波管垂直（y 轴）偏转板上，使电子束发生垂直偏转，在水平扫描线的相应位置上产生始波 T（表面反射波）、缺陷波 F、底波 B。

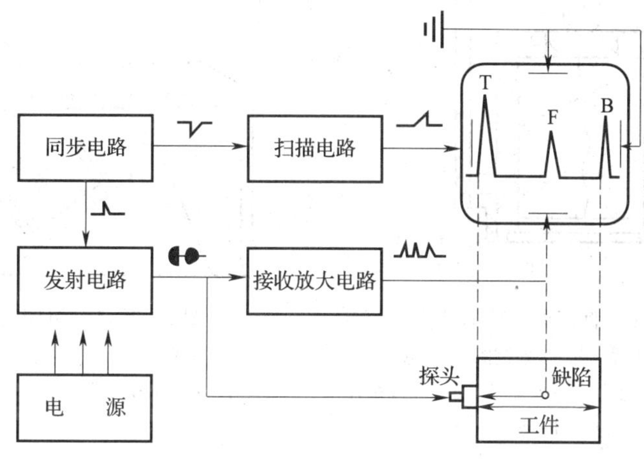

图 2—2—2　A 型脉冲反射式超声波探伤仪电路原理图

二、超声波检测设备

超声波检测设备一般由超声波检测仪、探头和试块组成。超声波检测仪和探头是超声波检测的重要设备，了解其原理、主要性能和用途，是正确选择检测设备和有效进行超声波检测工作的保证。

1. 超声波探头

（1）常用超声波探头。超声波探头又称压电换能器，是实现电—声能量相互转换的能量转换器件。由于工件形状和材质、探伤目的及探伤条件等不同，因而将使用各种不同形式的探头。在焊缝超声波检测中常用的探头有以下几种。

1）直探头。声束垂直于被探工件表面入射的探头称为直探头，可发射和接收纵波。直探头主要用于钢板、锻件和铸件探伤。直探头的基本结构如图 2—2—3 所示，由压电元件、吸收块、保护膜和金属外壳等组成。保护膜分为硬保护膜和软保护膜，硬保护膜用于表面粗糙度值小的工件表面，软保护膜用于表面粗糙度值大或有一定曲率的表面。

2）斜探头。利用透声斜楔块使声束倾斜于工件表面射入工件的探头称为斜探头。斜探头分为纵波斜探头、横波斜探头和表面波斜探头。最常用的是横波斜探头。横波斜探头主要用于焊缝探伤和某些特殊部件的探伤。横波斜探头内部有透声斜楔，它的主要作用是实现波型转换，将晶片产生的纵波转换为横波。为了利于焊缝探伤，横波斜探头的前沿越小越好，因此订制探头时需注意这一点。斜探头的基本结构如图 2—2—4 所示，由探头芯、斜楔块和外壳等部分组成。斜楔块用有机玻璃制作，它与工件组成固定倾斜的异质界面，使探头芯中压电元件发射的纵波通过波型转换，以折射波的形式在工件中传播。通常横波斜探头以钢中折射角标称：$\gamma=40°$、$45°$、$50°$、$60°$、$70°$；有时也以折射角的正切标称：$K=\tan\gamma=1.0$、1.5、2.0、2.5、3.0。

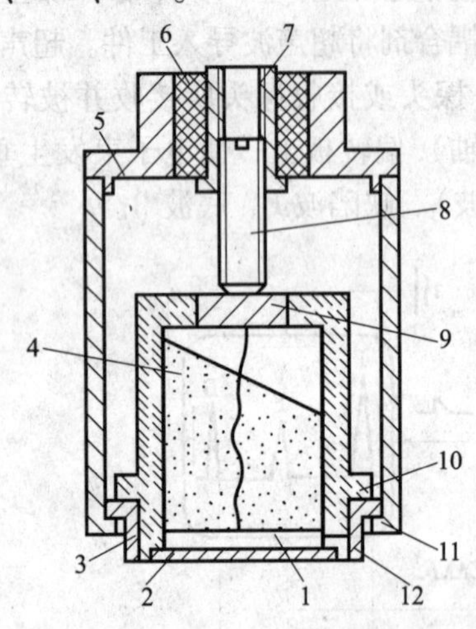

图 2—2—3　直探头的基本结构

1—晶片　2—保护膜　3—接地铜圈　4—吸收块
5—金属盖　6—绝缘柱　7—接触座　8—导线螺杆
9—接线片　10—晶片座　11—金属外壳　12—地线

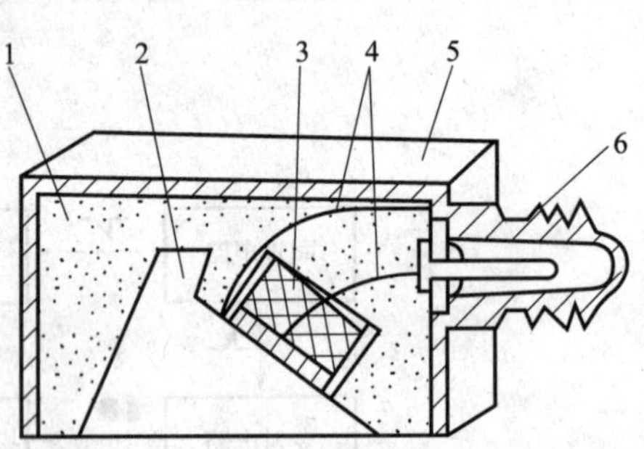

图 2—2—4　斜探头的基本结构

1—吸收块　2—斜楔块　3—压电元件
4—内部电源线　5—外壳　6—接头

3）水浸聚焦探头。它是一种由超声波探头和声透镜组合而成的探头。水浸聚焦探头以水为耦合介质，探头不与工件接触。声透镜是由环氧树脂浇注成的环形或圆柱形凹透镜，类似光学透镜能使光线聚焦一样，它可使超声束集聚成一点（点聚焦探头）或一条线（线聚焦探头）。由于聚焦探头的声束变细，声能集中，从而大幅改善了超声波指向性，并可提高灵敏度和分辨力。水浸聚焦探头主要用于板材和管材的探伤，点聚焦探头用于测量缺陷高度，准确度较高。

4）双晶探头。也称分割探头，具有杂波小、盲区小、近场长度小和探测灵敏度高的特点。它是为了弥补普通直探头探测近表面缺陷时存在盲区大、分辨力低的缺点而设计的，其结构内含两个压电元件，分别为发射晶片、接收晶片，中间用隔声层隔开。双晶探头主要用于探测近表面缺陷和薄工件的测厚。

（2）超声波探头型号的表示。探头型号由五部分组成，用一组数字和字母表示，其排列顺序如下。

1）第一位表示基本频率，用数字表示，其单位为 MHz。

2）第二位表示晶片材料，用化学元素符号的缩写表示，常用的晶片材料（压电材料）及其代号见表 2—2—1。

3）第三位表示晶片尺寸，用数字表示，单位为 mm。其中圆形晶片为晶片直径，矩形晶片为晶片长度×宽度，分割探头晶片为分割前的尺寸。

4）第四位表示探头种类，用汉语拼音缩写字母表示，直探头也可以不标出，常用探头种类代号见表 2—2—2。

表 2—2—1　　常用的晶片材料及其代号

晶片材料	代号	晶片材料	代号
锆钛酸铅	P	碘酸锂	I
钛酸钡	B	石英	Q
钛酸铅	T	其他压电材料	N
铌酸锂	L		

表 2—2—2　　常用探头种类代号

探头种类	代号	探头种类	代号
直探头	Z	表面波探头	BM
斜探头（用 *K* 值表示）	K	可变角探头	KB
斜探头（用折射角表示）	X	分割探头	FG
水浸聚焦探头	SJ		

5）第五位表示探头特征，用阿拉伯数字表示，斜探头为 *K* 值或折射角 γ（°）；对于水浸聚焦探头，表示水中焦距；对于分割探头，为被探工件中声束交区深度，单位为 mm。

探头型号举例说明：

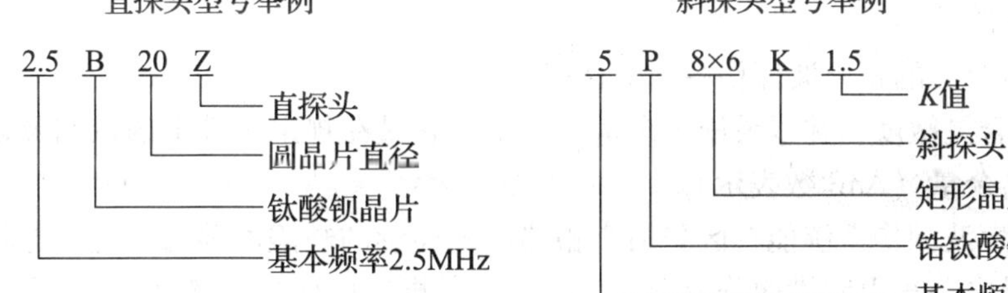

2. 超声波检测仪

超声波检测仪也称超声波探伤仪，是超声波检测的主体设备，主要功能是产生超声频率电振荡，并以此来激励探头发射超声波。同时，它又将探头接收到的回波电信号予以放大、处理，并通过一定方式显示出来。

（1）超声波探伤仪的分类

1）按超声波的连续性分类。可将探伤仪分为脉冲波、连续波和调频波探伤仪三种。后两种探伤仪由于其探伤灵敏度低、缺陷测定有较大局限性，故在焊缝探伤中均不采用。

2）按缺陷显示方式分类。可将探伤仪分为 A 型显示（缺陷波幅显示）、B 型显示（缺陷俯视图像显示）、C 型显示（缺陷侧视图像显示）和 3D 型显示（缺陷三维图像显示）超声波探伤仪等。

3）按超声波的通道数目分类。可将探伤仪分为单通道和多通道超声波探伤仪两种。前者由一个或一对探头单独工作；后者由多个或多对探头交替工作，而每一通道相当于一台单通道探伤仪，适用于自动化探伤。

（2）A 型脉冲反射式超声波探伤仪。目前，焊缝超声波探伤中广泛使用 A 型显示脉冲反射式单通道超声波探伤仪。A 型显示具有检波与非检波两种形式。非检波又称为射频信号，是探头输出的脉冲信号的原始形式，可用于分析信号特征；检波形式是探头输出的脉冲信号经检波后显示的形式。由于检波形式可将时基线从屏幕中间移到刻度板底线，可观察的幅度范围增加了一倍。同时，图形较为清晰简单，便于判断信号的存在及读出信号幅度。

A 型脉冲反射式超声波探伤仪相当于一种专用示波器，尽管型号、性能有所不同，但其基本结构、工作原理均大同小异。A 型脉冲反射式超声波探伤仪原理如图 2—2—2 所示。实际上，该探伤仪示波屏上横坐标反映了超声波的传播时间，纵坐标反映了反射波的振幅，因此通过始波 T 和缺陷波 F 之间的距离，便可确定缺陷离工件表面位置，同时通过缺陷波 F 的高度可确定缺陷的大小。

（3）超声波检测系统的主要性能。超声波检测仪器性能将直接影响探伤结果的正确性，为此规定了探伤仪的各项性能。

1）水平线性又称时基线性或扫描线性，是指扫描线上显示的反射波距离与反射体距离成正比关系的程度，它关系到缺陷定量的准确性。

2）垂直线性又称放大线性，是指示波屏反射波幅与接收信号电压成正比的程度，它关系到缺陷定量的准确性。

3）动态范围是示波屏上回波高度从满幅（100%）降至消失时仪器衰减器的变化范围，其值越大，可检出缺陷越小。

探伤仪与探头组合后的超声波探伤系统的性能。

1）灵敏度指组合灵敏度，并以灵敏度余量来表示。它是在规定条件下的探伤灵敏度至仪器最大灵敏度的富余量（ΔdB 数表示）。

2）分辨力指超声波探伤系统能够区分两个相邻而不连续的缺陷的能力。它有近场分辨力、远场分辨力、纵向分辨力和横向分辨力之分，一般是指远场纵向分辨力。

3）超声波检测系统校验。超声波检测系统的检测按标准 JB/T 9214—2010 的方法进行。模拟仪器——A 型脉冲反射式超声波探伤仪至少每三个月进行一次检测；数字仪器——一般每年进行一次检测。

3. 试块

试块是超声波探伤中必不可少的一种器材，是按一定用途设计制作的具有简单几何形状的人工反射体试件。它的主要作用是：测定仪器及探头的有关特性参数；按有关专业标准规定校准和控制探伤灵敏度。超声波探伤中以试块作为比较的依据。用试块作为调节仪器和定量缺陷的参考依据是超声波探伤的一个特点。

根据使用目的和要求的不同，通常将试块分成标准试块和对比试块两大类。

（1）标准试块。标准试块是由法定机构对材质、形状、尺寸、性能等制定的试块。由国际机构（如国际焊接学会、国际无损检测协会等）制定的标准试块，称为国际标准试块，如ⅡW 试块；由国家机构制定的标准试块称为国家标准试块，如日本的 STB—G 试块。

我国《钢焊缝手工超声波探伤方法和探伤结果分级》（GB/T 11345—1989）提出的

CSK－IB 试块为焊缝探伤用标准试块。该试块是 ISO—2400 标准试块（即ⅡW—Ⅰ型试块）的改变型，其形状和尺寸如图 2—2—5 所示。CSK－ⅠB 试块主要用于测定斜探头的入射点、调整探测范围和扫描速度、测定仪器探头及系统的性能等。

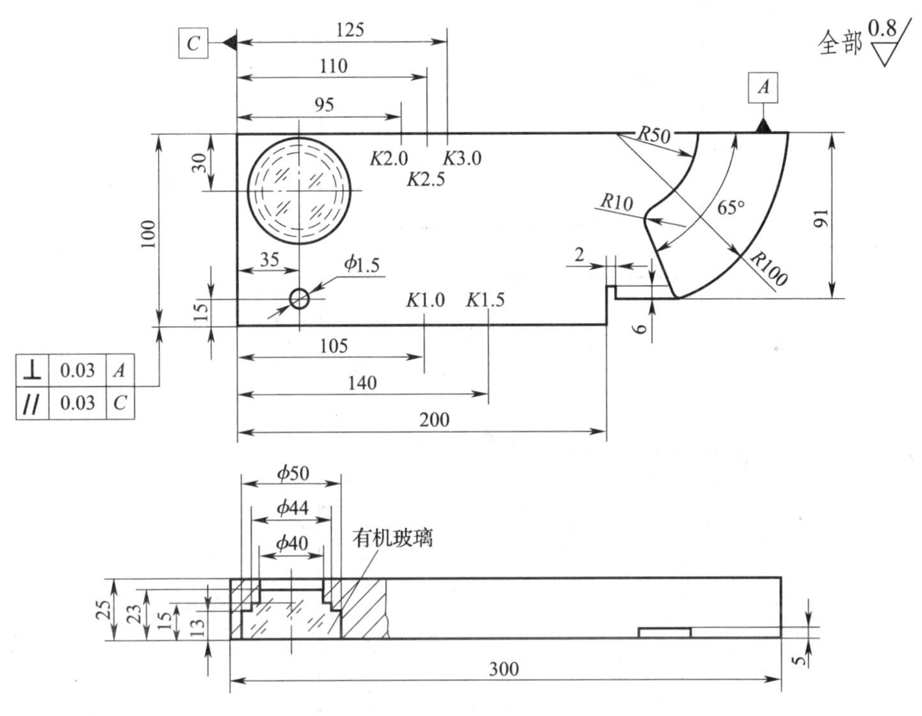

图 2—2—5　CSK－IB 试块

（2）对比试块。对比试块又称参考试块，它是由各专业部门按某些具体探伤对象制定的试块。《钢焊缝手工超声波探伤方法和探伤结果分级》（GB/T 11345—1989）提出的适应不同板厚的三种对比试块，分别是 RB－1（适用于板厚 8～25 mm）、RB－2（适用于板厚 8～100 mm）和 RB－3（适用于板厚 8～150 mm），其形状和尺寸分别如图 2—2—6、图 2—2—7、图 2—2—8 所示。

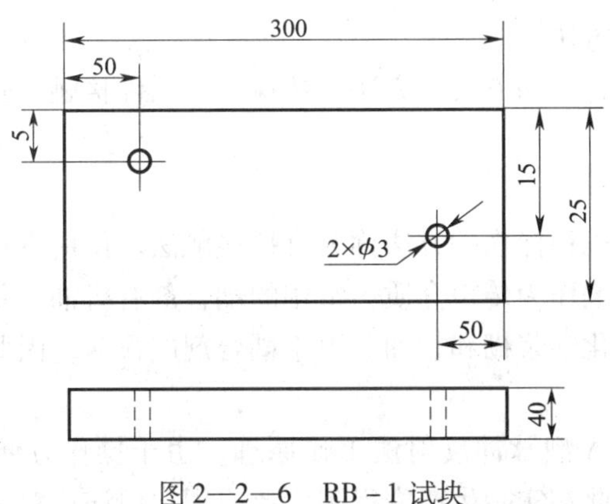

图 2—2—6　RB－1 试块

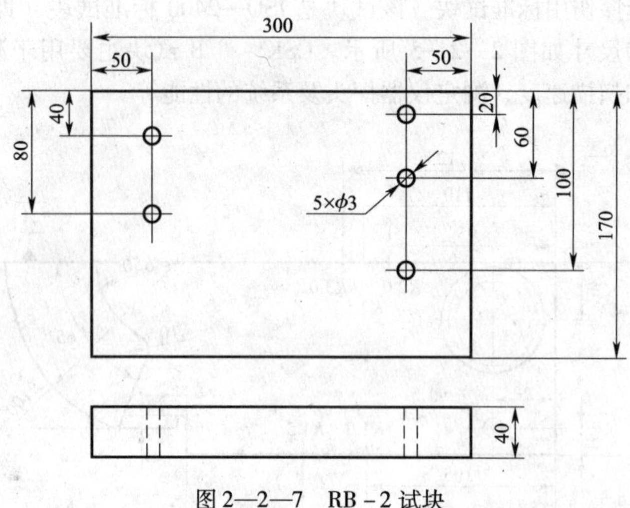

图 2—2—7　RB－2 试块

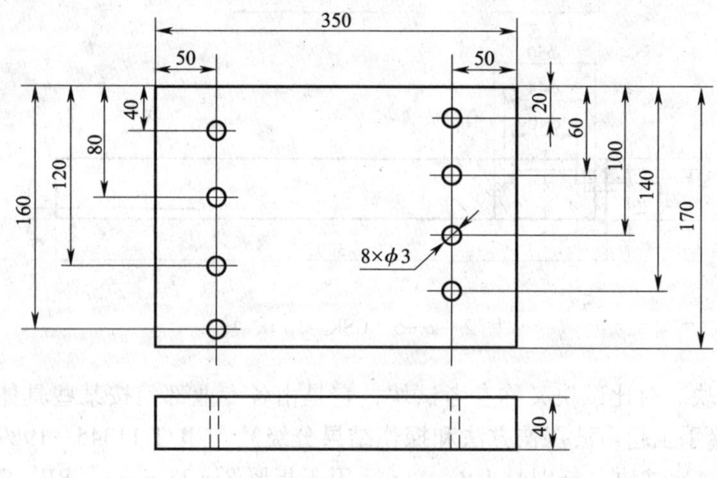

图 2—2—8　RB－3 试块

RB 试块主要用于绘制距离—波幅曲线，调整探测范围和扫描速度，确定探伤灵敏度和评定缺陷大小，它是对工件进行评级、判废的依据。

三、常用超声波检测方法

在超声波探伤中有各种探伤方式及方法。按探头与工件接触方式，可将超声波检测分为直接接触法和液浸法两种。

1. 直接接触法

使探头直接接触工件进行探伤的方法称为直接接触法。使用直接接触法时应在拐头和被探工件表面涂上一层耦合剂作为传声介质。常用的耦合剂有机油、甘油、化学浆糊、水及水玻璃等。焊缝探伤多采用化学浆糊和甘油。由于耦合剂层很薄，因此可认为探头与工件直接接触。

直接接触法主要采用 A 型脉冲反射法工作原理，由于操作方便，探伤图形简单，判断容易且探伤灵敏度高，因此在实际生产中得到广泛应用。但该法对工件的表面粗糙度要求较高，一般要求表面粗糙度 R_a 值≤6.3 μm。

垂直入射法和斜角探伤法是直接接触法超声波探伤的两种基本方法。

（1）垂直入射法。垂直入射法（简称垂直法）采用直探头将声束垂直入射工件探伤面进行探伤。由于该法是利用纵波进行探伤，故又称纵波法，如图2—2—9所示。当直探头在工件探伤面上移动时，经过无缺陷处，探伤仪示波屏上只有始波T和底波B，如图2—2—9a所示。探头移到有缺陷处，且缺陷的反射面比声束小时，则示波屏上出现始波T、缺陷波F和底波B，如图2—2—9b所示。探头移至大缺陷（缺陷比声束大）处时，则示波屏上只出现始波T和缺陷波F，如图2—2—9c所示。

显然，垂直法探伤能发现与探伤面平行或接近平行的缺陷，适用于厚钢板、轴类、轮类等几何形状简单的工件。

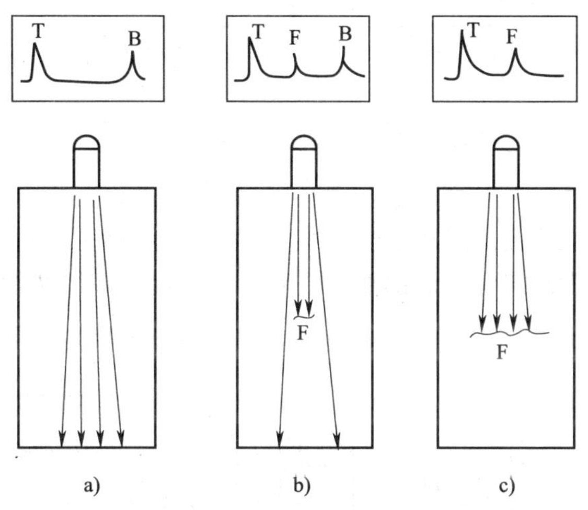

图2—2—9 垂直入射法探伤

a）无缺陷 b）小缺陷 c）大缺陷

（2）斜角探伤法。斜角探伤法能发现与探测表面成角度的缺陷，常用于焊缝、环状锻件、管材的检查。

斜角探伤法（简称斜射法）是采用斜探头将声束倾斜入射工件探伤面进行探伤的。由于它是利用横波进行探伤，故又称横波法，如图2—2—10所示。当斜探头在工件探伤面上移动时，若工件内没有缺陷，则声束在工件内经多次反射将以“W”形路径传播，此时在示波屏上只有始波T，如图2—2—10a所示。当工件存在缺陷，且该缺陷与声束垂直或倾斜角很小时，声束会被缺陷反射回来，此时示波屏上将显示出始波T、缺陷波F，如图2—2—10b所示。当斜探头接近板端时，声束将被端角反射回来，此时在示波屏上将出现

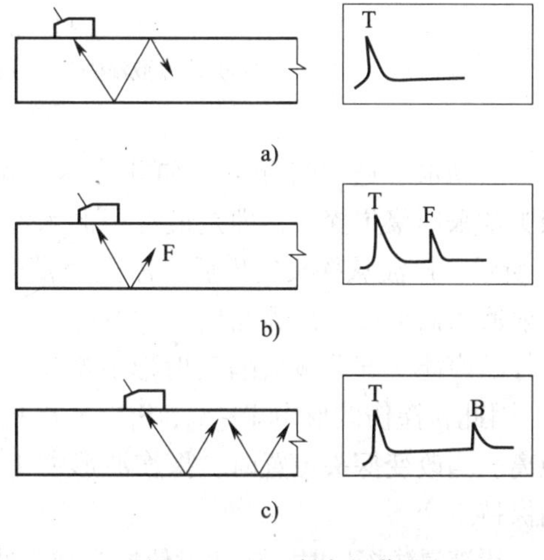

图2—2—10 斜角探伤法

a）无缺陷 b）有缺陷 c）接近板端

始波 T 和底波 B，如图 2—2—10c 所示。

斜角探伤法几何关系如图 2—2—11 所示。值得指出的是，在焊缝探伤中，必须熟悉斜角探伤法的几何关系，这样才有助于判断缺陷回波并进行有关缺陷位置参数的计算。

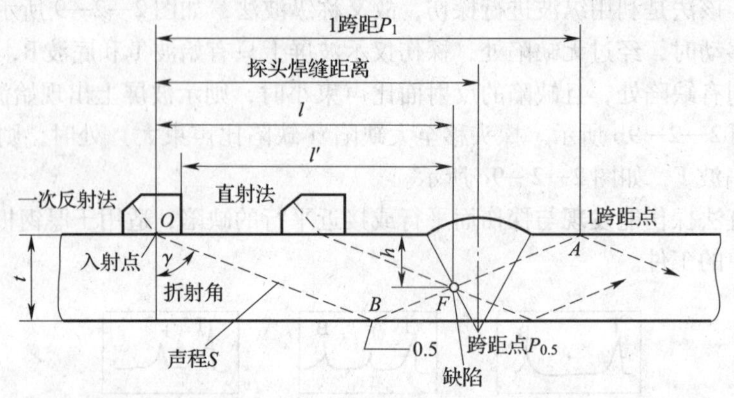

图 2—2—11　斜角探伤法几何关系

2. 液浸法

液浸法是将工件和探头头部浸在耦合液体中，探头不接触工件的探伤方法。根据工件和探头浸没方式，分为全没液浸法、局部液浸法和喷流式局部液浸法等，其原理如图 2—2—12 所示。

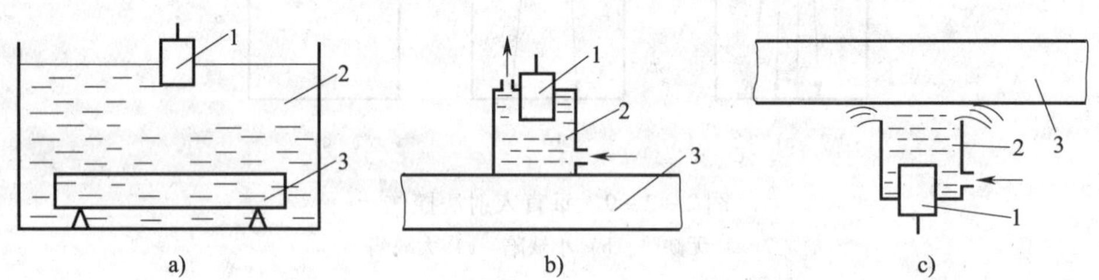

图 2—2—12　液浸法探伤

a）全没液浸法　b）局部液浸法　c）喷液式局部液浸法

1—探头　2—耦合液　3—工件

当用水（通常情况下均如此）作为耦合介质时，液浸法称为水浸法。水浸法探伤时，探头常采用聚焦探头，即是最常用的水浸聚焦超声波探伤。其探伤原理和波形如图 2—2—13 所示，声波从探头发出后，需经过耦合层再射到工件表面，有一部分声能传至工件表面反射回来而形成一次界面反射波 S_1。同时大部分声能传入工件，若工件中存在缺陷，传入工件的声能一部分被缺陷反射形成缺陷反射波 F，其余声能传至工件底面产生底面反射波 B。因此，探伤波形中 T ~ S_1、S_1 ~ F 及 F ~ B 之间的距离，对应探头到工件底面之间各段的距离。当改变探头位置时，探伤波形中 T ~ S_1 的距离也将随之改变，而 S_1 ~ F、F ~ B 的距离则保持不变。

用液浸法探伤时，应注意使探头和工件之间耦合介质层有足够的距离，以避免二次界面反射波 S_2 出现在工件底波 B 之前。一般要求探头到工件表面的距离应在工件厚度的 1/3 以上。

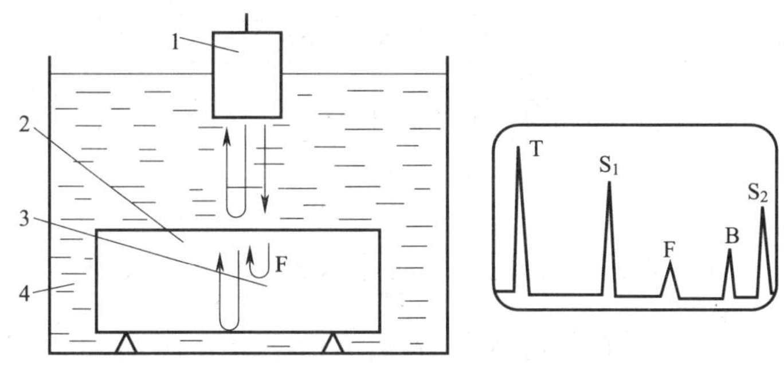

图 2—2—13 水浸聚焦探伤原理和波形

1—探头 2—工件 3—缺陷 4—水

T—始波 S_1——一次界面反射液 F—缺陷波

B—工件底波 S_2—二次界面反射波

液浸法探伤由于探头与工件不直接接触，因此具有探头不易磨损，且声波的发射和接收比较稳定等优点。其主要缺点是，它需要一些辅助设备，如液槽、探头桥架、探头操纵器等。同时，由于液体耦合层一般较厚，因而声能损失较大。

液浸法探伤由于超声波在液体和金属表面的反射而损失了大量能量，检测同样尺寸的反射体时，与直接接触法相比，必须采用较高的增益。当探伤高衰减材料或大厚度材料时，可能没有足够的能量。而在较高仪器增益的情况下，还可能出现噪声干扰。采用聚焦探头可以有助于解决信噪比问题，但需考虑检测的效率。

四、直接接触法超声波检测工艺

直接接触法超声波检测是通过超声波探伤仪示波屏上反射回波的位置、高度、波形等静态和动态特征来显示被探件质量优劣的。对焊缝探伤而言，该方法主要探伤标准为《钢焊缝手工超声波探伤方法和探伤结果分级》（GB/T 11345—1989）。管道环缝探伤标准为《无损检测 钢制管道环向焊缝对接接头超声检测方法》（GB/T 15830—2008）。本教材中只介绍执行 GB/T 11345—1989 标准的超声波探伤。

超声波检测程序一般包括探伤前的准备、探伤操作、缺陷的评定、检测结果的分级、记录与报告等过程，其一般程序如图 2—2—14 所示。

1. 探伤前的准备

（1）检测等级的确定。焊缝中缺陷的位置、形状和方向直接影响缺陷的声反射率。超声波探测焊缝的方向越多，波束垂直于缺陷平面的概率越大，缺陷的检出率也越高，评定结果也越准确。一般根据对焊缝探测方向的多少，把超声波探伤划分为若干个检测级别。GB/T 11345—1989 标准中把检测划分为 A、B、C 三个级别：A 级——检测的完整程度最低，难度系数最小，适用于普通钢结构检测；B 级——检测完整程度一般，难度系数较大，适用于压力容器检测；C 级——检测完整程度最高，难度系数最大，适用于核容器及管道的检测。该标准同时规定了各检测等级的检测范围，见表 2—2—3。

应该注意，检测的完善程度与检测工作量、生产周期、检测成本等都有直接关系，因此应根据工件材质、结构、检测方法、使用条件及承受载荷的不同，合理使用检测级别。通常情况下，检测级别根据产品技术条件和有关规定选择或经合同双方协商选定。

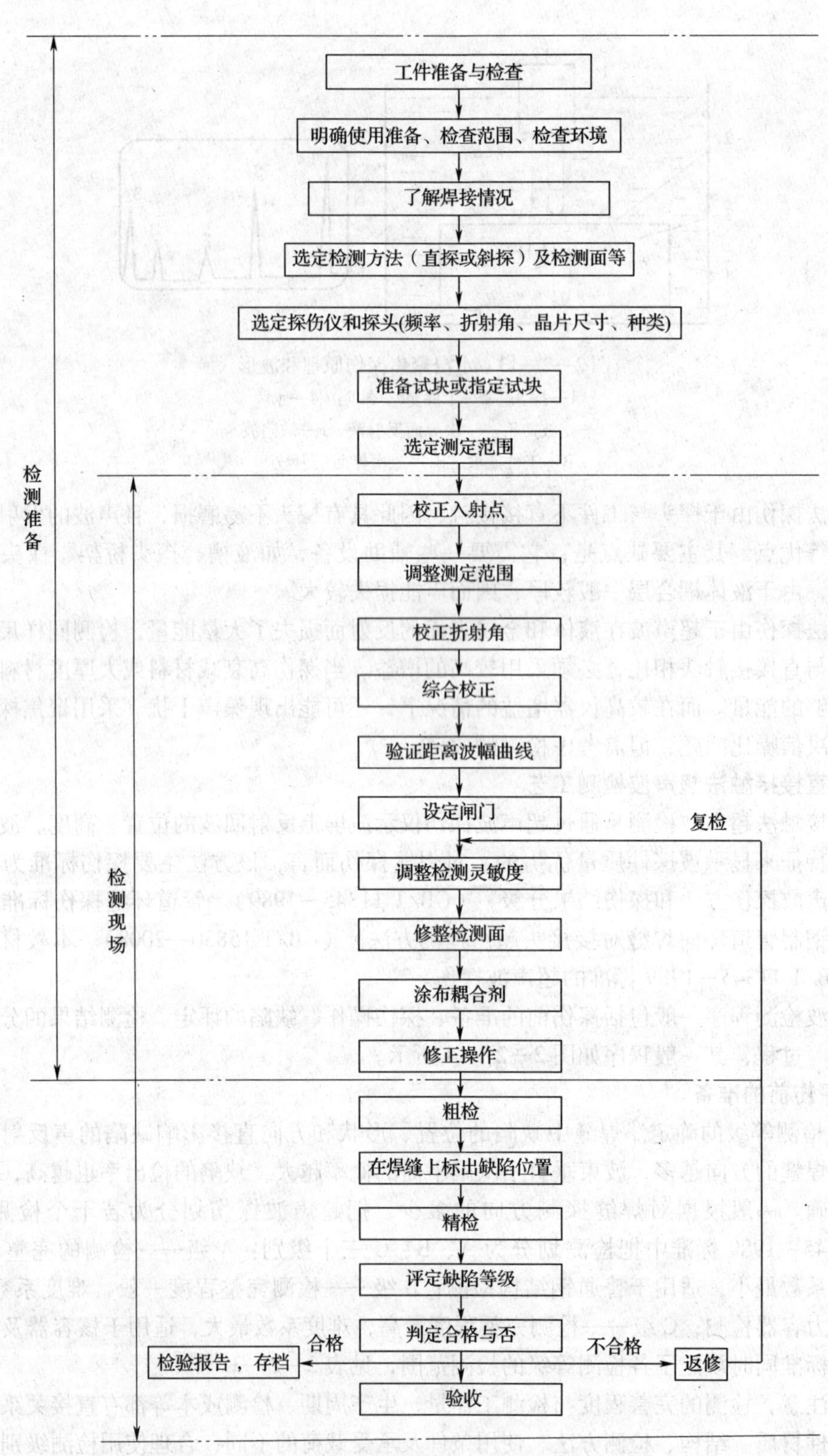

图 2—2—14　焊缝超声波检测的一般程序

表 2—2—3　　相应检测等级的主要检测项目

检测等级 / 板厚/mm / 项目	A	B		C		备注
	t≤50	t≤100	t＞100	t≤100	t＞100	
探头数量	1	1 或 2	2	2	2	位置1　侧　位置2　面　位置3　位置4
探伤面数量	1	1 或 2	2	1	2	
探伤侧数量	1	2	2	2	2	
串列扫查	0	0		0 或 2	2	
母材检验	0	0		1	1	
纵向缺陷检测方向与次数	1	2 或 4	4	≥6	10	
横向缺陷检测方向与次数	0	0 或 4	0 或 4	4	4	

（2）探伤面及探伤方法的选择。

1）探伤面的选择与准备。探伤面应根据不同的检测等级和板厚来选择，参见表 2—2—3、表 2—2—4 的规定。同时，探伤前应彻底将焊缝两侧探头移动区表面修整光洁（清除焊接飞溅、铁屑、油污及其他外部杂质），便于探头自由扫查，并保证有良好的声波耦合。修正后的表面粗糙度 R_a 值≤6.3 μm。

表 2—2—4　　探伤面及探头 *K* 值

板厚/mm	探伤面			探伤方法	使用 K 值
	A	B	C		
≤25	单侧单面	单面双侧或双面单侧		直射法及一次反射法	2.5；2.0
＞25～50					2.5；2.0；1.5
＞50～100	无 A 级			直射法	1 或 1.5；1 和 1.5 并用；1 和 2.0 并用
＞100		双面双侧			1 和 1.5 或 2.0 并用

2）探伤方法的选择。选择探伤方法应考虑工件的结构特征，并以所采用的焊接方式容易生成的缺陷为主要探测目标，结合有关标准来选择，参见表 2—2—3。

（3）耦合剂的选用。选择耦合剂主要考虑以下几方面的要求：透声性能好，声阻抗尽量与被探测材料的声阻抗相近；有足够的润湿性，适当的附着力和黏度；对试件无腐蚀，对人体无危害，对环境无污染；容易清除，不易变质，价格便宜，来源方便。

接触法探伤常选用甘油、机油、化学浆糊等有一定黏度的耦合剂，但在试件表面非常光滑时，有时也采用水作为耦合剂。对于钢材等易锈的材料，常采用机油、变压器油等，不宜采用甘油和水作为耦合剂。对于试件表面为竖直状态，耦合剂易流失的情况，需选择黏度较高的耦合剂。

液浸法探伤最常用水作为耦合剂，水中的杂质会引起声波较大的衰减，因此，所用的水必须是洁净的。用自来水时，因新换的水中有较多气泡，应静置 48 h 以上，使其洁净、无气泡，以免气泡聚集在试件和探头表面，使灵敏度降低，或产生假反射信号。

（4）探头的选择。

1）探头形式的选择。根据工件的形状和可能出现缺陷的部位、方向等条件选择探头形式，原则上应尽量使声束轴线与缺陷反射面垂直。对于焊缝的探测，通常选用斜探头。

2）晶片尺寸的选择。晶片尺寸大，声束指向性好（半扩散角小），能量大且集中，对探伤有利。但同时又会使近场区长度增大，对探伤不利。综合来看，多数情况下，大厚度工件的探伤采用大直径探头较为有利；厚度较小工件的探伤采用小直径探头较为合理。

3）频率的选择。频率是制定探伤工艺的重要参数之一。频率高，探伤灵敏度和分辨率均提高且声束指向性好，对探伤有利；但同时，频率高又使近场区强度增大、衰减增大，且频率高对工件表面粗糙度要求也高，又对探伤不利。因此，探伤频率的选择应根据工件的技术要求、材料状态及表面粗糙度等因素综合加以考虑。焊缝探伤时，一般选用超声波频率为2～5 MHz，推荐采用2～2.5 MHz。

4）探头角度（或 K 值）的选择。原则上应根据工件厚度和缺陷方向性选择探头角度或 K 值，即尽可能探测到整个焊缝厚度，并使声束尽可能垂直于主要缺陷。

焊缝探伤中，薄工件宜采用大 K 值探头，以拉开跨距，提高分辨力和定位精度。大厚度工件宜采用小 K 值探头，以减小整磨面的宽度，有利于缩短声程，减小衰减损失，提高探伤灵敏度。如果探测垂直于探伤面的裂纹，K 值越大，声束轴线与缺陷反射面越接近于垂直，缺陷回波就越高。对有些要求比较严格的工件，探伤时应采用多 K 值、多探头进行扫查，以便发现不同取向的缺陷。

探伤时，可按表2—2—4 选取探头角度或 K 值。表2—2—4 中 K 值是按板厚选择的，探伤时要根据产品中的板厚找出标称 K 值探头，但探头 K 值常因工件中的声速变化和探头磨损而产生变化，因此，探伤时必须对探头 K 值进行校验。具体方法是首先测出探头的入射点：把探头放在 CSK－IB 试块上前后移动，找出 R100 mm 圆弧面最强反射波，此时在斜楔上与 R100 mm 圆弧面圆心对应的点即为探头上的入射点，同时还可求得入射点至探头底面前端的距离，即前沿长度。然后利用 ϕ50 mm 孔的反射，用同样方法找出其最强反射波，此时与入射点对应的角度即为折射角，可得到 K 值。

（5）探伤仪的调节。探伤仪调节有两项主要内容：一是探伤范围和扫描速度调节；二是灵敏度调整。

1）探伤范围的调节。探伤范围的选择应以尽量扩大示波屏的观察视野为原则，一般要求受检工件最大探测距离的反射信号位置应不小于刻度范围的2/3。探伤范围可以通过改变仪器上的“深度（粗调）”旋钮挡级来调节。

2）扫描速度的调节。直探头进行探伤时，底面反射波（即标准反射体）很容易找到，可利用已知尺寸的试块或工件上的两次不同底面反射波的前沿，通过仪器上“深度”“微调”“水平”旋钮使其分别对准示波屏上的相应刻度值来实现。但斜角探伤中找不到底面的反射波，这就给调节扫描速度带来困难。下面主要介绍斜角探伤扫描速度调整方法。

探伤仪横波扫描速度有声程、水平、深度三种调节方法。厚板（$t \geqslant 32$ mm）焊缝探伤应采用深度调节法，中薄板（$t \leqslant 24$ mm）焊缝探伤应采用水平调节法。

3）探伤灵敏度的选择及其调整。探伤灵敏度是指在确定的探测范围内最大声程处发现规定大小缺陷的能力。它是仪器和探头组合后的综合指标，可通过调节仪器上的有关灵敏度的旋钮来调节。

超声波探伤灵敏度是以发现与工件同厚度、同材质对比试块上最小的人工缺陷来判定的。超声波探伤灵敏度很高，可以发现很细小的焊缝缺陷，然而对于焊缝宏观质量控制来说，只有当缺陷尺寸超过毫米数量级时才有实际意义。GB/T 4730—2005 标准要求焊缝探伤灵敏度不低于评定线。因此，标准中对超声波探伤灵敏度的规定采用了三挡，即评定线（EL）、定量线（SL）和判废线（RL）灵敏度，如图 2—2—15 所示。评定线与定量线之间称为Ⅰ区，定量线与判废线之间称为Ⅱ区，判废线以上称为Ⅲ区。

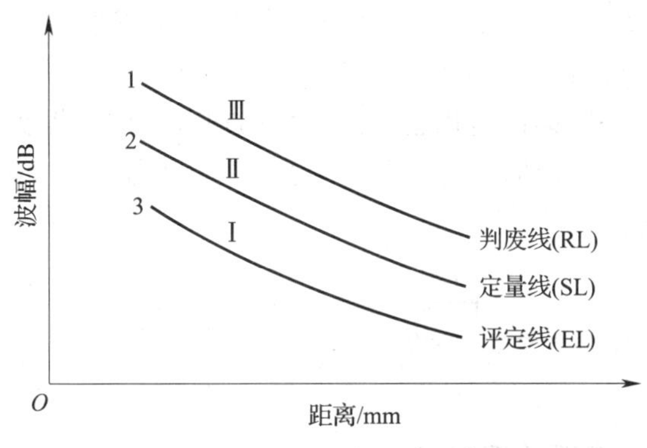

图 2—2—15　距离—波幅曲线

1—判废线（RL）　2—定量线（SL）　3—评定线（EL）

Ⅰ—弱信号评定区　Ⅱ—弱信号评定区　Ⅲ—判废区

应当注意，探伤灵敏度越高，发现缺陷的能力就越强。但是过高的灵敏度会使信噪比下降，所以灵敏度也不是越高越好。另外，灵敏度会因仪器使用时间长或电源变动而发生改变。为了使整个过程灵敏度保持一致，必须在探伤过程中定期校验。每次校验的校验点不小于两次，如校验点的反射波比 DAC 线降低 20% 或 2 dB 以上，仪器灵敏度应重新调整。

探伤灵敏度的调整方法依据 GB/T 11345—1989 规定，可采用距离—波幅曲线中的评定线灵敏度（见表 2—2—5）为起始灵敏度，它确定之后，探伤系统的灵敏度就确定了。但为了扫查需要，探伤灵敏度要高于起始灵敏度，一般应提高 6 ~ 12 dB，即不低于评定线。探伤灵敏度也是仪器和探头组合后的综合指标，其调整可通过调节仪器上的“增益”“衰减器”等灵敏度旋钮来实现。

表 2—2—5　　距离—波幅曲线的灵敏度

DAC ＼ 板厚/mm ＼ 检验等级	A	B	C
	8 ~ 50	8 ~ 300	8 ~ 300
判废线（RL）	DAC	DAC ~ 4 dB	DAC ~ 2 dB
定量线（SL）	DAC ~ 10 dB	DAC ~ 10 dB	DAC ~ 8 dB
评定线（EL）	DAC ~ 16 dB	DAC ~ 16 dB	DAC ~ 14 dB

2. 探伤操作步骤及操作方法

（1）探伤条件的选择。按不同检测等级和板厚范围选择探伤面、探伤方法和斜探头折

射角或 K 值，见表 2—2—4。

（2）检测区域宽度的确定。检测区域宽度应是焊缝本身加上焊缝两侧各相当于母材厚度 30% 的一段区域，这个区域宽度为 10 ~ 20 mm，如图 2—2—16 所示。

（3）探头移动区的确定。探头必须在探伤面上作前后左右的移动扫查，且应有足够的移动区宽度，以保证声束能扫查到整个焊缝截面。移动区宽度因采用的探伤方法不同也有差别。直射法探伤时，移动区宽度 $l > 0.75P$；一次反射法探伤时，移动区宽度 $l > 1.25P$（式中 P 表示跨距）。

（4）单探头的扫查方式。单探头扫查方式是用发射兼接收探头进行扫查，为了发现缺陷及对缺陷进行准确定位，必须正确移动探头和布置探头。

1）锯齿形扫查。探头以锯齿形轨迹作往复移动扫查，同时探头还应在垂直于焊缝中心线位置上作 10° ~ 15°的左右转动，以使声束尽可能垂直于缺陷，如图 2—2—17 所示。该扫查方法常用于焊缝粗探伤。

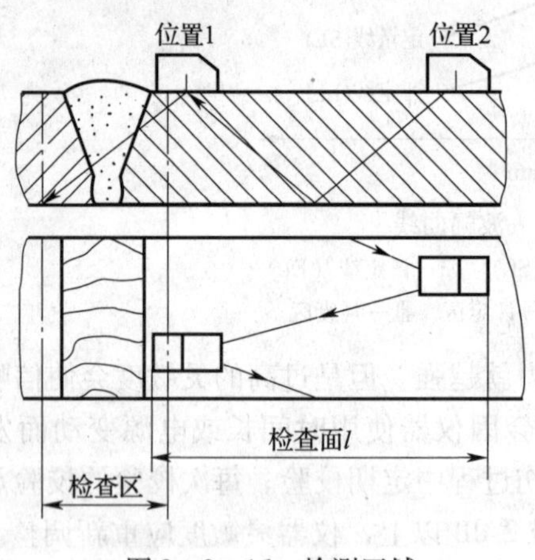

图 2—2—16　检测区域

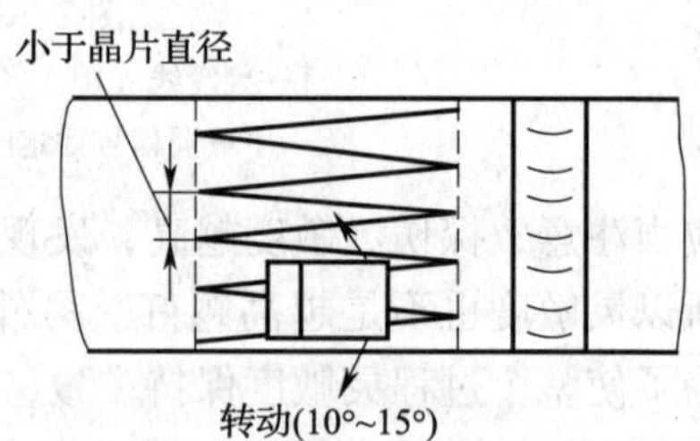

图 2—2—17　锯齿形扫查

2）基本扫查。基本扫查方式有四种，如图 2—2—18 所示。其中，转角扫查的特点是探头作定点转动，用于确定缺陷的方向并区分点、条状缺陷，同时，转角扫查的动态波形特征有助于对裂纹的判断；环绕扫查的特点是以缺陷为中心，变化探头位置，主要估判缺陷形状，尤其是对点状缺陷的判断；左右扫查的特点是探头平行于焊缝或缺陷方向左右移动，主要是通过缺陷延长度方向的变化情况来确定缺陷长度；前后扫查的特点是探头垂直于焊缝前后移动，常用于估判缺陷形状和估计缺陷高度。

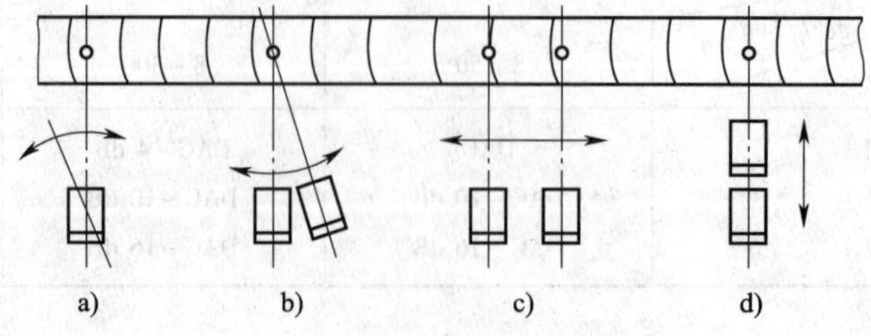

图 2—2—18　斜探头基本扫查方式

a）转角扫查　b）环绕扫查　c）左右扫查　d）前后扫查

3）平行扫查。其特点是在焊缝边缘或焊缝上（C 级检测，焊缝余高已磨平）作平行于焊缝的移动扫查，如图 2—2—19 所示。此法可探测焊缝及热影响区的横向缺陷（如横向裂纹）。

4）斜平行扫查。其特点是探头与焊缝方向呈一定夹角（$\alpha = 10° \sim 45°$）作平行扫查，如图 2—2—20 所示。该法有助于发现焊缝及热影响区的横向裂纹和与焊缝方向倾斜的缺陷。为保证夹角 α 及与焊缝相对位置 y 的稳定不变，需要使用扫查工具。

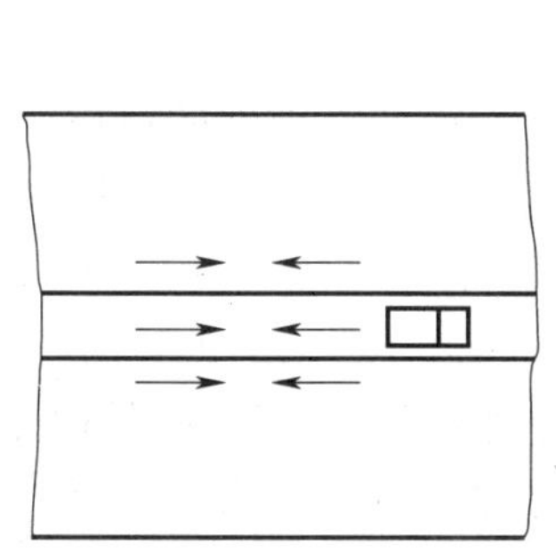

图 2—2—19　平行扫查

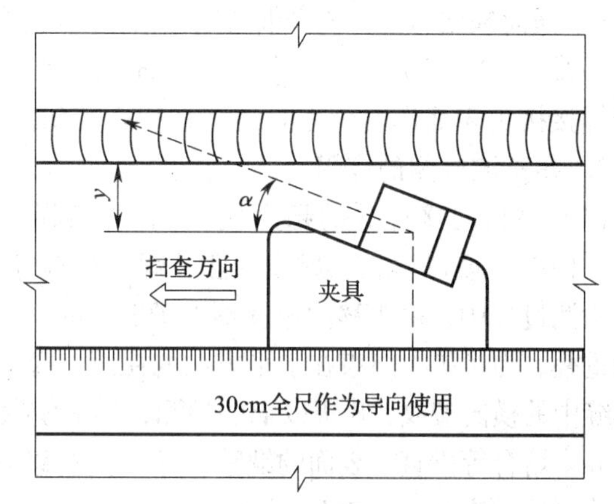

图 2—2—20　斜平行扫查

（5）双探头扫查方式。双探头扫查方式是用两个斜探头，一个用于发射超声波，另一个用于接收超声波。根据不同探测目的，可以采用以下扫查方式。

1）串列扫查。其特点是将两个斜探头垂直于焊缝前后布置进行横方形或纵方形扫查，如图 2—2—21 所示。该法主要用于探测垂直于探测面的平面状缺陷（如窄间隙焊中的边界未熔合），常用于板厚大于 100 mm 的焊缝及板厚大于 40 mm 的窄间隙焊缝的探伤。

2）交叉扫查。两个斜探头置于焊缝的同侧或两侧且成 60° ~ 90° 布置，探头作平行于焊缝移动，如图 2—2—22 所示。该法可探测焊缝中的横向或纵向面状缺陷。

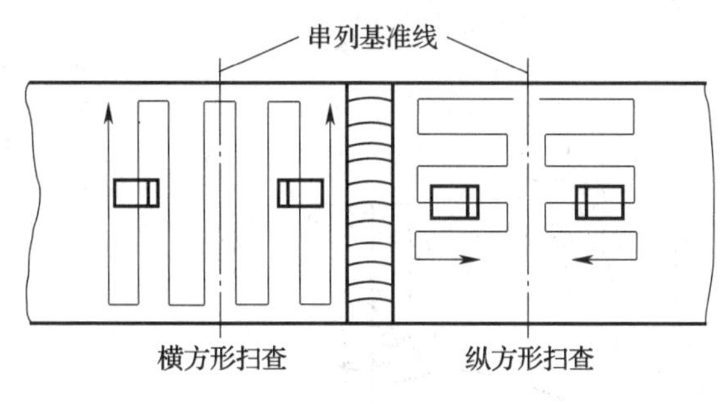

图 2—2—21　串列扫查

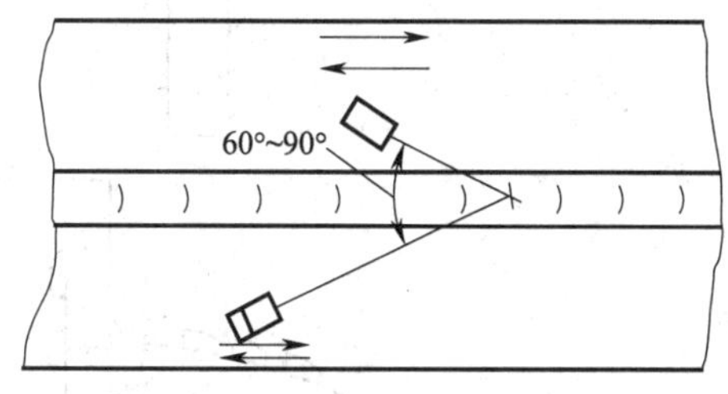

图 2—2—22　交叉扫查

3）V 形扫查。将收、发探头分别置于焊缝两侧且垂直于焊缝作对向布置，该法可探测与探伤面平行的面状缺陷，如多层焊中的层间未熔合。

（6）扫查要求。

1）扫查灵敏度应不低于评定线灵敏度。如果信噪比允许，可再提高 6 dB 作为扫查灵敏度。对波幅超过评定线的回波，应根据探头位置、方向、反射波位置及焊接接头情况，判断其是否为缺陷回波。为避免变形横波的干扰，应着重观察荧光屏靠前的回波。

2）纵向缺陷探测。探测纵向缺陷，斜探头应在垂直焊接接头方向作锯齿形扫查。探头前后移动的距离应保证声束扫查到整个焊接接头截面及热影响区。扫查时探头还应作 10°～50°的转动。如不能转动，应适当增加探头声束的覆盖区。为确定缺陷位置、方向、形状，观察动态波形或区分缺陷波与伪信号，可采用前后、左右、转角、环绕四种探头基本扫查方式。

3）横向缺陷探测。对于保留余高的焊接接头，可在焊接接头两侧边缘使探头与焊接接头中心线成 10°～20°夹角，作两个方向的斜平行移动；对于去除余高的焊接接头，将探头置于焊接接头表面作两个方向的平行扫查，如图 2—2—19 所示。

3. 超声波检测的应用

（1）平板对接焊缝的超声波检测。检测前，检测人员应了解被检工件的材质、结构、厚度、曲率、坡口形式、焊接方法及焊接过程等，检测灵敏度应调到不低于评定线。

检测过程中，探头移动速度不大于 150 mm/s，相邻两次探头移动间隔至少有 10% 探头宽度的重叠。为了扩大声束在水平方向的视野，探头移动过程中还应作 10°～15°的转动。为了发现焊缝中的横向裂纹，B 级以上的检测，还应使探头作平行或斜平行于焊缝的探测扫查，以发现边界未熔合等垂直于表面的缺陷。探头扫查移动区的长度，在直射法时应大于 $0.75P$，一次反射检测法时应大于 $1.25P$，其中 $P=2T\times\tan\beta$（T——检查区宽度，β——反射角）。

为了确定缺陷的位置、方向和形状，应观察缺陷反射波的动态波形并区分是否是伪信号。在发现的缺陷波处，探头可以采用前后、左右、转角和环绕四种基本扫查方式，完成测量操作。

（2）其他焊接结构的超声波检测。除了平板对接焊缝外，其他结构焊缝的检测应尽量采用平板焊缝检测中各种有效的方法。在选择检测面和探头时，应考虑到检测各种类型缺陷的可能性，并使波束尽可能垂直于焊缝中的主要缺陷。T 形、r 形和管座角焊缝的检测面和探头形式如图 2—2—23 所示。

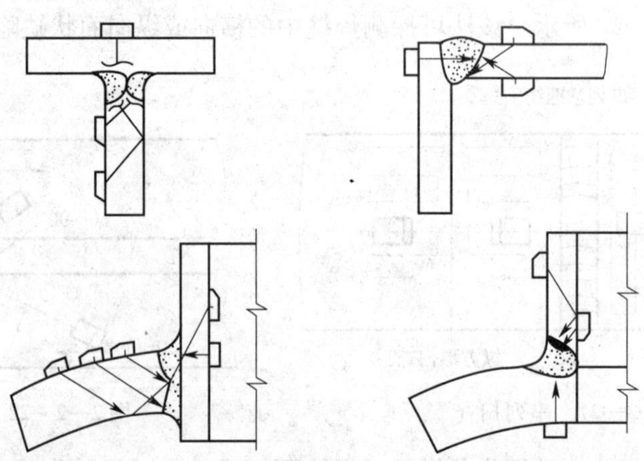

图 2—2—23　T 形、r 形和管座角焊缝的检测面和探头形式

五、缺陷定位与测定

1. 缺陷位置测定

测定缺陷在工件或焊接接头中的位置称为缺陷定位。缺陷定位必须找到缺陷在探伤面上

的投影位置（x、y 方向数值），如图 2—2—24 所示。一般可根据反射波在示波屏上的位置及扫描速度对缺陷进行定位。

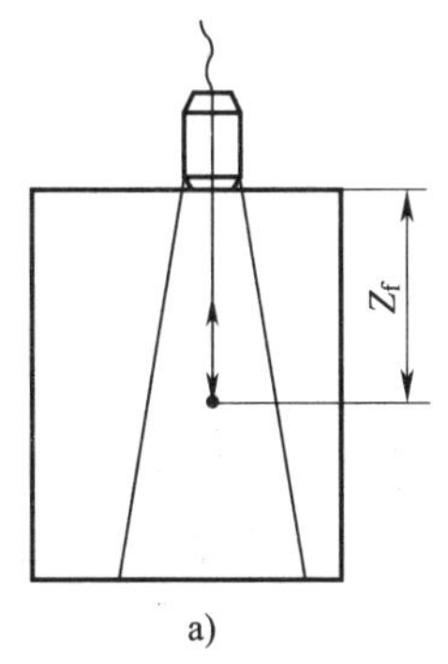

a)

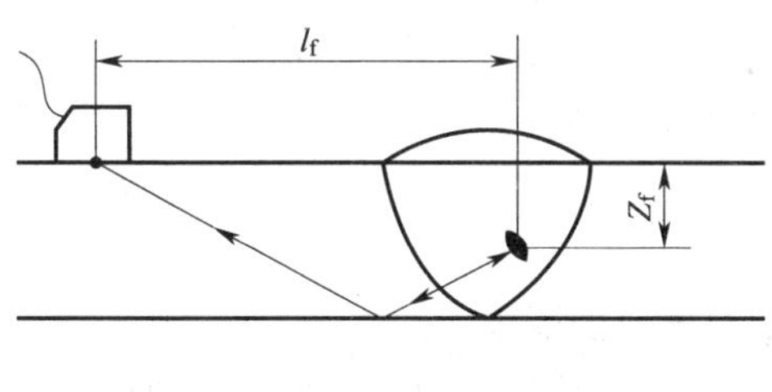

b)

图 2—2—24　缺陷定位

a）垂直入射时缺陷定位　b）斜角探伤时缺陷定位

2. 垂直入射时缺陷定位

用垂直入射法探伤时，缺陷就在直探头的下面，缺陷定位只需测定缺陷沿工件 z 轴的坐标，即缺陷在工件中的深度。当探伤仪按 1∶n 调节纵波扫描速度时，则有：

$$Z_f = n\tau_f$$

式中　Z_f——缺陷在工件中的深度，mm；

n——探伤仪调节比例系数；

τ_f——示波屏上缺陷波前沿所对水平刻度值。

3. 斜角探伤时缺陷定位

用斜探头探伤时，缺陷在探头前方的下面，其位置可用入射点至缺陷的水平距离 l_f、缺陷到探伤面的垂直距离 Z_f 两个参数来描述。

(1) 水平调节法定位。当探伤仪按水平 1∶n 调节横波扫描速度时，则有：

直射法探伤

$$l_f = n\tau_f$$

$$Z_f = \frac{n\tau_f}{K}$$

一次反射法探伤

$$l_f = n\tau_f$$

$$Z_f = 2t - \frac{n\tau_f}{K}$$

式中　l_f——缺陷在工件中的水平距离，mm；

Z_f——缺陷在工件中的深度，mm；

n——探伤仪调节比例系数；

τ_f——示波屏上缺陷波前沿所对水平刻度值；

t——探伤厚度，mm；

K——探头 K 值。

（2）深度调节法定位。当探伤仪按深度 1∶n 调节横波扫描速度时，则有：

直射法探伤

$$l_f = Kn\tau_f$$
$$Z_f = n\tau_f$$

一次反射法探伤

$$l_f = Kn\tau_f$$
$$Z_f = 2t - n\tau_f$$

4. 缺陷大小的测定

测定工件或焊接接头中缺陷的大小和数量称为缺陷定量。工件中的缺陷是多种多样的，但就其大小而言，可分为小于声束截面积和大于声束截面积两种。对于前者，缺陷定量一般使用当量法；对于后者，缺陷定量常采用探头移动法。

（1）当量法。当量法原理是把缺陷波与同声程的已知形状和尺寸的人工缺陷（平底孔或横孔）回波相比较，与缺陷反射波高相同的人工缺陷尺寸即认为是该缺陷的当量。值得注意的是，“当量”概念仅表示缺陷与该尺寸相等的含义。因为工件中缺陷所处的情况千变万化，缺陷倾斜度、表面粗糙度及包含物等不同，都会影响其对声波的反射，因此可能使大缺陷的反射波反而很小。

当量法主要有当量曲线法、当量计算法等。对于焊缝探伤常采用当量曲线法，即利用具有同一孔径、不同距离的横孔试块绘制的距离—波幅曲线（DAC 曲线），查出缺陷区域和当量。如图 2—2—25 所示，若探伤中在深度 A_y = 45 mm 处有一缺陷回波，可先将其调到最高，再调到基准高度（例如满刻度的 40%），此时波幅读数为 V_x = 20 dB，这时过横坐标 A_y = 45 mm 和纵坐标 V_x = 20 dB 分别作相应坐标的垂线，交于图中 x 点，据此可求得该缺陷的区域和当量。

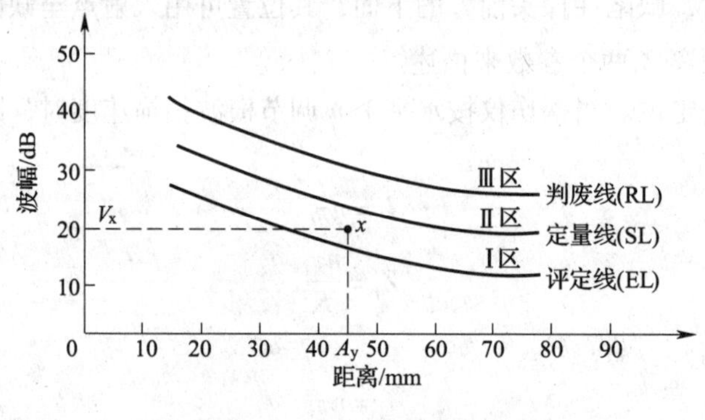

图 2—2—25　当量曲线法

（2）探头移动法。对于尺寸或面积大于声束直径或断面积的缺陷，一般采用探头移动法来测定其指示长度或范围。GB/T 11345—1989 规定，缺陷指示长度的测定推荐采用以下两种方法。

1）当缺陷反射波只有一个高点或高点起伏小于 4 dB 时，用降低 6 dB 相对灵敏度法测长，如图 2—2—26 所示。

2）在测长扫查过程中，如发现缺陷反射波峰值起伏变化，有多个高点，则以缺陷两端反射波极大值之间探头的移动长度为指示长度，即为端点峰值法，如图 2—2—27 所示。

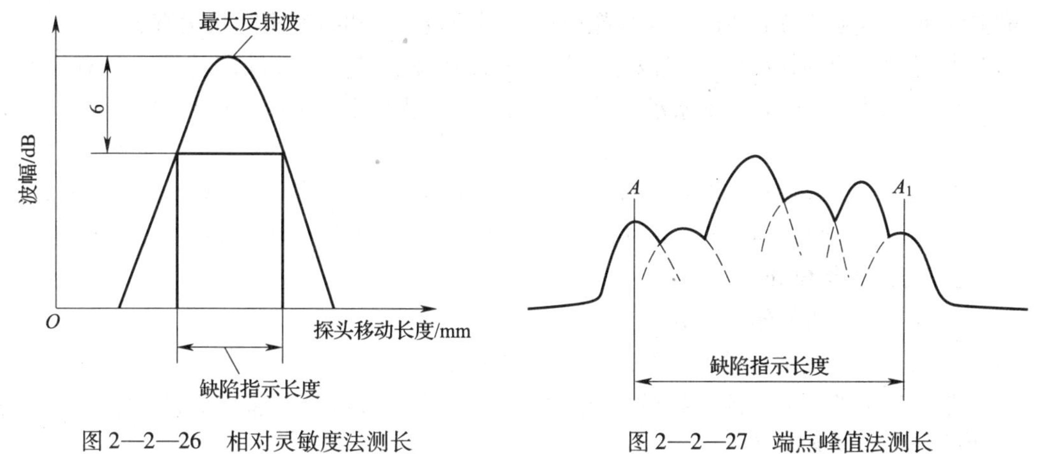

图 2—2—26　相对灵敏度法测长　　　　图 2—2—27　端点峰值法测长

5. 缺陷性质估判

判定工件或焊接接头中缺陷的性质称为缺陷定性。在超声波探伤中，不同性质的缺陷其反射回波的波形区别不大，往往难以区分。因此，缺陷定性一般采取综合分析方法，即根据缺陷波的大小、位置及探头运动时波幅的变化特点（静态波形特征和动态波形包络线特征），并结合焊接工艺情况对缺陷性质进行综合判断。这在很大程度上要依靠检测人员的实际经验和操作技能，因而存在着较大误差。到目前为止，超声波探伤在缺陷定性方面还没有一个成熟的方法，这里仅是简单介绍焊缝中常见缺陷的波形特征。

（1）气孔。单个气孔回波高度低，波形为单峰，较稳定，当探头绕缺陷转动时，缺陷波高大致不变，但探头定点转动时，反射波立即消失；密集气孔会出现一簇反射波，其波高随气孔大小而不同，当探头作定点转动时，会出现此起彼伏的现象。

（2）裂纹。缺陷回波高度大，波幅宽，常出现多峰。探头平移时，反射波连续出现，波幅变动；探头转动时，波峰有上下错动现象。

（3）夹杂。点状夹杂的回波信号类似于点状气孔。条状夹杂回波信号多呈锯齿状，由于其反射率低，波幅不高且多呈树枝状，主峰边上有小峰。探头平移时，波峰有变动；探头绕缺陷移动时，波幅不相同。

（4）未焊透。由于反射率高（厚板焊缝中该缺陷表面类似镜面反射），波幅均较高。探头平移时，波形较稳定。在焊缝两侧探伤时，均能得到大致相同的反射波幅。

（5）未熔合。当声波垂直入射该缺陷表面时，回波高度大。探头平移时波形稳定。焊缝两侧探伤时，反射波幅不同，有时只能从一侧探测到。

值得注意的是，在焊缝探伤中，示波屏上常会出现一些非缺陷引起的反射信息，称为假信号。如探头杂波、仪器杂波、耦合反射、焊角反射、咬边反射、沟槽反射、焊缝错位和上下宽度不等等情况均可能引起假信息。产生的主要原因是焊缝成型结构或仪器灵敏度过高。识别的关键是要熟悉结构，这同样需要实际经验和技能。

六、焊缝质量评定

距离—波幅曲线是缺陷评定与检测结果分级（GB/T 11345—1989）的依据。

1. 缺陷评定

根据标准规定，对记录的缺陷波进行评定，确认焊缝质量等级。但对于缺陷性质的评定，需要慎重，不能轻易下结论，这与超声波检测经验、检测时的实际状况有关。

（1）超过评定线的缺陷信号应该注意其是否具有裂纹等危险性缺陷特征，如有怀疑应改变探头角度，增加探伤面，观察动态波形，结合工艺特征作判定或通过其他检测方法作综合判定。

（2）最大反射波幅超过定量线的缺陷应测定其指示长度，其值小于10 mm时，按5 mm计。相邻两缺陷各向间距小于8 mm时，两缺陷指示长度之和作为单个缺陷的指示长度。

2. 检测结果的等级分类

焊缝超声波检测结果分为四级。

（1）最大反射波幅不超过评定线的缺陷，均评为Ⅰ级。

（2）最大反射波幅超过评定线的缺陷，检测者判定为裂纹等危害性缺陷时，无论其波幅和尺寸如何，均评为Ⅳ级。

（3）反射波幅位于Ⅰ区（见图2—2—25）的非裂纹性缺陷，均评为Ⅰ级。

（4）最大反射波幅位于Ⅱ区的缺陷，焊接接头质量根据缺陷的指示长度按表2—2—6的规定予以评级。

（5）反射波幅超过判废线进入Ⅲ区的缺陷，无论其指示长度如何，均评定为Ⅳ级。

根据评定结果，对照产品验收标准，对产品做出合格与否的结论。不合格缺陷应予返修，返修区域修补后，返修部位及补焊时受影响的区域应按原探伤条件进行复验。复验部位的缺陷也应按上述方法及等级标准评定。

表2—2—6　　焊接接头质量分级

<table>
<tr><th>级别</th><th>板厚 T/mm</th><th>反射波幅
所在区域</th><th>单个缺陷指示长度/mm</th><th>多个缺陷累计长度</th></tr>
<tr><td rowspan="3">Ⅰ</td><td>6～400</td><td>Ⅰ</td><td colspan="2">非裂纹类缺陷</td></tr>
<tr><td>6～120</td><td rowspan="2">Ⅱ</td><td>$L=T/3$，最小为10，最大不超过30</td><td rowspan="2">在任意9T焊缝长度范围内L'不超过T</td></tr>
<tr><td>>120～400</td><td>$L=1/3T$，最大不超过50</td></tr>
<tr><td rowspan="2">Ⅱ</td><td>6～120</td><td rowspan="2">Ⅱ</td><td>$L=2T/3$，但最小可为12，最大不超过40</td><td rowspan="2">在任意4.5T焊缝长度范围内L'不超过T</td></tr>
<tr><td>>120～400</td><td>最大不超过75</td></tr>
<tr><td rowspan="3">Ⅲ</td><td rowspan="3">6～400</td><td>Ⅱ</td><td>超过Ⅱ级</td><td>超过Ⅱ级</td></tr>
<tr><td>Ⅲ</td><td colspan="2">所有缺陷</td></tr>
<tr><td>Ⅰ\Ⅱ\Ⅲ</td><td colspan="2">裂纹等危害性缺陷</td></tr>
<tr><td>Ⅳ</td><td colspan="4">超过Ⅲ级</td></tr>
</table>

注：1. 母材板厚不同时，取薄板侧厚度值。

2. 当焊缝长度不足9T或4.5T时，可以按比例折算。当折算后的缺陷累计长度小于单个缺陷指示长度时，以单个缺陷指示长度为准。

3. L为单个条形缺陷长度，L'为多个条形缺陷的总长。

（6）对于抽查的焊缝，如发现不允许存在的缺陷或发现缺陷有延伸的可能的补充检查中有不合格的缺陷，焊缝的扩探比例按有关规程执行。

（7）不允许存在的缺陷均应返修，返修的部位及返修时受影响的部位均应复探。

（8）返修后进行复查时，仍按原探伤标准进行。

任务实施

一、检测前准备

1. 熟悉检测要求与被检工件

根据标准《承压设备无损检测》（JB/T 4730—2005），按Ⅱ级检测采用单探头单面双侧及焊缝两侧横向缺陷检测，因此检测前对此区域（焊缝两侧各 150 mm 的范围）表面情况进行检查，确保这一区域内试件表面没有任何影响探头移动的缺陷存在，如果发现有缺陷存在，必须在检测前打磨去除。一般情况下，要求对此区域打磨至出现金属光泽，这样能确保不影响探头移动，能确保对焊缝全体积进行 100% 检测，但不需要将焊缝余高去除。

2. 检测区域准备与确定

根据标准要求及以上对试块的分析，焊缝及焊缝两侧各 25 mm 范围为检测区域，但为了检测这一区域，探头移动的区域不能小于以下范围。

根据标准要求，采用角度为 α 的探头时，其移动检测的区域为：

$$D = 1.25P, P = 2TK$$

其中 K 为探头入射角度的正切值，$K=\tan\alpha$，通常称为探头 K 值。T 为试板厚度。本试件采用63°的探头，K 值为 2，则 $D=1.25\times2\times30\times2=150$（mm）。

3. 仪器、探头准备

目前，工业超声波探伤仪有数字式（见图 2—2—28）、模拟式 A 型脉冲式两种（见图 2—2—29），本任务采用模拟式 A 型脉冲式超声波探伤仪。

根据《承压设备无损检测》（JB/T 4730—2005）要求，厚度 30 mm 的试块需要采用 K2 的斜探头，频率为 2.5 MHz。斜探头型号为 2.5P10×8 K2，表示斜探头频率为 2.5 MHz，K 值为 2，晶片尺寸为 10 mm×8 mm。

图 2—2—28　数字式超声波探伤仪

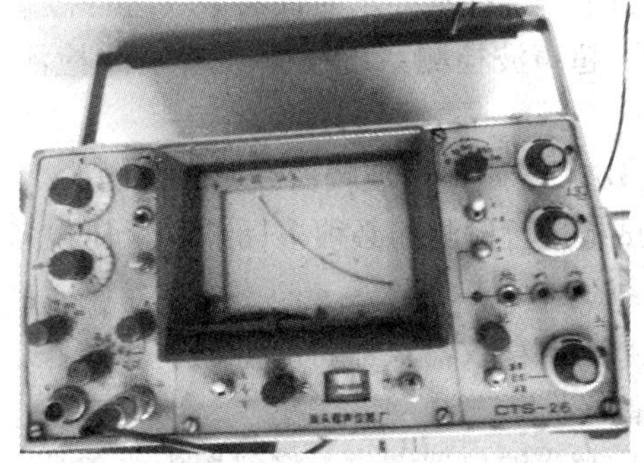

图 2—2—29　模拟式 A 型脉冲式超声波探伤仪

4. 辅助器材准备

（1）试块。CSK－ⅠA 标准试块、CSK－ⅢA 参考试块如图 2—2—30 所示。

图 2—2—30 CSK－ⅠA 标准试块、CSK－ⅢA 参考试块

（2）探头线。根据仪器与探头接头形式，选择合适的探头线，并确保探头线使用有效。这种线除接头不同外，其他均一样，没有特别之处。

（3）耦合剂。超声波探伤操作时必须使用耦合剂，能减少声能的损失，同时确保探头移动顺利，减小探头的磨损等。用于超声波探伤的耦合剂可根据工作情况选用：水（加去泡剂）、浆糊、机油与变压器 1∶1 混合油或专用耦合剂。本试块为普通的焊接试板，可采用机油与变压器 1∶1 混合油。

（4）记号笔。准备可在油渍表面书写的记号笔。

（5）钢板尺。500 mm 与 150 mm 的钢板尺各一把，也可将废弃的卷尺选择完好部位剪切合适的长度使用。

（6）记录本和笔。

5. 超声波检测系统的校验

（1）超声波仪器的性能校验。按标准 JB/T 10061—1999 进行水平线性、垂直线性的校验。通常情况下，可采用直探头在 CSK－ⅠA 试块上 25 mm 厚度处进行水平线性的检测与校验，也可采用直探头（2.5P14）在 CSK－ⅠA 试块上 100 mm 厚度处进行垂直线性的检测与校验。记录相应数据并计算后与标准要求进行对照（水平线性不大于 1%；垂直线性不大于 5%）。当不符合标准要求时仪器需要进行检修或报废。

（2）超声波检测系统校验。超声波检测系统按标准 JB/T 9214—2010 的方法进行校验。

6. DAC（距离—波幅曲线）制作

对试板进行检测前必须按标准《承压设备无损检测》（JB/T 4730—2005）的要求制作 DAC 曲线。

（1）检测前仪器及器材的准备。将探头、探头线、仪器连接好，将试块、耦合剂、直尺等准备好。

（2）超声波仪器定位。将斜探头放在 CSK－ⅠA 试块（见图 2—2—31）上，对准 *R*100/*R*50 的圆面，调整仪器衰减器使两圆面的反射波在荧光屏高度的 80%，并调节延时器使两圆面的反射波分别显示在荧光屏的 44.72、89.44 的刻度位置，固定延时器，在之后的曲线制作及检测时，延时器均不能进行任何调节。此时水平调节为 2∶1。

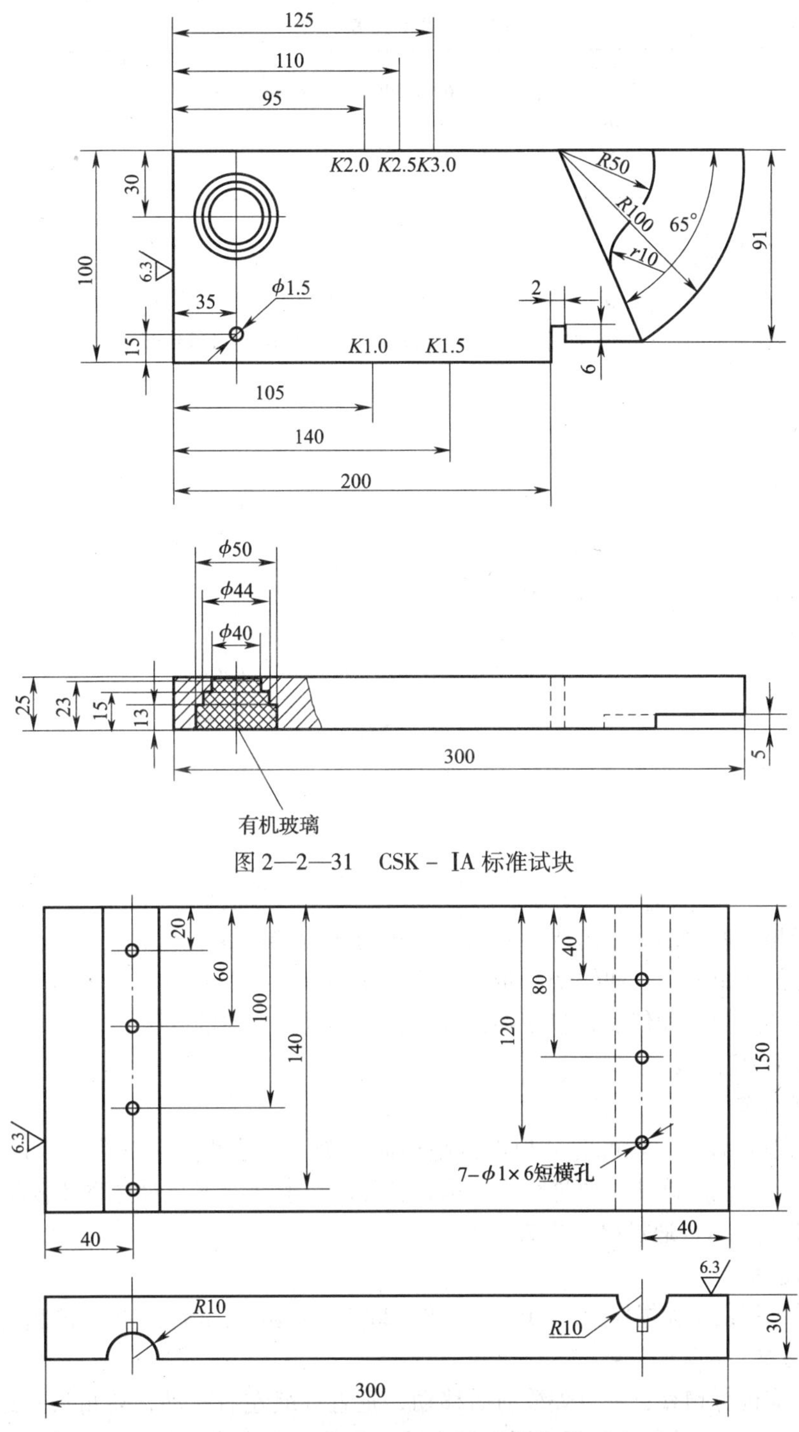

图 2—2—31　CSK－ⅠA 标准试块

图 2—2—32　CSK－ⅢA 试块

（3）DAC 曲线制作。根据标准，板厚 30 mm 的焊缝超声波检测，其 DAC 曲线制作可利用 CSK－ⅢA（见图 2—2—32）试块上 ϕ1 mm×6 mm 的参考缺陷制作 DAC 曲线，见表 2—2—7。

表 2—2—7　　CSK－ⅢA 参考缺陷

CSK－ⅢA	8～15 ＞15～46 ＞46～120	ϕ1×6－12 dB ϕ1×6－9 dB ϕ1×6－6 dB	ϕ1×6－6 dB ϕ1×6－3 dB ϕ1×6	ϕ1×6＋2 dB ϕ1×6＋5 dB ϕ1×6＋10 dB

对应的三曲线为评定线、定量线、判废线。对应灵敏度分别是 ϕ1×6－9 dB、ϕ1×6－3 dB、ϕ1×6＋5dB。通过记录波幅高度或者波幅高度达到80%时衰减器的分贝数，可制作相应的距离—波幅曲线或者距离—分贝曲线，两者均是 DAC 曲线，如图 2—2—33 所示。

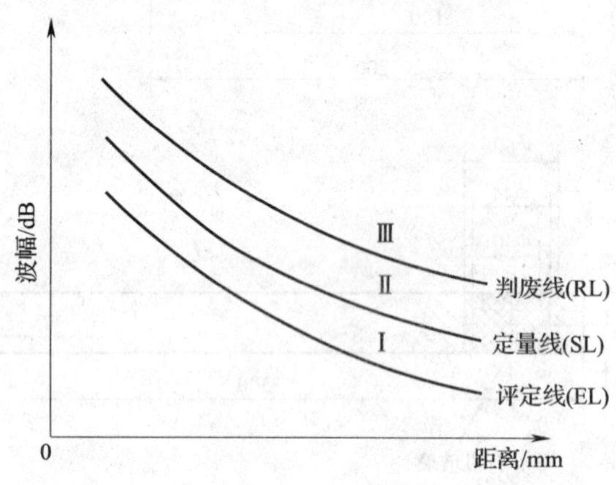

图 2—2—33　评定线、定量线、判废线

现场进行超声波检测时，需要将距离—波幅曲线直接画在荧光屏上，检测时方便快捷，或者将制作好的距离—分贝曲线随身带好，实时进行确认。同时注意，对此 DAC 曲线只能使用制作时使用的探头和仪器，包括耦合剂等，不得进行任何的变更，只要有任何变更，均必须重新制作 DAC 曲线。

二、检测操作

DAC 曲线制作好后，就可对试板进行超声波检测了，检测前，对检测面进行确认，根据检测面的粗糙情况，确认需要进行多少耦合补偿。一般情况下，对打磨见金属光泽的检测面，补偿 4 dB。然后可通过以下方式进行检测。

1. 扫查速度

按标准《承压设备无损检测》（JB/T 4730—2005）的要求，扫查速度不能超过 150 mm/s。

2. 扫查方式

按以下方式进行扫查：平行焊缝前后移动，垂直焊缝左右移动，转角扫查或环绕扫查，如图 2—2—18 所示。通常情况下，探头扫查移动时采用锯齿形路线，如图 2—2—34 所示。

对板厚 30 mm 的焊缝进行超声波检测，根据标准要求，需要在焊缝同一面对焊缝两侧均进行扫查，确保探头移动时，能扫查到整个焊缝，如图 2—2—35 所示。

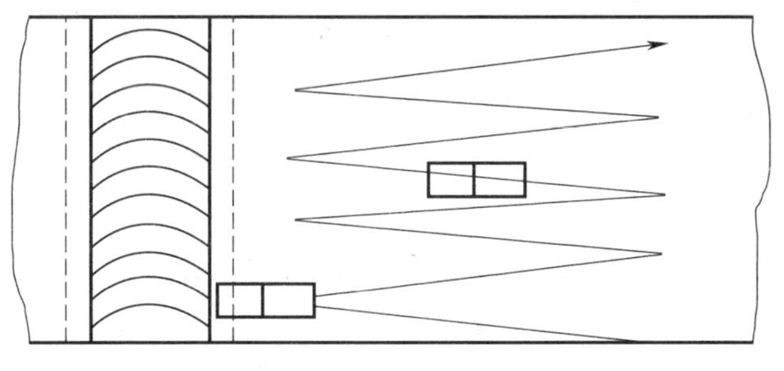

图 2—2—34　锯齿形路线

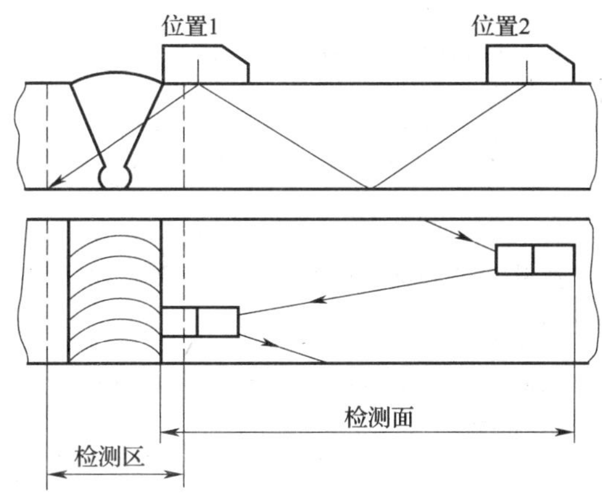

图 2—2—35　扫查面

3. 缺陷波形记录

探头移动时，如果发现缺陷，则会有反射波显示在荧光屏上，此时必须对此处进行仔细扫查，并找到最高波幅位置，并确认波幅顶部在 DAC 曲线上的位置，并根据标准对缺陷进行以下相应的处理。

缺陷波形记录：当缺陷波幅位于Ⅰ区以下时，可以不考虑；当缺陷波幅位于Ⅰ区及评定线上时，可进行缺陷长度测量并记录，左右移动探头，当波幅降到评定线时的位置为缺陷的端点（此种方法为评定线测长法），也可采用 6 dB 法进行测长；当缺陷波幅位于Ⅱ区及定量线上时，则必须记录其波幅高度，并进行长度测量、位置测定，通过波形变化及缺陷位置确认缺陷的性质；当缺陷波幅位于Ⅲ区及判废线上时，可直接判断此焊缝不合格，但同时可通过波形变化及缺陷位置确认缺陷的性质。当判定某反射波为缺陷时，应在焊缝表面的相应部位作出标记。

三、检测结果评定

根据标准规定，对已经记录的缺陷波形进行评定。对图 2—2—1a 埋弧自动焊焊接试件的焊缝进行超声波检测，发现一长度 $L=10$ mm 的缺陷波幅位于Ⅰ区以下，故可以不计，焊缝质量评定为Ⅰ级。

四、撰写检测报告

在制定好的报告表中填写相关内容，根据检测结果撰写检测报告。

任务评价

评分标准见表2—2—8。

表2—2—8 评分标准

序号	考核内容	评分标准	配分	得分
1	评定标准的选择	根据图样要求、《承压设备无损检测》（JB/T 4730—2005）选择正确的评定标准	10	
2	检测前的准备	工件表面清理、超声波探伤仪、探头、标准试块的选择、检测工量具的选择	20	
3	超声波探伤的基本操作	DAC（距离—波幅曲线）制作；探伤扫查方式；缺陷波形记录	30	
4	缺陷的评定	根据《承压设备无损检测》（JB/T 4730—2005）进行缺陷等级的评定	20	
5	焊缝质量级别的确定	根据《承压设备无损检测》（JB/T 4730—2005）进行焊缝质量级别的评定	10	
6	安全与防护	穿好安全防护服等	10	
总分合计			100	

思考与练习

1. A型脉冲反射式超声波探伤仪的工作原理是怎样的？
2. 探伤法主要用于哪些对象？适合于探测何种类型的缺陷？

任务3 磁 粉 检 测

技能点

◎ 磁粉检测操作方法；磁粉检测结果的评定。

知识点

◎ 磁粉检测的原理；磁粉检测设备及器材；磁粉检测方法与操作程序；磁粉检测安全知识。

任务提出

铁磁性材料磁化后，在表面缺陷处会产生漏磁场现象，磁粉检测就是通过铁磁性材料磁化所产生的漏磁场来发现其表面或近表面缺陷的一种无损检测方法。磁粉检测是检测钢铁制件表面裂纹的最佳方法，是一种比较成熟且应用最广泛的无损检测方法，至今已有近百年的历史，具有设备简单、操作方便、检测灵敏度较高等特点，因此被各工业部门普遍采用。

如图 2—3—1 所示，角接焊缝的管板焊件采用焊条电弧焊焊接。管子的规格为 ϕ89 mm×5 mm，材料为 20 钢；板的厚度为 12 mm，材料为 Q235A。焊件焊后进行磁粉检测，按标准《承压设备无损检测》（JB/T 4730—2005）的要求进行验收，磁粉检测质量等级为Ⅰ级合格。

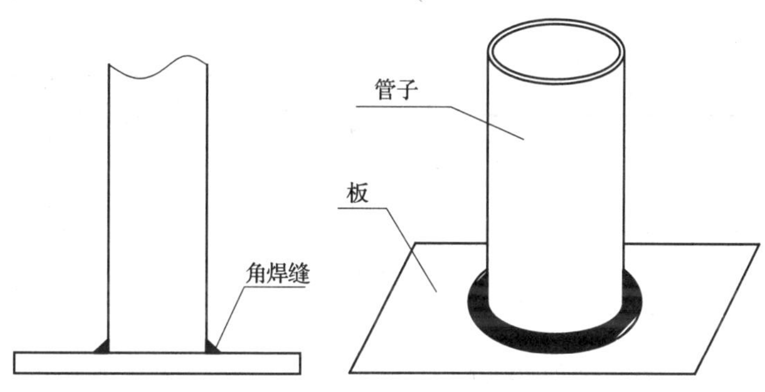

图 2—3—1　角接焊缝的管板焊件

任务分析

管子与板均为铁素体钢，是铁磁性材料，采用磁粉检测此角焊缝比较合适。因此，要完成此任务首先要了解磁粉检测的原理，正确选择磁粉检测的设备、器材和磁粉检测方法，掌握磁粉检测的操作程序及检测结果（磁痕）的分析方法。磁粉检测方法有很多种，比如磁轭法、通电法（触头法）、中心导体法、交流磁轭法等。磁轭法是非电接触，同时便携式电磁轭携带方便、操作简单灵活，该方法适用于工件的检测面不在同一平面上的磁粉检测。本任务是检测角接焊缝的管板焊件，其角焊缝检测面不在同一平面上，因此本任务采用便携式电磁轭的磁粉探机进行检测。

相关知识

一、磁粉检测原理

1. 磁粉检测的基本原理

铁磁性的零件磁化后，当表面或近表面存在缺陷（裂纹、气孔或夹杂）且与磁场方向垂直或成较大角度时，由于缺陷内部介质是空气或非金属夹杂物，其磁导率要比零件小得多，磁阻大。因此，磁感应线通过缺陷时发生弯曲，一部分磁感应线遵循折射定律，逸出零件表面，产生 N 极、S 极并形成可检测的漏磁场，如图 2—3—2 所示。这种由于介质磁导率的变化而使磁通泄漏到缺陷附近空气中所形成的磁场，称为漏磁场。这时如果把磁粉喷洒在工件表面上，磁粉将在缺陷处被吸附，形成与缺陷形状相应的磁粉聚集线，称为磁粉痕迹，简称磁痕。通过磁痕就可将漏磁场检测出来，并能确定缺陷的位置（有时包括缺陷的大小、形状和性质等）。磁痕的大小是实际缺陷的几倍或几十倍，如图 2—3—3 所示，从而容易被肉眼察觉。当工件在相同的磁化条件下，表面磁粉聚集越明显，则反映此处的缺陷离表面越近且越严重。但是，缺陷距表面一定深度或者在工件内部时，则难以在工件表面处形成漏磁场而被漏检。因此这种方法只适合于检查工件表面和近表面的缺陷。

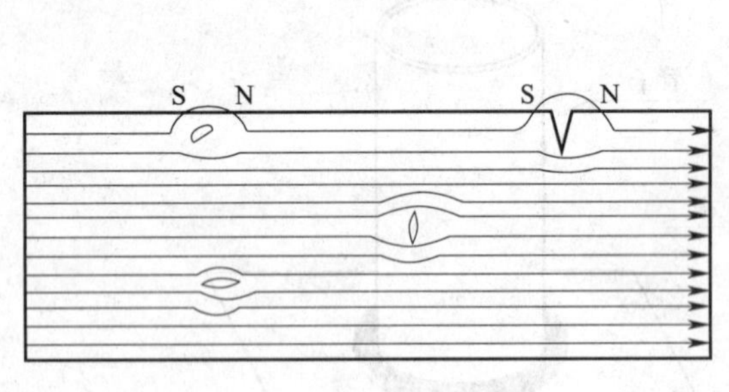

图 2—3—2　缺陷附近的磁通分布

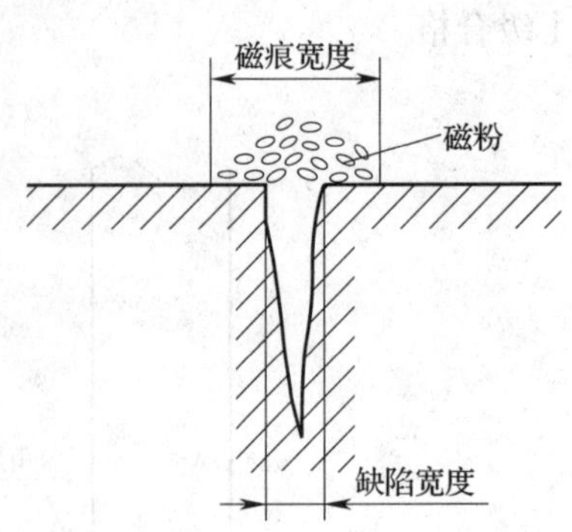

图 2—3—3　表面缺陷上的磁粉聚集

2．磁粉检测的适用性与局限性

由于磁粉检测能直观地显示缺陷、灵敏度高、检测速度快、操作简单且成本低，因而广泛应用于机械、化工、石油、航空、航天、船舶、铁路等领域的产品质量检测，但磁粉检测也有一定的局限性。

（1）磁粉检测只适用于检查铁磁性材料，如碳钢、合金钢等制造的零件，不适用于检查非铁磁性材料，如铝、镁、铜、钛及其合金和奥氏体钢焊条的钢板焊缝。

（2）只能用于检查零件表面及近表面的缺陷，不能检查埋藏很深的内部缺陷。磁粉探伤可检测的皮下缺陷的埋藏深度，与采用的探伤方法、磁化电流频率和种类以及缺陷特性有关。探伤深度一般不超过 2 mm，采用低频（≤15 Hz）、输出电压为 60 V、电流为 200 A 时，探伤深度可达 8 mm。

（3）能用于检查与磁场方向夹角较大的缺陷，检测与磁场方向垂直的缺陷时其灵敏度最高，但不适用于检查与磁场方向夹角小于 20°或平行的缺陷。

二、磁粉检测设备与器材

1．磁粉检测设备的分类

磁粉检测中，为了适应在不同条件下对各种不同工件进行探伤检测，需要采用不同的磁化方法，由此研制开发了种类繁多的磁粉探伤检测设备。通常按是否方便携带把它们分为固定式、移动式和便携式三大类。

（1）固定式磁粉探伤机。固定式探伤机工作位置固定，一般由机身、磁化电源和附属装置组成，其体积大、质量大，采用降压变压器使电压达到 12 V 以下、磁化电流达 104 A 以上，可以实现周围磁化、纵向磁化和复合磁化。磁化电流和夹头间距可调，一般用于湿法检测，带有磁悬液循环系统和喷枪。喷洒压力和流量可调节，以实现交直流退磁，还备有紫外灯，用于荧光磁粉探伤。这种设备主要用于中小型工件探伤，有些设备有支杆触头和电缆，便于对大型工件探伤。目前常用的固定式磁粉探伤机有 CEW－2000 型、CEW－4000 型、CEW－6000 型、CEW－10000 型等。

（2）移动式磁粉探伤机。移动式磁粉探伤机一般由磁化电源、电缆和小车等部分组成。小车上装有滚轮可以自由移动，以便于探测不易搬动的大型工件。常利用支杆法探伤，采用降压变压器使电压达到 12 V 以下，且磁化电流在 3 000～6 000 A，磁化电流为交流电或整流电，适用于湿法或干法磁粉检测。常用的移动式磁粉探伤机有 CYD－3000 型、CYE－5000 型等。

（3）便携式磁粉探伤机。便携式磁粉探伤机一般由磁轭（或磁化电源）、电缆组成，质量轻、体积小、便于携带。适用于野外或高空作业，干法、湿法检测均可，在锅炉压力容器和飞机制造等领域应用广泛。常用的便携式探伤机有电磁轭型、交叉磁轭型、永久磁轭型和支杆型几种。

1）电磁轭型。电磁轭是在一个铁心上绕一组线圈，利用磁轭线圈通电产生磁场来磁化工件。这种探伤机小巧轻便，不烧损工件，磁极间距可调，可用直流激磁。常用于焊缝检测。

电磁轭探伤机的主要技术指标是提升力。交流激磁，磁极间距最大时，提升力不小于 44 N。直流激磁，磁极间距为 50～100 mm 时，提升力不小于 134 N；间距为 100～150 mm 时，提升力不小于 177 N。

2）交叉磁轭型。交叉磁轭由两个电磁轭交叉组成，磁轭线圈通电后产生一个方向不断改变的旋转磁场。一次磁化探伤可以同时检测出不同方向的缺陷，特别适用于大型构件的焊缝和轧辊的探伤。

3）永久磁轭型。永久磁轭由永久磁铁制成，不需要通电就可以磁化工件。适用于无电源的飞机检修和野外检测。

4）支杆型。支杆型由小型磁化电源与支杆组成。固定通过电缆与磁化电源相连接。采用支杆法探伤，磁化电流可达 2 000 A。采用可控硅调压，输出 500 A 的探伤机重只有 7 kg，适用于锅炉压力容器焊缝和飞机检修探伤。

2. 磁粉探伤机的组成

不同种类的磁粉探伤机结构形式不同，组成也不一样。固定式探伤机主要由机身、磁化电源和附属装置（工件夹持器、指示仪表、磁悬液喷洒装置、照明装置、退磁装置、断电相位控制器等）组成，如图 2—3—4 所示。移动式探伤机主要由磁化电源、支杆触头、磁化线圈和软电缆组成，如图 2—3—5 所示。便携式探伤机主要由磁化电源、电缆、磁轭和支杆组成，如图 2—3—6 所示。不是每台探伤机都包括以上各部分，而是根据工件尺寸和用途，采用不同的组合方式。

固定式探伤机主要由以下几个部分组成。

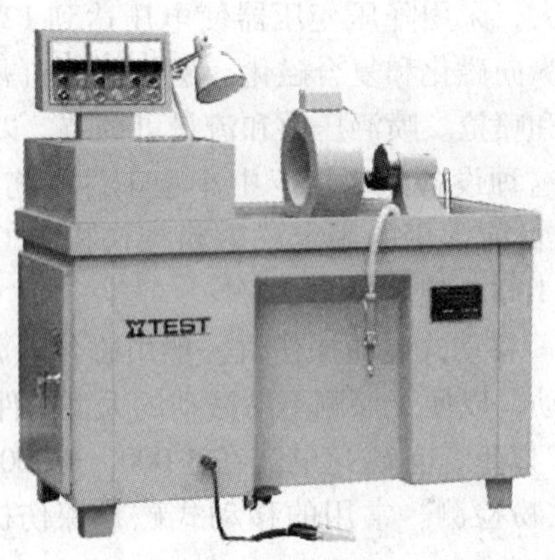

图 2—3—4　固定式磁粉探伤机

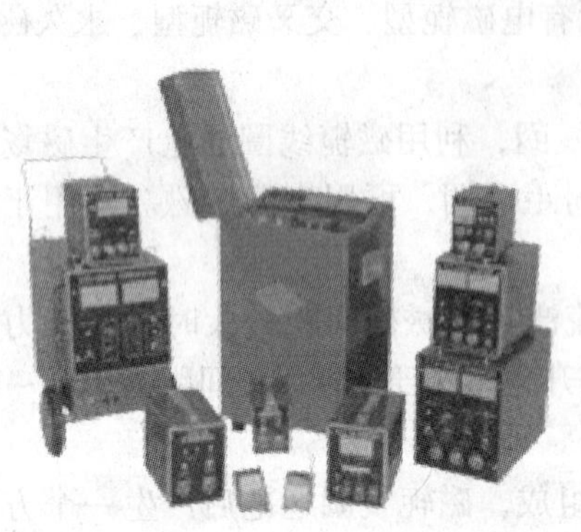

图 2—3—5　移动式磁粉探伤机

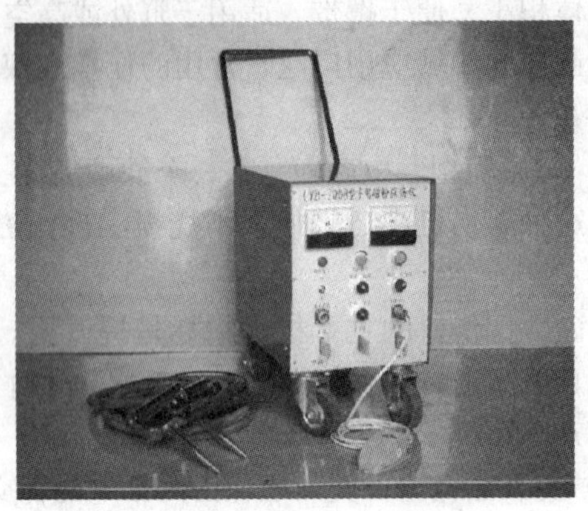

图 2—3—6　便携式磁粉探伤机

（1）磁化电源。磁化电源是探伤机的核心部分，其主要作用是将 220 V 或 380 V 的电源电压变为 12 V 以下的低电压，以大电流输出，必要时进行整流，以便获得所需要的磁化电流，使工件磁化。一般磁化电源由调压和整流两部分组成。可对工件进行周向磁化、纵向磁化以及全方位的复合磁化。

（2）工件夹持器。用于夹持被检工件进行通电磁化，夹头间距可用电动或手动方式调节。电动调节是利用行程电动机和传动机构使夹头在导轨上移动。手动调节是利用齿轮与导轨上的齿条啮合传动，使夹头沿导轨移动，也可用手推动夹头来夹紧工件，工件夹紧后自锁。磁化夹头由钢或铜制成，夹持工件时要衬以铅或铜，有利于接触，防止通断电时起弧烧伤工件。有些探伤机的夹头在夹紧工件后可以转动，便于观察，但转动时不要通电磁化。

（3）磁悬液、磁粉喷洒装置。固定式探伤机的磁悬液喷洒装置是由磁悬液槽、电动泵、软管和喷嘴组成的循环系统。电动泵搅动磁悬液，并加压至 2×10^5 ~ 3×10^5 Pa，使磁悬液从喷嘴喷出，浇洒在工件表面上，然后又回到磁悬液槽。在回流口上装有过滤网，滤去杂物。移动式和便携式探伤机无循环磁悬液喷洒系统，可用带喷嘴的塑料瓶来喷洒磁悬液，其容积为 100 ~ 200 mL。喷洒时，要不断摇动，以免沉淀。干磁粉可用空气压缩机或电动送风器来进行喷洒，有时也可用带孔的手动喷洒器来喷洒。

（4）照明装置。工件上的磁痕要在一定的照明条件下观察，非荧光磁粉在白光下观察，荧光磁粉在紫外灯下观察。紫外灯又称黑光灯，紫外灯的光谱强度峰值波长在365 nm左右，这正是激发荧光磁粉发出荧光（550 nm左右）所需的波长，波长更短的紫外线对激发荧光无益，却对人眼有害。波长更长的紫外线对荧光激发无益，而且影响缺陷磁痕的观察。因此，要用滤光片将不需要的紫外线滤掉。

使用紫外灯时应注意：检测工件应在点燃紫外灯5 min以后进行，因为刚点燃时功率达不到要求。使用过程中要尽量减少开关次数，以免影响灯的使用寿命。紫外灯在使用1 000 h后，强度约下降10%，因此要定期检查紫外灯的强度。要求距紫外灯40 cm处辐照度不低于1 000 $\mu W/cm^2$。常用的紫外灯型号有CXF－125型、CXF－2215型等。

（5）退磁装置。退磁装置用于对工件进行退磁处理，退磁装置可固定在探伤机上，也可分离出来单独使用，其原理是用磁场方向不断改变，强度逐渐减弱至零的磁场来消除工件上的剩磁。常用的退磁装置有交流退磁线圈、直流退磁线圈、交流磁轭退磁。直流退磁深度较大，对直流磁化的工件退磁效果较好。交流磁轭退磁常用于大型焊接工件退磁。

（6）设备操作。

1）接通电源，打开仪器面板电源总开关和磁悬液泵开关。

2）按下进给方向行程开关，夹持工件。

3）磁化工件。根据确定的磁化电源，将探伤功能选择开关转向相应的磁化方法位置，打开磁化开关对工件进行磁化。在磁化工件的同时，用喷液枪喷洒磁悬液（连续法）或使工件磁化后再喷洒磁悬液（剩磁法）。

4）观察磁痕显示。

5）退磁。按下退磁开关，使工件自动退磁，用退磁频率旋钮，可获得不同的退磁速度。

（7）设备修护及使用注意事项。要保护好夹头，夹持工件应平整，保证接触良好；夹头和滑轨等部位要经常擦洗，以防生锈；工作时应使用前挡板，以免磁悬液溅到仪器控制部分上，造成短路。

3. 国产磁粉探伤设备的型号命名编制方法

磁粉探伤设备的型号命名执行国家行业标准ZBN 7000—87编制方法，产品型号由五部分组成，国产磁粉探伤设备的型号代码及其含义见表2—3—1。

表2—3—1　国产磁粉探伤设备的型号代码及其含义

（Ⅰ）类	（Ⅱ）组	（Ⅲ）型	（Ⅳ）主参数	（Ⅴ）改进序号	含义
C					磁粉探伤设备
M					退磁机及其他退磁装置
Y					荧光探伤灯
	Z				直流全波磁化装置
	J				交充磁化装置
	F				交直流磁化装置

续表

（Ⅰ）类	（Ⅱ）组	（Ⅲ）型	（Ⅳ）主参数	（Ⅴ）改进序号	含义
	B				直流半波磁化装置
	D				多功能或多种用途
	X				旋转复合磁场
	P				电容充电直流
	S				磁迹实时成像
	M				脉冲直流
		W			固定卧式机电一体化外形结构
		L			固定立式外形结构
		G			固定式分立组合型结构

4. 磁粉探伤的器材

（1）磁粉。磁粉是显示缺陷的重要手段，磁粉质量的优劣和选择是否恰当将直接影响磁粉探伤的结果。因此，应对磁粉进行全面了解并正确使用。磁粉种类很多，按磁粉是否有荧光性分为荧光磁粉和非荧光磁粉；按磁粉使用方法，磁粉检测可分为干粉法和湿粉法。

1）非荧光磁粉。非荧光磁粉是在白光下能观察到磁痕的磁粉，通常是铁的氧化物，研磨后成为细小的颗粒经筛选而成。它可分为黑磁粉、红磁粉和白磁粉等。黑磁粉是一种黑色的 Fe_3O_4 粉末，在浅色工件表面上形成的磁痕清晰，在磁粉探伤中的应用最广。红磁粉是一种铁红色的 Fe_2O_3 晶体粉末，具有较高的磁导率，在钢铁金属及工件表面颜色呈褐色的状况下，用红磁粉对其进行探伤时具有较高的反差，但不如白磁粉。白磁粉是由黑磁粉 Fe_3O_4 与铝或氧化镁合成的一种表面呈银白色或白色的粉末，白磁粉适用于黑色表面工件的磁粉探伤，具有反差大、显示效果好的特点。

2）荧光磁粉。荧光磁粉是以磁性氧化铁粉、工业纯铁粉、羰基铁粉等为核心，外面包裹一层荧光染料树脂所制成的，可明显提高磁痕的可见度和对比度。这种磁粉在暗室中用紫外线照射能产生较亮的荧光，所以适合于各种工件的表面探伤检测，尤其适合深色表面的工件，具有较高的灵敏度。

（2）磁悬液。将磁粉混合在液体介质中形成磁粉的悬浮液称为磁悬液。用来悬浮磁粉的液体称为载液。在磁悬液中，磁粉和载液是按一定比例混合而成的。根据采用的磁粉和载液的不同，可将磁悬液分为油基磁悬液、水基磁悬液和荧光磁悬液。表 2—3—2 列出了钢制压力容器焊缝磁粉探伤用的磁悬液种类、特点及技术要求。

表 2—3—2　　磁悬液的种类、特点及技术要求

种类	特点	对载液的要求	湿磁粉浓度（100mL 沉淀体积）	质量控制试验
油基磁悬液	悬浮性好，对工件无锈蚀作用	1. 在 38℃时，最大黏度超过 5×10^{-6} m²/s 2. 最低闪点为 60℃ 3. 不起化学反应 4. 无臭味	1.2～2.4 mL（若沉淀物显示出松散的聚集状态，应重新取样或报废）	用性能测试板定期检验其性能和灵敏度

续表

<table>
<tr><th colspan="2">种类</th><th>特点</th><th>对载液的要求</th><th>湿磁粉浓度
（100mL 沉淀体积）</th><th>质量控制试验</th></tr>
<tr><td colspan="2">水基磁悬液</td><td>润湿性和流动性好，使用安全，成本低，但悬浮性较差</td><td>1. 良好的湿润性
2. 良好的可分散性
3. 无泡沫
4. 无腐蚀
5. 在38℃时最大黏度超过 $5\times10^{-6}\ m^2/s$
6. 不起化学反应
7. 呈碱性，但 pH 值不超过 10.5
8. 无臭味</td><td>1.2～2.4 mL（若沉淀物显示出松散的聚集状态，应重新取样或报废）</td><td>1. 同上面的油基磁悬液
2. 对新使用的磁悬液（或定期对使用过的磁悬液）做湿润性能试验</td></tr>
<tr><td rowspan="2">荧光磁悬液</td><td>荧光油磁悬液</td><td rowspan="2">荧光磁粉能在紫外光下呈黄绿色，色泽鲜明，易观察</td><td>要求油的固有荧光低，其余同油基磁悬液对载液的要求</td><td rowspan="2">0.1～0.5 mL（若沉淀物显示出松散的聚集状态，应重新取样或报废）</td><td>1. 定期对旧磁悬液与新准备的磁悬液做荧光亮度对比试验
2. 用性能测试板定期做性能和灵敏度试验</td></tr>
<tr><td>荧光水磁悬液</td><td>要求无荧光，其余同水基磁悬液对载液的要求</td><td>1. 对新使用的磁悬液（或定期对使用过的磁悬液）做湿润性能试验
2. 荧光亮度对比试验和性能、灵敏度试验，如同荧光油磁悬液</td></tr>
</table>

（3）标准试片。标准试片（简称试片）是磁粉探伤检测必备的器材之一，具有以下用途。

1）用于检测磁粉探伤设备、磁粉和磁悬液的综合性能（系统灵敏度）。

2）用于检测工件表面的磁场方向、有效磁化范围和大致的有效磁场强度。

3）用于考察所用的探伤工艺规程和操作方法是否妥当。

4）当无法计算复杂工件的磁化规范时，将小而柔软的试片贴在复杂工件的不同部位，可大致确定较理想的磁化规范。

在我国使用的有 A 型、C 型、D 型和 M1 数字型四种试片。试片用 DT4 电磁软铁板制成。试片型号中的分子表示试片人工缺陷槽的深度，分母表示试片的厚度，单位为 μm。试片类型、型号和图形见表 2—3—3。标准试片应符合《无损检测　磁粉检测用试片》（JB/T 6065—2004）的规定。磁粉检测时一般选用 A1－30/100 型标准试片。当检测焊缝坡口等狭小部位，由于尺寸关系 A 型标准试片使用不便时，一般选用 C－15/50 型标准试片。为了更准确地推断出被检工件表面的磁化状态，当用户需要或技术文件有规定时，可选用 D 型或 M1 型标准试片。

表 2—3—3　　试片的类型、型号和图形

类型	型号	缺陷槽深/μm	材料状态	图形和尺寸
A 型	A1—7/50	7 ±1.5	冷轧退火	A1 20 7/50
	A1—15/50	15 ±2		
	A1—15/100	15 ±2		
	A1—30/100	30 ±4		
C 型	C—8/50	8 ±1.5	同上	C 10 8/50
	C—15/50	15 ±2		
D 型	D—7/50	7 ±1.5	同上	D 10 2/50
	D—15/50	15 ±2		
M1 型	ϕ12　7/50	7 ±1	同上	M1 20
	ϕ9　15/50	15 ±2		
	ϕ6　30/50	30 ±3		

（4）磁场指示器。磁场指示器是用铜焊将 8 块低碳钢与铜片焊在一起构成的，有一个非磁性手柄，如图 2—3—7 所示，它的用途与标准试片基本相同，但比标准试片经久耐用，操作简便。磁场指示器多用于干粉法检测。

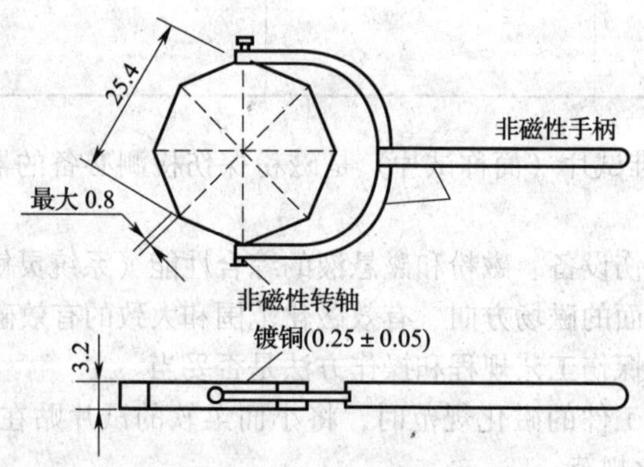

图 2—3—7　磁场指示器

（5）自然缺陷标准样件。为了弄清磁粉探伤系统是否正在按照所期望的方式、所需要的灵敏度工作，最直接的途径是考核该系统检测一个或多个已知缺陷的能力，最理想的方法是选用带有自然缺陷的工件作为标准样件。

（6）测量仪器。磁粉探伤中涉及磁场强度、剩磁大小、白光照度、黑光辐照度和通电时间等的测量，因而还应有一些测量仪器，如毫特斯拉计（高斯计）、袖珍式磁强计、照度计、黑光辐照计、通电时间测量器和快速断电试验器等。

三、焊缝磁化过程

1. 磁化方法

在磁粉检测中，通过外加磁场使工件磁化的过程称为工件磁化。在铁磁性材料的缺陷中，与磁场方向垂直的缺陷探伤灵敏度最高，与磁场平行的缺陷难以检出。磁粉探伤的工件有各种形状，工件中的缺陷有各种取向，为了能有效地检测出各个方向的缺陷，可采用多种磁化方法。根据在工件上产生的磁场方向不同，磁化通常分为周向磁化、纵向磁化和复合磁化三种。

（1）周向磁化法。利用产生环绕在工件的周向磁场进行磁化的方法，称为周向磁化法。周向磁化法主要用来发现工件轴向的纵向缺陷以及与轴向夹角小于45°的缺陷，常用的周向磁化法有轴向直接通电法、中心导体法、支杆法和平行电缆法等。

1）轴向直接通电法。沿工件轴向直接通入磁化电流，在工件上产生周向磁场进行磁化的方法，称为轴向直接通电法，如图2—3—8所示。

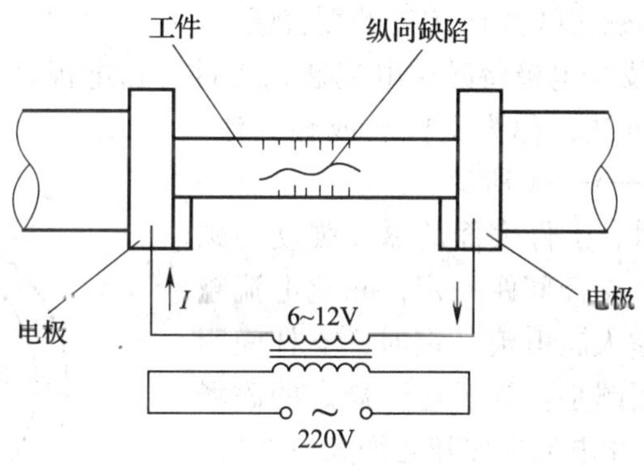

图2—3—8　轴向直接通电法

这种方法一般是将工件轴向的两端面固定在卧式或立式的固定式磁粉探伤机的两个电极上，磁化电流沿工件轴向直接通过，根据通电圆柱体产生磁场的原理，使工件产生周向磁场并对工件进行磁化，这种方法可检出与工件轴向平行的缺陷，或者说，可检出与电流平行的缺陷。

轴向直接通电法适用于大批量的中小工件的探伤。探伤机可以是手工操作或半自动，探伤效率高。但当电流较大、工件两端夹持不平正或有氧化皮时，易产生电火花，烧伤工件，为此探伤时应注意工件表面处理和正确夹持工件。

2）中心导体法。将一导体穿入空心工件孔中并使电流通过导体，在工件内外表面产生周向磁场的磁化方法，称为中心导体法或穿棒法，如图2—3—9所示。从前面关于通电空心圆柱体导体内外磁场分布中知道，用直接通电法不能检出空心工件内表面的缺陷，因为内表面的磁场强度为零。中心导体法可以同时发现内外表面轴向缺陷和两端面的径向缺陷，空心工件内表面磁场强度比外表面大，所以检测内表面缺陷的灵敏度比外表面高。

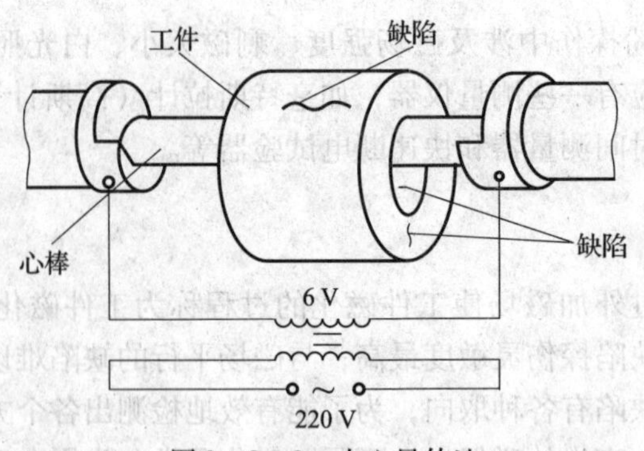

图 2—3—9 中心导体法

中心导体法用于检测空心轴、轴套、齿轮等空心工件。对于小型工件，可将数个穿在导体上一次磁化。若工件内孔弯曲或需要检查工件孔周围的缺陷，可以用软电缆作为中心导体。中心导体的材料一般采用铜棒，也可以用铝棒或钢棒，但钢棒易发热。

一般情况下，中心导体应尽量位于工件的中心。但当工件内直径太大，探伤机所能提供的电流不足以使工件表面达到所需的磁感应强度时，可将导体偏心放置进行磁化，如图 2—3—10 所示。这时有效的磁化周向长为导体直径的 4 倍。转动工件，分段磁化，检查整个圆周，为了防止漏检，相邻磁化区应有 10% 的覆盖区。

3）支杆法。通过两支杆电极将磁化电流通入工件，在电极处的表面上产生周向磁场，对工件进行局部磁化的方法，称为支杆法或触头法。有时也称刺入法，如图 2—3—11 所示。

用支杆法磁化工件时，工件表面的磁场强度与磁化电流、支杆间距有关。支杆间距一定，磁化电流越大，工件表面磁场强度越大。电流一定时，支杆间距越大，工件表面磁场强度越小。为了达到规定的磁场强度，支杆间距增大，磁化电流也应随之增大。

当支杆间距为 200 mm，磁化电流为 400 A（交流）时，用支杆法在钢板上产生的磁场分布如图 2—3—12 所示。由图可知，在两支杆电极的连线上产生的磁场强度最大，离该连线越远，磁场强度越小。

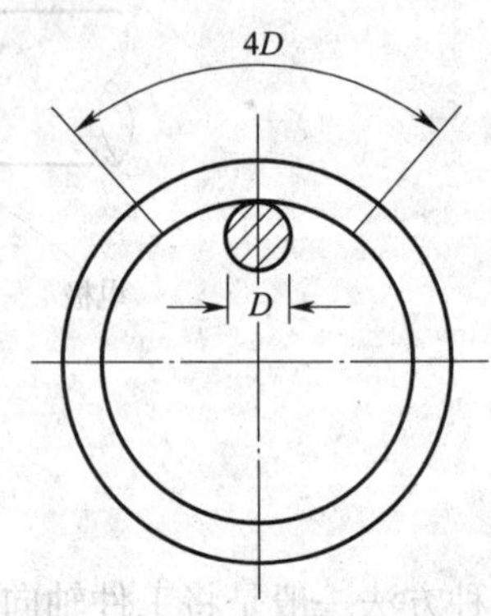

图 2—3—10 偏置心棒有效磁化区

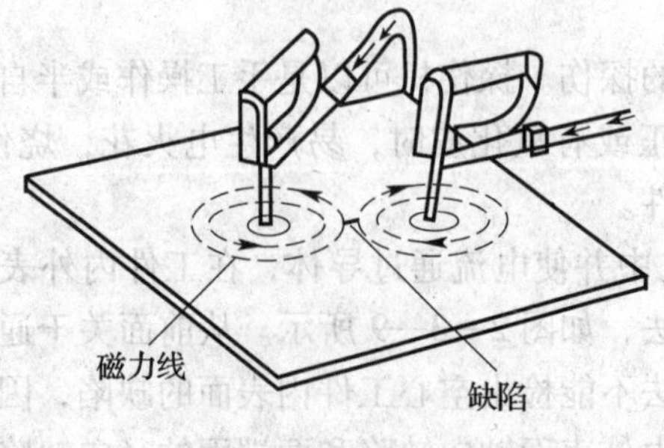

图 2—3—11 支杆法

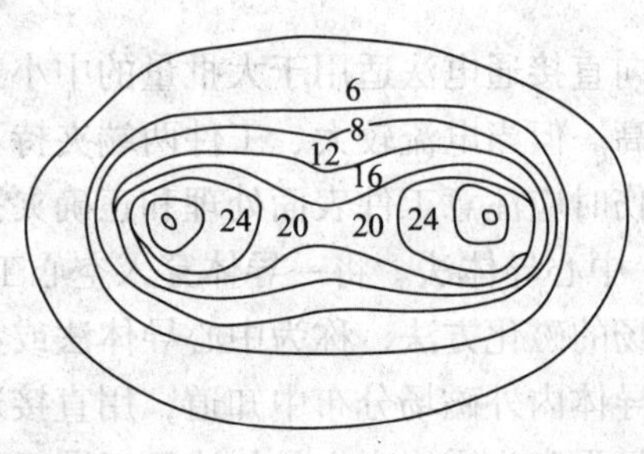

图 2—3—12 支杆法磁场分布

支杆法可以检出与两支杆电极连线平行的缺陷，不能检出与两支杆电极连线垂直的缺陷，因此，为了检出工件不同方向的缺陷，在同一部位应进行相互垂直两个方向的磁化。

由于支杆法是通过支杆将电流直接通入工件的，电极与工件又是点接触，操作不当极易烧伤工件，并使工件表面产生点状淬火，甚至产生微裂纹。因此，具体操作时应注意磁化电流不宜过大，电极接触压力不宜过小，电极端头和工件表面清理干净。

支杆法有较好的机动性和适应性，适用于大型、结构复杂的工件的局部探伤，如压力容器各种角焊缝和大型铸锻件，但这种方法不宜用于有表面粗糙度要求的工件磁粉探伤。因为电极触头会打火烧伤工件表面，支杆法也不适合盛装易燃易爆介质的容器的在用检测，尤其是内部检测。易燃介质浓度高，操作不当会引起火灾事故，如液化石油气球罐的在用检测，就不能用支杆法。

4）平行电缆法。将一根绝缘通电的电缆平行置于被检工件表面部位，产生畸变的周向磁场，进行局部磁化的方法，称为平行电缆法，如图 2—3—13 所示。这种方法的磁化原理大致与常用的偏心中心导体法相似。它可用于发现与电缆平行的缺陷，在实际探伤中可用于压力容器焊缝，特别是角焊缝的纵向缺陷的探伤。电缆贴近工件表面磁化，与工件表面既无电接触，又无硬接触，不会烧伤和碰伤工件。在所有局部磁化法中，平行电缆法一次磁化的可检出区域面积最大。就焊缝探伤而言，一次检出区域面积为支杆法的 4～10 倍，磁轭法的 8～20 倍，但为达到同样的探伤灵敏度所需的磁化电流大，磁场均匀性差。

（2）纵向磁化法。使工件上产生纵向磁场并利用该磁场进行磁化的方法，称为纵向磁化法。它可用于发现与工件轴向垂直或与轴向夹角大于 45°的缺陷，即横向缺陷。常用的纵向磁化法有磁轭法、线圈法和电缆缠绕法。

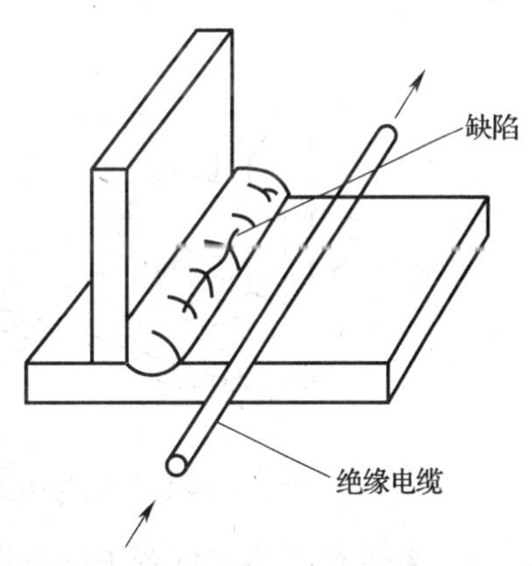

图 2—3—13　平行电缆法

1）磁轭法。利用电磁轭或永久磁铁在工件上产生的纵向磁场进行磁化的方法，称为磁轭法。所谓电磁轭，就是工件置于绕有螺线管线圈的 π 型铁心两极间，工件与铁心构成闭合磁回路，当线圈通上电流后，铁心中感应的磁通流过工件，对工件进行纵向磁化。实际应用中有两种基本形式。

①整体磁轭法。整个工件置于磁轭法产生的纵向磁场中进行磁化的方法，叫整体磁轭法，如图 2—3—14 所示，这种方法可用于发现与工件轴向垂直或与轴向夹角大于 45°的缺陷。整体磁轭法主要在固定式磁粉探伤机上的磁轭中进行，适用于大批量中、小工件的探伤。为了便于磁化不同长度的工件，磁轭的一极是活动的，极距可以调节。对于形状规则、截面小的工件，也可在便携式探伤仪具有活动关节的磁轭中进行整体磁化，要求磁轭极的截面应大于工件截面，否则达不到规定的磁场强度。同时，还要求工件两端面与磁极间隙尽量小，因为空气会降低磁化效果。

②局部磁轭法。利用便捷式磁轭或永久磁轭产生的纵向磁场，对工件表面局部区域进行磁化的方法，称为局部磁轭法，如图 2—3—15 所示。这种方法主要用于检测与两磁极连线垂直的缺陷。为此，采用局部磁轭法时，对同一部位应作相互垂直的两次磁化。

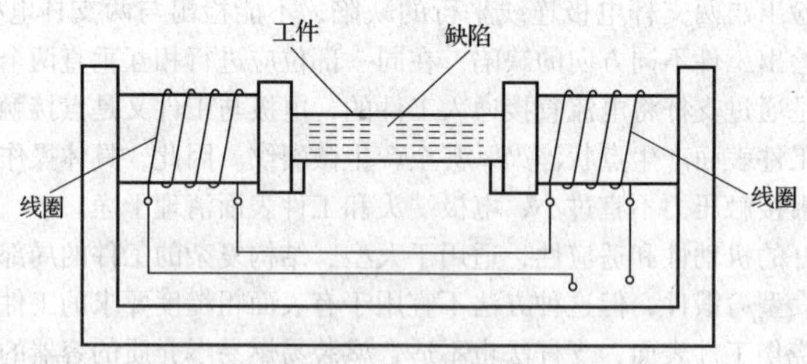

图 2—3—14　整体磁轭法

局部磁轭法的磁轭两极间的磁力线大致平行于两极连线，磁化区为椭圆形，磁化区内磁场强度分布不均匀——在两极连线方向上，两极附近强，连线中间弱；在连线的垂直方向上，连线附近强，远离连线弱。

如图 2—3—16 所示，磁化区内的磁场强度和探伤有效范围与两磁极间距有关，磁极间距大，探伤有效范围大，但磁场强度小。磁极间距一般控制在 50 ~ 200 mm 之间。局部磁轭法的工件表面的磁场强度还与工件厚度有关——工件厚度大，磁力线分散，磁场强度低，直流磁化尤为突出。交流具有集肤效应，工件厚度影响小。一般厚度超过 5 mm 的工件，不宜采用直流磁轭。

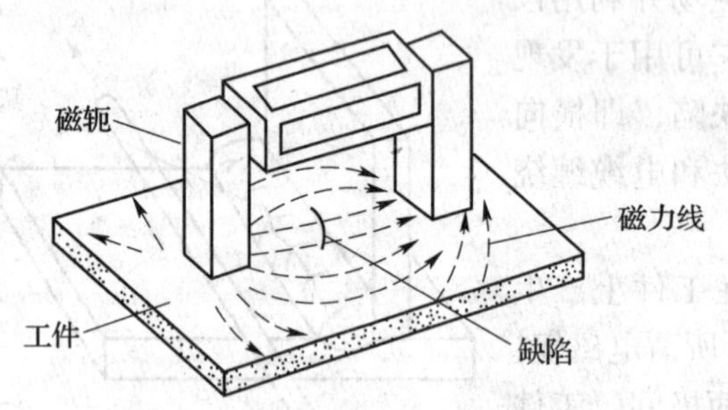

图 2—3—15　局部磁轭法

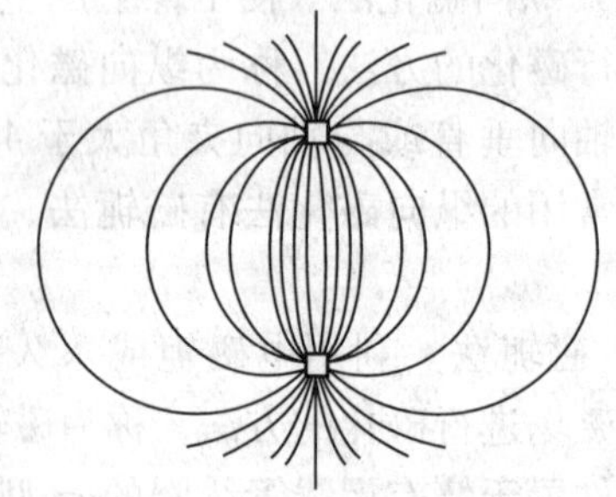
图 2—3—16　电磁轭两极间的磁力线

2）线圈法。将工件置于通电螺线管线圈内，用线圈内的纵向磁场进行磁化的方法，称为线圈法，如图 2—3—17 所示，它有利于检测出与线圈轴垂直的缺陷。在线圈中被磁化的工件，由于磁路非闭合而产生反磁场，反磁场起着阻碍磁化的作用。线圈直径较大、长度较短时，线圈内径向的磁场强度是不均匀的，靠近线圈壁强，中心弱。磁化小型工件时，应将工件靠近线圈内壁进行磁化，如图 2—3—18 所示。

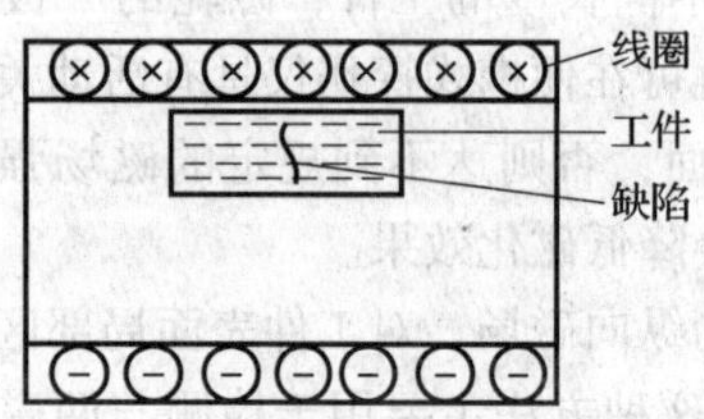

图 2—3—17　线圈法

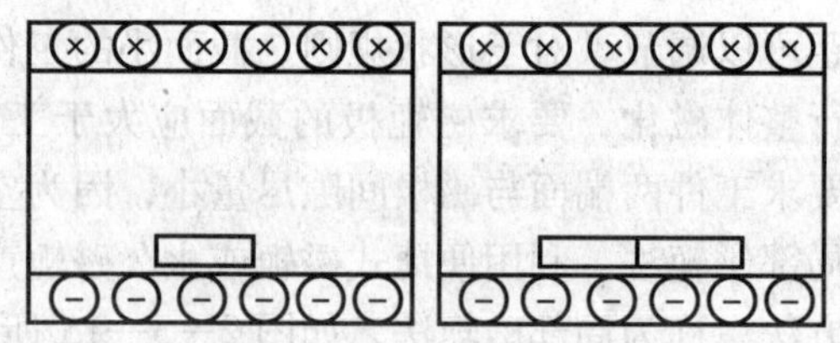
图 2—3—18　工件在线圈内的放法

工件比线圈长时，由于线圈内磁场随着离开线圈端面距离的增加而迅速降低，工件在线圈之外较远的部位得不到磁化，所以要将工件进行分段磁化，或将线圈沿工件移动磁化，如图 2—3—19 所示。

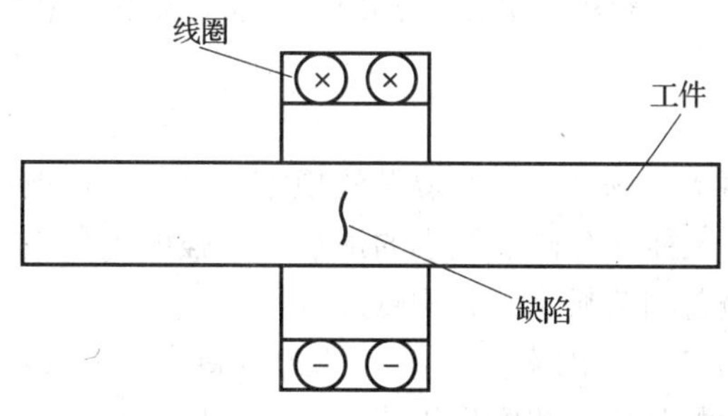

图 2—3—19　长工件线圈法

3）电缆缠绕法。用绕在工件上的通电电缆，在工件上产生纵向磁场进行磁化的方法，称电缆缠绕法。它可以检出工件的横向缺陷。对于焊缝近表面缺陷的检测，适合采用直流电磁化法。直流电磁化时，采用低电压大电流的直流电源，使工件产生方向恒定的电磁场。由于这种磁化方式所获得的磁力线能穿透工件表面一定深度，能发现近表面区较深的缺陷，故检测效果比较好，但退磁困难。

常见工件磁粉检测磁化方法的选择见表 2—3—4。

表 2—3—4　　常见工件磁粉检测磁化方法的选择

工件形状	缺陷方向	磁化方法选择	示意图	备注
长棒或长管（包括长条方钢）	纵向	直接通电磁化法	2—3—8	
	横向	交流线圈通过法或分段磁化法	—	通过法适合于自动探伤，分段磁化法适合于手工探伤
	多方向	复合磁场磁化法	—	可以一次磁化完成检验，易实现自动探伤
环形	纵向	中心导体磁化法	2—3—9	—
	周向	线圈磁化法	2—3—17	—
	多方向	旋转磁场磁化法	—	最理想的磁化方法
焊缝	纵向	磁锥（支杆）磁化法	2—3—11	—
	横向	磁轭磁化法	2—3—15	—
	横向	旋转磁场磁化法	—	不但可以发现横向缺陷，还可以发现其他方向缺陷
	表面缺陷	交流电磁化法	—	磁化电源采用交流电
	近表面缺陷	直流电磁化法	—	磁化电源采用直流电
轴类	纵向	直接通电磁化法	2—3—8	—
	横向	通电线圈磁化法	2—3—17	—
	多方向	复合磁化法	—	纵向、横向缺陷同时检测

2. 磁化电流的选择

为了在工件上产生磁场而采用的电流称为磁化电流。磁粉探伤采用的磁化电流类型有交流电、整流电（包括单相半波整流电、单相全波整流电、三相半波整流电和三相全波整流电）、直流电和脉冲电流等。其中最常用的磁化电流是交流电、单相半波整流电、三相全波整流电三种。

3. 磁化规范的选择

工件选择磁化电流值或磁场强度值所遵循的规则，称为磁化规范。磁粉探伤应使用既能检测出所有的有害缺陷，又能区分磁痕级别的最小磁场强度进行检测。这是因为磁场强度过大易产生过度背景，会掩盖相关显示，影响磁痕分析。

（1）选择磁化规范应考虑的因素。根据工件的材料、热处理状态和磁特性，确定采用连续法检测还是剩磁法检测及相应的磁化规范；根据工件的尺寸、形状、表面状态和欲检出缺陷的种类、位置、形状及大小，确定磁化方法、磁化电流种类、有效探伤范围及相应的磁化规范。

（2）选择磁化规范的方法。

1）用经验公式计算。对于工件形状规则的磁化规范可用经验公式计算，如直接通电磁化法和中心导体法（又称心棒磁化法）。连续法磁化规范常选用 $I=8D \sim 15D$；剩磁法磁化规范常选用 $I=25D \sim 45D$；触头法磁化时，若工件厚度 $T \geqslant 20$ mm，$I=(4 \sim 5)L$。以上计算公式都属于经验公式。

2）用仪器测量工件表面的磁场强度。在实际应用中，由于工件形状复杂，很难用经验公式计算出每个工件各个部位的磁场强度，可以采用测量磁场强度的仪器，如特斯拉计（高斯计），测量被磁化工件表面的切向磁场强度，比用经验公式计算更为可靠。无论采用何种磁化方法磁化，用连续法检测，工件表面的切向磁场强度至少为 2.4 kA/m；用剩磁法检测，工件表面的切向磁场强度至少为 8.0 kA/m。

3）用标准试片确定大致的磁化规范。对于形状复杂的工件，当难以用计算法求得磁化规范时，也可以使用标准试片贴在工件不同部位，根据标准试片上的磁痕显示情况来确定大致的磁化规范。

4. 周向磁化规范

（1）直接通电法和中心导体法。圆柱形或圆筒形工件用直接通电磁化法或中心导体法进行周向磁化时，一般推荐按下式计算磁化电流值。

$$I = HD/320$$

式中 I——磁化电流，A；

H——磁场强度，A/m；

D——工件直径，mm。

我国普遍采用周向磁化标准规范，即连续法磁场强度至少为 2.4 kA/m，剩磁法至少为 8.0 kA/m，代入 $I=HD/320$ 中，即得出连续法和剩磁法磁化的经验公式 $I=8D$ 和 $I=25D$。式中交流电流（AC）值用有效值表示，单相半波整流电（HW）和三相全波整流电（FWDC）用平均值表示，直接通电磁化法和中心导体法的磁化规范可按表 2—3—5 公式计算。

表 2—3—5　　直接通电磁化法和中心导体法磁化规范

规范	适用范围	检验方法	零件表面磁场强度	磁化电流计算公式		
				AC	HW	FWDC
标准规范	适用于除特殊要求以外的工件检验	连续法	≥2.4 kA/m	$I=8D$	$I=6D$	$I=12D$
		剩磁法	≥8.0 kA/m	$I=25D$	$I=16D$	$I=32D$
严格规范	适用于有特殊要求的工件检验，如检验低磁导率沉淀类钢的夹杂以及弹簧、喷嘴管等特殊工件	连续法	≥4.8 kA/m	$I=15D$	$I=12D$	$I=24D$
		剩磁法	≥14.4 kA/m	$I=45D$	$I=30D$	$I=60D$

注：I——磁化电流（A）；D——工件直径（mm）。

对锅炉压力容器磁粉探伤，按《承压设备无损检测》（JB/T 4730—2005）计算磁化规范。如轴向直接通电法磁化时，磁化电流值按下式进行计算。

直流电（整流电）连续法：$I=(12\sim20)D$

直流电（整流电）剩磁法：$I=(25\sim45)D$

交流电连续法：$I=(6\sim10)D$

式中　I——电流值，A；

D——工件横截面上最大尺寸，mm。

对于形状不规则的非圆柱形工件，计算磁化电流值可采用工件的当量直径，所谓当量直径是指与该工件周长相等的圆柱直径，当量直径 $D=$周长$/\pi$。

（2）触头法。触头法周向磁化，其磁场强度与磁化电流大小成正比，并与触头间距和被检工件截面厚度有关。触头间距应控制为 75～200 mm，两次磁化应有 10% 的重叠。连续法磁化规范按表 2—3—6 进行计算。

表 2—3—6　　触头法周向磁化规范

厚度 T/mm	磁化电流计算公式		
	AC	HW	FWDC
$T<20$	$I=(3\sim4)L$	$I=(1.5\sim2.0)L$	$I=(3\sim4)L$
$T\geq20$	$I=(4\sim5)L$	$I=(2.0\sim2.5)L$	$I=(4\sim5)L$

注：I——磁化电流（A）；L——两触头间距（mm）。

5. 纵向磁化规范

（1）线圈法。纵向磁场磁化一般采用线圈使工件磁化。磁场强度的大小不仅取决于磁化电流，而且还取决于线圈的匝数。所以，工件磁化规范用线圈匝数和通电电流的乘积，即安匝数来表示。此外，工件表面的磁场强度不仅取决于线圈空载时的磁场强度，而且还与工件长度 L 和直径 D 的比值有关。棒、管类工件进行纵向磁化时，线圈中心磁场强度应达到如下规定。

1）当 $L/D\geq10$ 时，线圈中心磁场强度大于 1.2×10^4 A/m。

2）当 $2\leq L/D<10$ 时，线圈中心磁场强度应大于 2.0×10^4 A/m。

3）当 $L/D<2$ 时，须把若干个工件串接起来磁化。

用线圈磁化工件时，可用下式选择磁化规范：

当 $L/D \geqslant 4$ 时 $$IN=\frac{35\,000}{2+L/D}$$

当 $2<L/D<4$ 时 $$IN=\frac{45\,000}{L/D}$$

式中 L——工件长度，mm；

D——工件直径或厚度，mm；

I——磁化电流，A；

N——线圈匝数。

（2）磁轭法。磁轭磁化规范的选择主要是对磁轭提升力的选择。一般情况下，当使用磁轭的最大间距时，直流电磁轭至少应有 177 N 的提升力，交流电磁轭至少应有 44 N 的提升力。且磁轭的磁极间距应控制在 50~200 mm，检测的有效范围是磁轭两侧各为磁轭磁级间距的 1/4 面积内，磁轭每次移动应有不少于 25 mm 的覆盖区。

四、磁粉探伤检测工艺

1．磁粉探伤检测方法

根据不同的分类条件，磁粉探伤检测方法主要包括干法与湿法、连续法与剩磁法等。

（1）干法与湿法。在磁粉探伤中，根据磁粉分散介质的不同，将磁粉探伤分为干法磁粉探伤和湿法磁粉探伤两种。

1）干法。采用干磁粉以空气为分散介质施加到磁化的工件表面上进行探伤的方法，称为干法。干法探伤，必须确认磁粉和工件表面完全干燥后进行。施加磁粉一般采用低压压缩空气通过喷洒器把磁粉喷洒到工件表面上，也可将磁粉置于布袋中，用手轻轻拍打布袋，使磁粉散布到工件表面上，使其薄而均匀，要避免局部堆积过多，可用压缩空气吹去多余磁粉，但应注意不要干扰缺陷磁痕。吹风时风压、风量和距离要适当，要顺序地连续移动风具，从一个方向吹向另一个方向。干法探伤适用于表面粗糙的工件，如大型铸、锻件毛坯，大型焊接件焊缝局部的探伤，也可用于高温（315℃）和冻结温度条件下的探伤。但干法难以用于剩磁法探伤，与湿法探伤相比，灵敏度低、磁粉不能回收、污染环境、工作条件差，干法常与便携式的支杆法和磁轭法探伤仪配合进行探伤。

2）湿法。将磁粉按一定的比例与煤油或水配成磁悬液施加到磁化的工件表面上进行探伤的方法，称为湿法。湿法探伤，磁悬液通常盛装在一个容器中，然后通过软管和喷嘴施加到工件上（喷洒法），或者将工件浸入磁悬液内（浸法）。喷洒法通常与连续法配合适用。采用剩磁法时，喷洒法和浸法都可以用，主要视检测工件、设备及现有状况而定。喷洒法的灵敏度略低于浸法。湿法探伤操作简单，适用于复杂和大批量的工件探伤。湿法比干法灵敏度高，特别适用于检测表面细小的缺陷，但湿法不能在高温和冻结的低温条件下进行。

（2）连续法与剩磁法。在磁粉探伤中，根据施加磁悬液或磁粉的时机不同，磁粉探伤方法分为两种，连续法和剩磁法。

1）连续法。在外加磁场磁化工件的同时，将磁悬液或磁粉施加到工件上进行探伤的方法，称为连续法或外加磁场法。

①湿法连续法操作程序：

表面处理 → 磁化 → 检查 → 退磁 → 后清洗
（表面处理 → 施加磁悬液 → 检查）

操作要点：可先施加磁悬液均匀润湿工件，然后通电磁化 1 ~3 s，与此同时，喷洒磁悬液，停止喷洒后再继续通电数次，每次 0.5 ~1 s；或者停止喷洒后继续通电数秒，待工件上磁悬液基本不流动后再切断磁化电流。若过早切断电流，还在流动着的磁悬液会影响磁痕的形成。

②干法连续法操作程序：

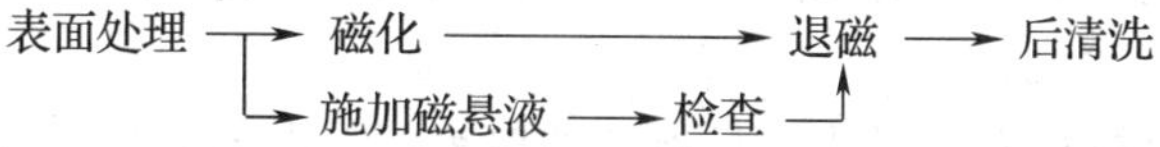

表面处理 → 磁化 → 退磁 → 后清洗
（表面处理 → 施加磁悬液 → 检查 → 退磁）

操作要点：应在施加干磁粉之前就开始通磁化电流，并在施加磁粉和吹掉多余磁粉之后才断开电流。连续法适用于任何铁磁性材料，灵敏度较高，能用于复合磁化。但检测效率低，易出现杂乱显示。低碳钢和其他处于退火状态的钢材必须采用连续法。对于形状复杂的大型工件，*L/D* 较小的工件，反磁场影响较大的工件和技术要求高以及表面覆盖层较厚的工件宜采用连续法。此外，在检测委托书上未标明工件材质与热处理状态，探伤人员又无法了解其材质时，应采用连续法探伤。

2）剩磁法。利用工件停止磁化后的剩磁进行磁粉探伤的方法，称为剩磁法。剩磁法的操作程序：

表面处理 → 磁化 → 施加磁悬液 → 检查 → 退磁 → 后清洗

操作要点：将工件通电磁化 0.5 ~1 s，然后切断磁化电流，再在工件上喷洒磁悬液或将工件浸入搅拌均匀的磁悬液内 20 ~30 s，取出后进行观察。凡经淬火、调质等热处理的中、高碳钢和合金钢，其材质的剩余磁感应强度为 0.8 T，矫顽力在 800 A/m 以上的构件可以采用剩磁法探伤。低碳钢以及处于退火状态的钢材不能进行剩磁法探伤，剩磁法可以一人磁化工件，数人同时进行磁痕观察，探伤效率高，适用于大批量的工件探伤。此外，不易出现干扰磁痕识别的杂乱显示。但用剩磁法进行交流电磁化时，剩磁不稳定，需加断电相位控制器，对复合磁化不大适用。

探伤方法的选择，应根据工件材质和具体热处理状态下的剩磁、矫顽力大小以及对工件技术要求等来确定。

2. 磁粉检测的应用

（1）焊接件探伤的内容与范围。焊接件磁粉探伤检测包括两个方面：一是焊接件制造过程中不同工序间的探伤，如坡口探伤、焊接过程中的层间探伤、焊缝探伤、机械损伤部位的探伤等；二是重大设备和锅炉压力容器在运行中的定期检测。

（2）焊接件制造过程中工序间的探伤内容与范围。

1）坡口探伤。坡口探伤的缺陷主要是分层和裂纹。分层是材料缺陷。裂纹有两种：一种是沿分层端部开裂的裂纹，方向大多平行于板面；另一种是火焰切割裂纹。探伤的范围是坡口和钝边处。

2）焊接过程中的层间探伤。主要是厚板的多层焊，要求每焊一层用磁粉探伤一次，主要检查裂纹。探伤范围是焊接金属和邻近坡口。

3）焊缝探伤。焊接结束后的焊缝检查，探伤主要内容是焊接裂纹，探伤范围应包括焊缝金属和母材的热影响区。

4）机械损伤部位的探伤。焊接件在组装过程中，临时焊接的吊耳在卡具组装完毕后应割掉，要求对这些部位经打磨后探伤，主要检查裂纹。

（3）锅炉压力容器的定期检测。《在用压力容器检测规程》中规定一般要求 3 年或 6 年对压力容器进行一次全面检测。全面检测时，要求对罐体内外表面对接焊缝进行表面探伤。主要探伤内容是试用过程中产生的表面裂纹，探伤范围是焊缝和热影响区。

3. 坡口探伤

利用触头法沿坡口纵长方向磁化，是检查坡口表面与电流方向平行的分层和裂纹最有效的方法，操作方便，检测灵敏度高。检测时，将触头垫上铅垫或包上铜编织网，以防打火烧伤工件表面。

4. 电弧气刨面的探伤

探伤时，把交叉磁轭跨在电弧气刨沟槽中间，如图 2—3—20 所示，沿沟槽方向连续行走。并应根据构件位置采用喷洒或刷涂磁悬液的方法，原则是交叉磁轭通过后不得使磁悬液残留在气刨沟槽内，否则将无法观察磁痕显示。

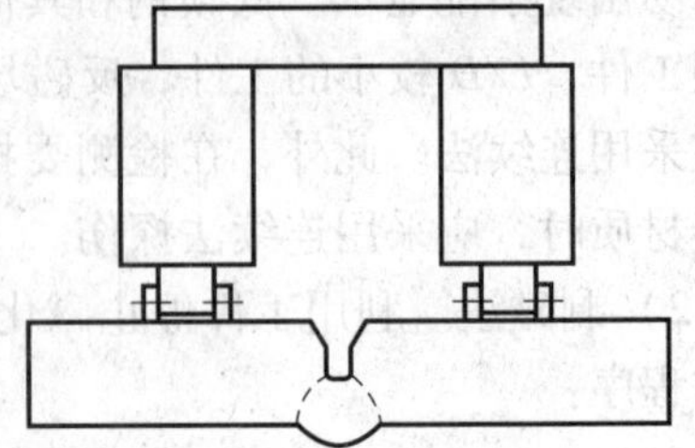

图 2—3—20　交叉磁轭检测电弧气刨面

5. 球形压力容器的开罐探伤

现以焊条电弧焊焊接的球形压力容器的开罐检查为例，简述磁粉探伤的实施方法。

（1）探伤部位。球形容器的内、外侧所有焊缝（包括管板接头及柱腿与球皮连接处的角焊缝）和热影响区以及母材机械损伤部分。

（2）表面清整。应把焊缝表面的焊接波纹及热影响区表面的飞溅物用砂轮进行打磨，不得有凹凸不平的棱角。若做过磁粉探伤，表面只有浮锈时，可用喷砂或钢丝刷除去焊缝及热影响区表面的浮锈。母材损伤部分也应照此处理。打磨时可采用 46# 粒度的砂轮。

（3）探伤操作。探伤操作应注意以下几点。

1）检测对接焊缝时把交叉磁轭跨在焊缝上连续行走探伤。当检查球罐纵缝时，交叉磁轭行走方向要自上而下，如图 2—3—21a 所示。当检查球罐环缝时，交叉磁轭向左向右行走都可以，如图 2—3—21b 所示。

2）进出气孔及排污孔管板接头的角焊缝，可用绕电缆法和触头法检测。

3）母材机械损伤部分的面积一般都不大，探伤时可将交叉磁轭置于损伤部位上面固定不动，若面积较大，可前后移动交叉磁轭进行探伤。

4）对于柱腿与球皮连接处的角焊缝，由于位置关系无法用交叉磁轭探伤，多用触头法和绕电线法磁化。

6. 磁粉探伤的一般操作程序

所谓磁粉探伤工艺，是指磁粉探伤的工件表面处理、磁化工件、施加磁粉、磁痕分析（包括磁痕评定和工件验收）、退磁和检测完毕进行后处理的全过程。只有严格执行磁粉探伤工艺规程，才能保证磁粉探伤的灵敏度。磁粉探伤的灵敏度，是指检测最小缺陷的能力，可检出的缺陷越小，探伤灵敏度就越高，所以磁粉探伤灵敏度是指绝对灵敏度。影响磁粉探伤灵敏度的主要因素有：磁场大小和方向的选择，磁化方法的选择，磁粉的性能，磁悬液的浓度，设备的性能，工件形状和表面粗糙度，缺陷的性质、形状和埋藏深度，正确的工艺操作，探伤人员的素质，照明条件。

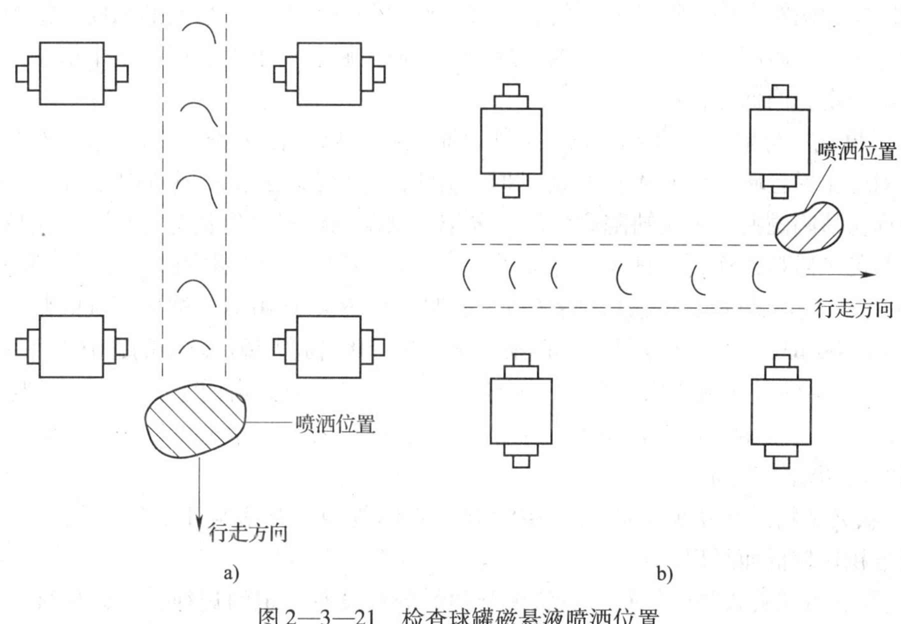

图 2—3—21　检查球罐磁悬液喷洒位置

a）球罐纵缝　b）球罐环缝

不同材质的工件的磁粉探伤中工艺程序有所不同，但其主要工艺是基本相同的。磁粉探伤的一般程序为：

工件表面处理⟶磁化工件⟶施加磁悬液或磁粉⟶观察、检查⟶退磁⟶后处理⟶记录与填写报告

（1）工件表面处理。工件表面状况对于磁粉探伤的操作和探伤灵敏度都有很大的影响，为此，探伤前必须使工件表面保持清洁、干燥。磁粉探伤前，应清除工件表面的油脂、污垢、锈蚀、漆层、毛刺、砂土和松动氧化皮，油漆可用除漆剂去除，焊缝可用砂轮修整等。

（2）磁化。在对工件进行磁化时，需要做好以下几项工作。

1）根据工件所用材质和热处理状态，确定采用连续法还是剩磁探伤。

2）根据需要检出缺陷的深度，确定选用磁化电流的种类。检出表面缺陷，可选用交流电；检出近表面缺陷，可选用整流电。

3）根据工件的形状、尺寸和需要探伤部位及缺陷的方向，确定采用的磁化方法。选择磁化方法的一个重要原则是使磁场的方向尽可能与要检出的缺陷方向垂直。

4）根据探伤标准规定的磁化规范和工件尺寸，正确计算磁化电流值。

5）按照以上确定的磁化参数，对工件进行磁化。

（3）施加磁悬液或磁粉。正确地施加磁悬液或磁粉是磁粉探伤基本操作中最重要的一个环节，是影响缺陷检出能力的重要因素之一，也是衡量探伤人员技术水平的重要依据之一。为此，重点强调两点。

1）对于湿法剩磁法、湿法连续法和干法连续法，磁悬液和磁粉的施加是不同的。操作时必须按前面提出的操作要点，精心操作。

2）在本环节中，还应注意磁悬液浓度的定期测定，磁悬液喷洒时的压力和喷液量应适中。对于固定式磁粉探伤中循环使用的磁悬液，要求每班前测定磁悬液的浓度。锅炉和压力容器焊缝探伤中，新配制磁悬液和更换磁悬液均应测定磁悬液浓度，以使整个探伤过程中的磁悬液浓度一定，确保探伤质量。

（4）磁痕观察与检查。检查与观察工件表面上的磁痕应在磁粉吹去的同时（干法）或磁悬液喷洒终止后且磁悬液基本停止流动时（湿法）进行。在这一环节中，需进行磁痕分析，识别真伪缺陷磁痕，确认缺陷磁痕后，要记录缺陷的位置、形状与大小，并应按标准进行评定。非荧光磁粉探伤，在日光或灯光下观察，被检区的白光照度应不低于1 500 lx。荧光磁粉探伤，在暗场紫外灯下观察，暗场可见光照度应不大于20 lx，被检区域的紫外线辐照度不应低于1 000 $\mu W/cm^2$。当辨认细小磁痕时可用2～10倍放大镜。缺陷的磁痕表现一般是：

1）裂纹。裂纹的磁痕轮廓较分明，对于脆性开裂多表现为粗而平直，对于塑性开裂多呈现为一条曲折的线条，或者在主裂纹上产生一定的分叉。它可连续分布，也可以断续分布，中间宽而两端较尖细。

2）条状夹杂物。条状夹杂物的分布没有一定的规律，其磁痕不分明，具有一定的宽度，磁粉堆积比较低而平坦。

3）气孔和点状夹杂物。气孔和点状夹杂物的分布没有一定的规律，可以单独存在，也可密集成链状或群状存在。磁痕的形状与缺陷的形状有关，具有磁粉聚积比较低而平坦的特征。

4）非缺陷的磁痕。工件由于局部磁化、截面尺寸突变、磁化电流过大以及表面机械划伤等会使磁粉局部聚积而造成误判，可结合探伤时的情况予以区别。

工件上的磁痕有时需要保存下来，作为永久性记录。磁痕记录一般采用照相、贴印、橡胶铸型复印、摹绘等方法。

（5）退磁。磁粉探伤后的构件，不是所有的都要退磁。需要退磁的构件，按其具体工艺要求，选用能满足退磁要求的方法进行退磁。常用的退磁方法有交流退磁法和直流退磁法。

1）交流线圈退磁法。

①通过法。对于中小型工件的批量退磁，最有效的方法是把工件放在装有轨道和拖板的退磁机上退磁，如图2—3—22所示。

②衰减法。由于交流电的方向不断的改变，故可用自动衰减退磁器或调压器逐渐降低电流为零进行退磁。如将工件放在线圈内，或将工件夹在探伤机的两磁化夹头之间，以及用支杆触头接触工件后将电流递减到零进行退磁。退磁电流波形如图2—3—23a所示。

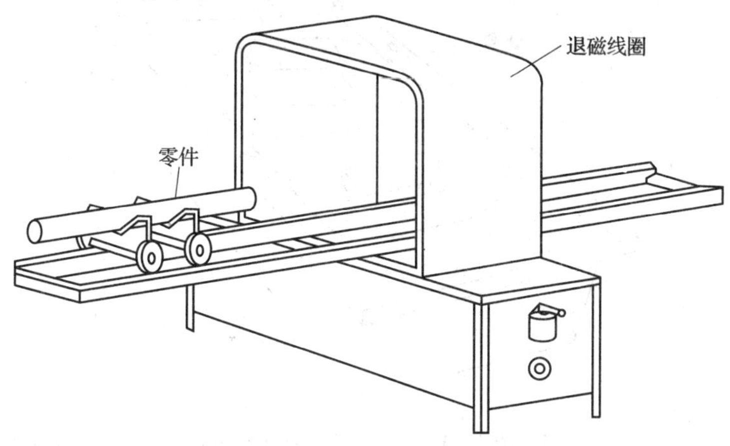

图 2—3—22 通过法退磁

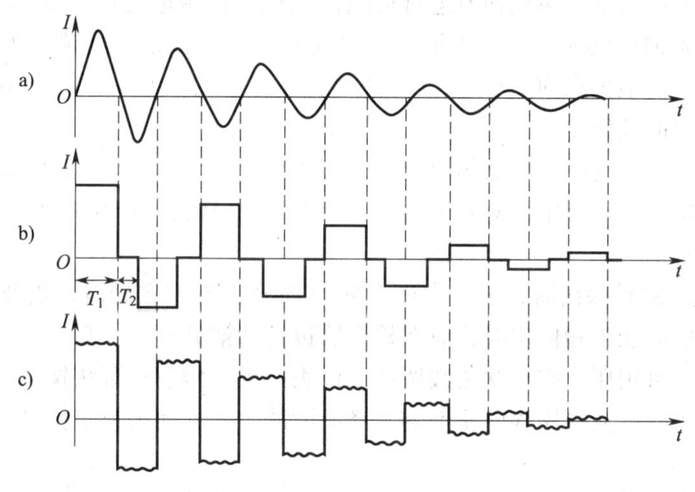

图 2—3—23 退磁电流波形图

a）交流电 b）直流电 c）超低频电流

对于大型锅炉压力容器的焊缝，也可用交流电磁轭退磁。将电磁轭两极跨接在焊缝两侧，接通电源，让电磁轭沿焊缝缓慢移动，当远离焊缝 0.5 m 以外再断电，进行退磁。

对于大面积扁平工件的退磁，可采用扁平线圈退磁器，如图 2—3—24 所示。退磁器内装有 U 形交流电磁铁，铁心两极串绕退磁线圈，外壳由非磁性材料制成。用软电缆盘成螺旋线，通上低电压大电流，便构成退磁器。使用时，给扁平线圈通电后像电熨斗一样，在工件表面来回熨，熨完后使扁平线圈远离工件 0.5 m 以外后再断电，进行退磁。

2）直流电退磁。用直流电磁化的工件，为了使工件内部能获得良好的退磁，常采用直流换向衰减法和超低频电流自动退磁。

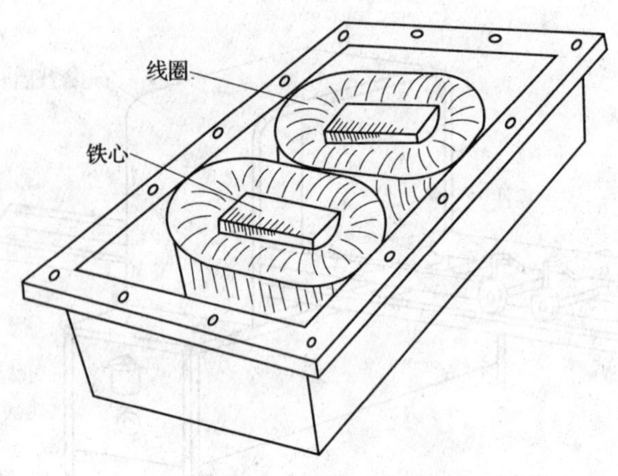

图 2—3—24　扁平线圈退磁器

①直流换向衰减退磁。通过机械的方法不断改变直流电（包括三相全波整流电）的方向，同时使通过工件的电流递减到零进行退磁，直流电退磁电流波形如图 2—3—23b 所示。图中 T_1 为电流导通时间间隔，T_2 为电流终止时间间隔，要保证无电流时换向。电流衰减的次数应尽可能多（一般要求 30 次以上），每次衰减的电流幅度应尽可能小，如果衰减的幅度太大，则达不到退磁目的。

②超低频电流自动退磁。超低频通常指频率为 0.5 ~ 10 Hz 。由于超低频电流可以透入工件内较深的部位，所以可用于对直流磁化的工件进行退磁。5 Hz 超低频退磁电流波形如图 2—3—23c 所示。

（6）后处理。磁粉探伤后，工件表面会残留部分磁粉或磁悬液，当残留的磁粉或磁悬液会影响工件以后的加工和使用时，应在检测后进行清洁处理。

干法探伤时，可用压缩空气吹去残留在工件表面上的磁粉；湿法探伤时，油磁悬液可用汽油涤液清除，永磁悬液可用含防锈剂的水涤液清洗，此外还可将工件烘干，或用压缩空气吹干。

（7）磁粉探伤报告。

1）磁痕评定与记录。按磁粉检测标准（JB/T 4730.4—2005）进行。除了能确认磁痕是由于工件材料局部磁性不均或操作不当造成的之外，其他一切磁痕显示均作为缺陷磁痕处理；两条或两条以上缺陷磁痕在同一直线上且间距小于或等于 2 mm 时，按一条缺陷处理，其长度为两条缺陷之和加间距；长度小于 0.5 mm 的缺陷磁痕不计；缺陷磁痕的尺寸、数量和产生部位均应记录，并图示；缺陷磁痕的永久性记录可采用胶带法、照相法以及其他适当的方法；辨认细小缺陷磁痕时，应用 2 ~ 10 倍放大镜进行观察。

2）复验。当出现下列情况之一时，应进行复验：检测结束时，用灵敏度试片验证检测灵敏度不符合要求；发现检测过程中操作方法有误；供需双方争议或认为有其他需要时；经返修后的部位。

3）缺陷等级评定。下列缺陷不允许存在：任何裂纹和白点；任何横向缺陷显示；焊缝及紧固件上任何长度大于 1.5 mm 的线性缺陷显示；单个尺寸大于或等于 4 mm 的圆形缺陷显示。缺陷显示累积长度的等级评定按表 2—3—7 进行。

表 2—3—7　　缺陷显示累积长度的等级评定　　mm

评定区尺寸	等级				
	Ⅰ	Ⅱ	Ⅲ	Ⅳ	Ⅴ
35×100 （用于焊缝及高压紧固件）	<0.5	≤2	≤4	≤8	大于Ⅳ级

4）磁粉探伤报告。磁粉探伤报告至少包含以下内容：被检测工件的描述；磁粉探伤设备的描述；检测比例、检测要求的描述；仪器的校验情况；缺陷记录与评定结果；检测人和日期；评定人和日期；审核人和日期。磁粉探伤报告表格推荐的格式见表 2—3—8 。

表 2—3—8　　磁粉探伤报告的格式

检验单位	磁粉探伤报告		委托单位
工件名称		工件编号	
材料		热处理状态	
磁化设备		磁化方法	
检验方法		磁粉名称	
试片名称、型号		验收标准	
检测结果			
工件和缺陷示意图			
检验日期	检测者	审核	室主任

五、磁粉检测的安全知识

1. 操作前先确认所接电源电压 220 V。

2. 空载时不能按下开关，否则会使电磁线圈发热老化。

3. 操作时探头两端紧贴工件表面，然后按下磁化开关。

4. 千万不要使用触头法和通电法磁化盛装过易燃易爆物质的容器内壁焊缝，以防出现火花引起火灾和人身事故。

任务实施

一、检测前准备

1. 检测设备

管与板的材料均为铁素体钢，是铁磁性材料，对此角焊缝可采用磁轭法进行检测。因此，采用的磁粉探伤设备型号为 DCE－Ⅱ型便携式磁粉探伤机，主要由主机电源、磁轭、电缆（电源电缆、磁轭与主机连接电缆）组成。

2. 检测器材

（1）磁粉。一般灵敏度下采用普通黑色磁粉即可，但对于灵敏度要求较高的工件检测时可采用荧光磁粉。本任务是一角接焊缝的管板焊件，由于管与板的材料是铁磁性材料，采用黑色磁粉，即 300 目颗粒大小的磁膏，按操作说明书要求将其混合在水中配置成磁悬液，并采用梨形滴定管进行磁粉深度测定，满足标准要求即可。磁悬液使用前需要进行搅拌。

（2）试片。A1 型灵敏度试片，焊缝磁粉检测常用 A1－30/100 试片作为检测灵敏度的测试工具，如图 2—3—25 所示。

（3）其他器材。钢板尺、照明灯、胶带、照相机。

3. 设备校验

磁粉检测设备使用前必须已进行了相应的校验，确保设备使用有效。对于磁轭法检测用设备，必须按标准《承压设备无损检测》（JB/T 4730—2005）的要求，每年进行一次提升力的测定。

4. 工件表面准备

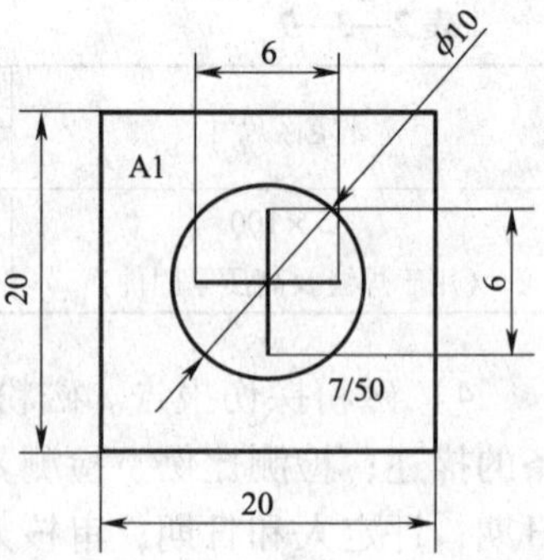

图 2—3—25　A1 型灵敏度试片

根据标准要求，焊缝及焊缝两侧各 25 mm 范围为检测区域，因此检测前对此区域进行检查确定，这一区域内试件表面没有任何影响磁痕显示的缺陷存在，如果发现有缺陷存在，必须在检测前打磨去除。

对角焊缝划定每次磁化的区域，对于 150 mm 长的磁轭，两侧的有效磁化区域约为 35 mm，即与磁轭轴向垂直宽度 70 mm 的区域为每次有效检测区，确保相邻两次磁化区域有 10% 的重叠区。

二、检测操作

1. 接通设备上相应电缆，确认设备处于完好状态。

2. 将 A1 型试片无人工缺陷的一面朝上，用胶带粘贴在角焊缝边缘。注意胶带不能粘在有人工缺陷显示的位置，即试片中心 50 mm 的圆周范围内。

3. 将磁轭架在已放置试片的角焊缝区域（首先是垂直焊缝），接通电源并同时施加磁粉，每次通电 0.5 s，连续通电 2～3 次，注意断电之前停止施加磁悬液。然后将磁轭旋转 90°与焊缝平行并跨过试片，再进行 2～3 次磁化，并同时进行观察。此时如果试片上显示了一个十字形磁痕，则说明检测灵敏度满足标准要求，可以进行正常检测程序。否则，必须检查原因，或更换设备再进行试片检测，直到灵敏度满足要求后才能进行正式的检测。

4. 灵敏度检测合格后，将试片取走，对焊缝进行检测，按之前划好的区域，以相互成 90°的方式进行检测，并施加磁悬液，同时采用照明灯观察。

三、检测结果评定

1. 停止施加磁悬液后，就开始观察焊缝表面及两侧 25 mm 范围内有无磁痕显示，对所有显示的磁痕进行分析。

2. 对确认是缺陷的磁痕，需要利用钢尺进行显示长度测定，以及进行缺陷特性评定。并采用照相或胶带的方式进行显示记录。

3. 对于确认不是缺陷显示或不能确认时，需要重新进行磁化和施加磁悬液进行检测。如果再现性较好则可认为是缺陷，并进行评定和记录；如果无再现性，则可认为是伪显示。

4. 本管板焊件的角焊缝没有发现磁痕。因此，根据《承压设备无损检测》（JB/T 4730—2005），检测结果评定为Ⅰ级合格。

四、退磁

由于铁磁性材料磁化后将残留磁性，如果可能影响下道工序的加工或影响工件的使用，则需要进行退磁处理（在专用退磁设备上进行）。

五、撰写检测报告

按标准要求，撰写磁粉检测结果和磁粉检测报告。

任务评价

评分标准见表2—3—9。

表2—3—9 **评分标准**

序号	考核内容	评分标准	配分	得分
1	了解检测要求	符合《承压设备无损检测》（JB/T 4730—2005）Ⅱ级合格	10	
2	检测设备选择	DCE－Ⅱ型便携式磁粉探伤机	10	
3	主要材料选择	选用黑色磁粉；A1－30/100灵敏度试片；钢板尺、照明灯、胶带、照相机	30	
4	磁粉探伤操作	工件表面处理⟶磁化工件⟶施加磁悬液或磁粉⟶观察、检查⟶退磁⟶后处理⟶记录与填写报告	30	
5	磁痕观察、记录与评定	磁痕观察，根据焊缝质量分级进行准确评定	20	
总分合计			100	

思考与练习

1. 磁粉探伤有哪些优缺点？
2. 什么是湿粉法和干粉法？请说一说其各自的优点和局限性。
3. 为什么要退磁？交流退磁法和直流退磁法各有哪些特点？

任务4 渗 透 检 测

技能点

◎ 渗透检测操作方法；渗透检测结果的评定。

知识点

◎ 渗透检测原理；渗透检测装置及器材；渗透检测工艺。

任务提出

渗透检测是利用带有荧光染料（荧光法）或红色染料（着色法）的渗透剂的渗透作用，显示缺陷痕迹的一种无损检测方法。该法具有操作简单、成本低廉且不受材料性质限制等优点，广泛应用于各种金属材料或非金属材料构件表面开口缺陷的质量检测。由于这种探伤方法局限于表面开口缺陷，因此在焊接生产检测中不是一种独立的探伤方法，而是按照焊接结构的技术条件应用于某一特定工序，并配合其他检测项目使用，特别是在焊接性较差、易于产生表面开口缺陷的高强度钢的一些加工环节中应用较多。

如图 2—4—1 所示为一换热器的接管与板之间的角接焊缝，采用氩弧焊（TIG）方法焊接，管子的规格为 $\phi25$ mm × 2 mm，材料为 1Cr18Ni9Ti；板的厚度为 30 mm，材料为 1Cr18Ni9Ti。焊缝要求按标准《承压设备无损检测》（JB/T 4730—2005）的要求进行渗透检测，质量等级为Ⅰ级合格。

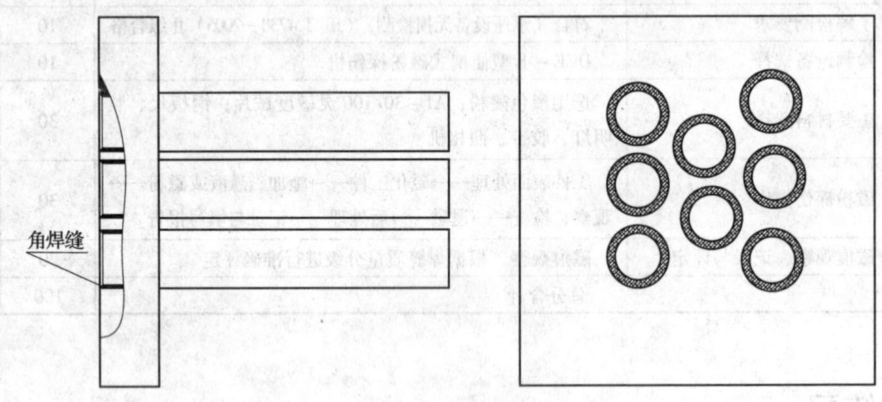

图 2—4—1　管板角接焊缝

任务分析

如图 2—4—1 所示的换热器的管与板均为不锈钢材料，是非铁磁性材料，采用渗透检测比较合适。因此，为了完成此任务要了解渗透检测的原理，正确选择渗透检测的设备、器材和渗透检测方法，掌握渗透检测的操作程序及检测结果的分析。渗透检测方法与渗透检测材料相关，不同渗透检测材料对应不同渗透检测方法，但基本原理相同，对本任务可采用着色渗透法进行检测。

相关知识

一、渗透检测原理

渗透检测时，在被检工件表面喷洒或涂敷含有着色剂或荧光物质且具有高度渗透能力的渗透剂，由于液体的毛细作用，渗透剂渗入表面开口的缺陷中，然后清洗去除表面多余的渗透剂。待工件干燥后再在工件表面涂上一层显像剂，同样通过毛细作用将缺陷中的渗透剂重新吸附到工件表面，从而形成缺陷的痕迹。通过直接目视或特殊灯具的帮助，观察缺陷痕迹颜色或荧光图像，对缺陷进行评定。

渗透检测适用于除多孔性材料以外的各种金属和非金属材料的表面开口缺陷的无损检测。渗透检测的基本过程如图 2—4—2 所示。

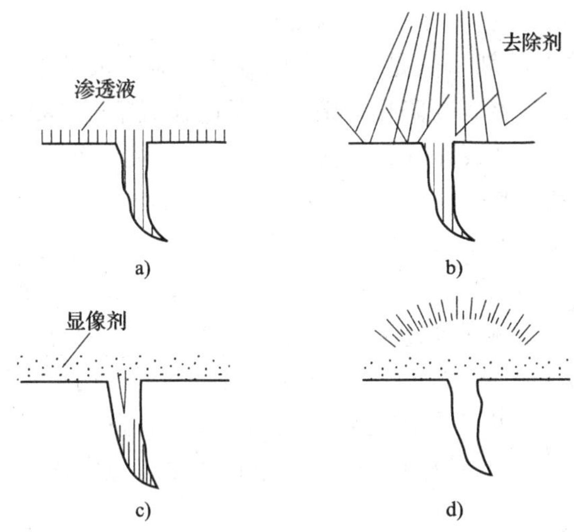

图 2—4—2　渗透检测的基本步骤

a）渗透处理　b）去除处理　c）显像处理　d）观察评定

二、渗透检测方法

1. 渗透检测方法的分类

（1）根据渗透剂所含染料成分分类。主要包括荧光法、着色法两大类。渗透剂内含有色染料，缺陷图像在白光或日光下显色的为着色法。荧光着色法兼备荧光和着色两种方法的特点，缺陷图像在白光或日光下能显色，在紫外线下又激发出荧光。

（2）根据渗透剂清洗方法分类。主要包括水洗型、后乳化型和溶剂清洗型三大类。水洗型渗透法是渗透剂内含有一定量的乳化剂，零件表面多余的渗透剂可直接用水洗掉；后乳化型渗透法的渗透剂不能直接用水从零件表面洗掉，必须增加一道乳化工序，即零件表面上多余的渗透剂要用乳化剂“乳化”后，才可以用水洗掉；溶剂去除型渗透法是用有机溶剂清洗零件表面多余的渗透剂。

（3）根据显像剂类型分类。主要包括干式显像、湿式显像和快干式显像三大类。干式显像是以白色细微粉末作为显像剂，撒在经过清洗并干燥后的零件表面上。湿式显像是将显像剂悬浮于水中（水悬浮显像剂）或溶剂中（溶剂悬浮显像剂）。此外，还有塑料薄膜显像剂，也有不使用显像剂而自显像的。

渗透检测的分类方法及代号见表 2—4—1。

表 2—4—1　　渗透检测的分类方法及代号

分类原则	方法名称		方法代号
按渗透剂不同	荧光探伤	水洗型荧光探伤	FA
		后乳化型荧光探伤	FB
		溶剂去除型荧光探伤	FC
	着色探伤	水洗型着色探伤	VA
		后乳化型着色探伤	VB
		溶剂去除型着色探伤	VC
按显像剂不同	干式显像法		D
	湿式显像法		W
	快干式显像法		S

2. 渗透检测的应用

着色渗透检测使用的渗透剂一般是采用红色颜料配制而成的红色油状液体，在自然光（白色光）线的照射下可以观察到缺陷显示痕迹，所以在观察时不必使用任何辅助光源，只需要在明亮的光线照射下进行观察即可。着色渗透探伤法较荧光渗透探伤法使用方便，适应面广，尤其适宜于远离电源和水源的场合使用。着色渗透探伤法的不足之处是检测灵敏度低于荧光渗透探伤法，常用于奥氏体不锈钢焊缝（对接焊缝和表面堆焊焊缝层）的表面质量检测。

由于着色渗透检测一般用于现场作业时工件表面质量的检测，而溶剂去除型着色渗透探伤法在操作过程中不需要电源和水源且操作方便，检测灵敏度优于另两种着色渗透探伤法，所以在现代工业探伤中被广泛应用。但溶剂去除型着色渗透探伤法不易将工件表面多余的渗透剂清洗干净。随着对粗糙表面工件进行渗透探伤的要求日益突出，近年来清洁方便的水洗型着色渗透检测异军突起。乳化型着色渗透探伤法由于多一道乳化工序而显得操作不便，因此至今还不常被采用。

荧光渗透检测使用的渗透剂是采用黄绿色荧光颜料配制而成的黄绿色液体。荧光渗透检测的渗透、清洗、显像步骤与着色渗透检测相仿，观察则在波长为 3 650 A 的紫外线照射下进行，缺陷显示呈黄绿色的荧光痕迹。这种渗透检测的检测灵敏度较着色渗透检测高，且缺陷分辨明显，常应用于重要工业部门的零件表面质量的检测。其不足之处是在观察时要求工作场所光线暗淡，在紫外线照射下进行观察，人眼容易疲劳，并且紫外线对人体皮肤长期照射有一定影响，探伤适应面较着色渗透探伤法窄。

荧光渗透检测的灵敏度较高，所以常应用于重要工业（航空航天）的零件表面质量检测。由于工件成批生产且工件尺寸较小，所以往往在生产流水线上作业。各道操作工序基本上采用浸渍法。因此，水洗型和后乳化型荧光渗透探伤法被广泛应用，而溶剂去除荧光探伤法由于清洗不宜采用浸渍法（易造成清洗过度）及清洗较困难，所以一般不采用。

在上述检测方法中，显像最常用的是溶剂悬浮显像与干式显像两种，其中干式显像主要与荧光法配合使用。表 2—4—2 列出了渗透检测方法、渗透剂种类与适用范围。

表 2—4—2　　　渗透检测方法、渗透剂种类与适用范围

方法名称	渗透剂种类	特点与应用范围
荧光渗透检测	水洗型荧光渗透剂	零件表面上多余的荧光渗透剂可直接用水清洗掉。在紫外线下，缺陷有明显的荧光痕迹，易于水洗，检查速度快。适用于中小件的批量检查
	后乳化型荧光渗透剂	零件表面上多余的荧光渗透剂要用乳化剂乳化处理后方能水洗清除。有极明亮的荧光痕迹，灵敏度很高。适用于高质量检查的要求
	溶剂去除型荧光渗透剂	零件表面上多余的荧光渗透剂要用溶剂去除。检测成本高，一般不用
着色渗透检测	水洗型着色渗透剂	与水洗型荧光渗透剂相似，不需要紫外线光源
	后乳化型着色渗透剂	与后乳化型荧光渗透剂相似，不需要紫外线光源
	溶剂去除型着色渗透剂	一般装在喷罐中，便于携带。广泛用于无水区高空、野外结构的焊缝检测

三、渗透检测装置及器材

1. 渗透检测装置

（1）便携式装置和压力喷罐。便携式设备多用于现场检查。便携式设备一般是一个小箱子，内装有渗透剂喷罐、去除剂喷罐和显像剂喷罐，以及擦洗零件用的金属刷、毛刷。如果是采用荧光法，还要装有紫外线灯。

渗透探伤剂（包括渗透剂、去除剂和显像剂）通常装在密闭的喷罐内使用，喷罐一般由探伤剂的盛装容器和探伤剂的喷射机构两部分组成，如图2—4—3所示为内压式渗透探伤剂喷罐。

喷罐携带方便，适用于现场检测。罐内装有渗透探伤剂和气雾剂，气雾剂采用乙烷、氟利昂等，通常在液态时装入罐内，常温下汽化，形成高压，使用时只要压下头部的阀门，探伤剂就会以雾状从头部的喷罐自动喷出。喷罐内部压力因探伤剂和温度不同而异，温度越高，压力越高，40℃左右可产生0.29～0.49 MPa的压力。

使用喷罐的注意事项：喷罐应与工件表面保持一定距离，太近会使检测剂施加不均匀；喷罐不宜放在靠近火源、热源处，以防爆炸；处置空喷罐前，应先破坏其致密性。

（2）渗透检测分离装置。分离式布置的流水作业线通用性强，劳动生产率较整体化布置高，且当检测方法需要变更时可以重新改变原设计方案，而重新排列组成新的设计方案，适应各种工作的渗透检测。分离式检测装置由预处理装置、渗透装置、乳化装置、清洗装置、显像装置、干燥装置、检测室和后处理装置按渗透探伤的需要组成。荧光渗透探伤时，在检测室中装有紫外线照射装置。各装置分别如图2—4—4至图2—4—8所示。

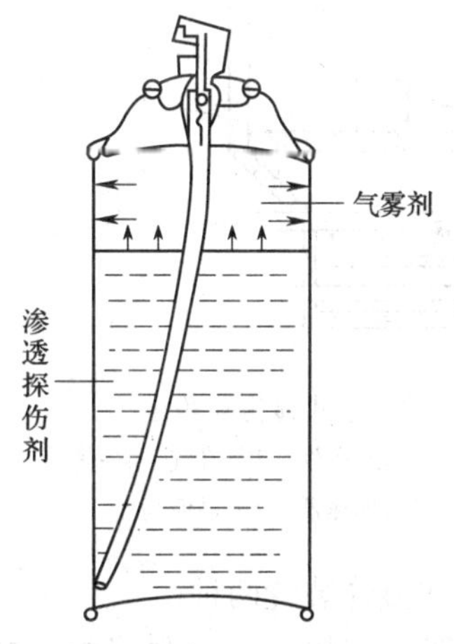

图2—4—3　内压式渗透探伤剂喷罐

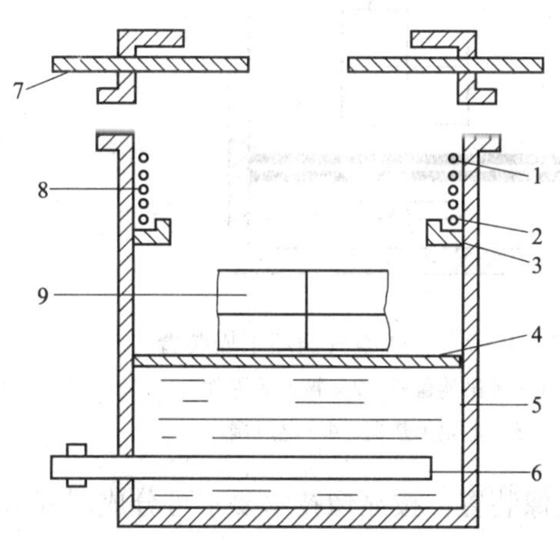

图2—4—4　三氯乙烯蒸气除油槽

1—冷却水入口　2—冷却水出口　3—冷凝液集槽
4—格栅　5—三氯乙烯溶液　6—加热器　7—活动盖板
8—蛇形管冷凝器　9—被清洗零件

1）乳化装置。包括乳化剂槽及滴落架。该装置的结构及大小与渗透装置相似，但需配备搅拌器，供乳化剂不连续的定期或不定期搅拌用。不宜采用压缩空气搅拌，因为会产生大量的乳化剂泡沫。

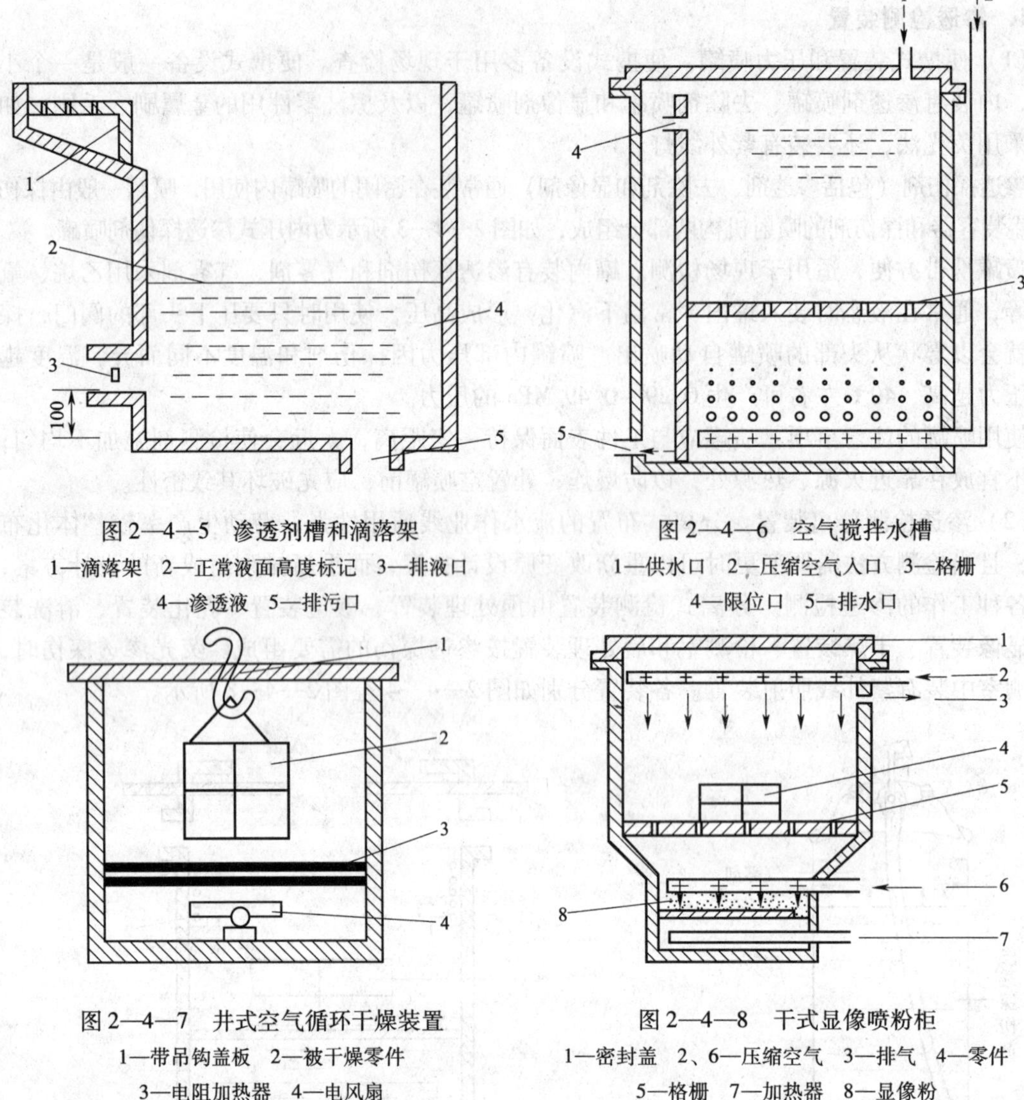

图 2—4—5　渗透剂槽和滴落架

1—滴落架　2—正常液面高度标记　3—排液口

4—渗透液　5—排污口

图 2—4—6　空气搅拌水槽

1—供水口　2—压缩空气入口　3—格栅

4—限位口　5—排水口

图 2—4—7　井式空气循环干燥装置

1—带吊钩盖板　2—被干燥零件

3—电阻加热器　4—电风扇

图 2—4—8　干式显像喷粉柜

1—密封盖　2、6—压缩空气　3—排气　4—零件

5—格栅　7—加热器　8—显像粉

2）显像装置。按显像技术要求可分成湿式显像装置和干式显像装置两种。

3）检测室。荧光渗透探伤的检测室内有紫外线照射装置、布幔、白色强光灯、排气扇、旋转工作台等，便于观察操作。

荧光渗透探伤检测所使用的检测室光线必须暗淡，不得有直射日光漏入检测室内。在室内用目视法检查，如发现有漏光处应及时堵塞。

对紫外线灯的检查包括灯具的外表及内部清洁度、灯具的破损以及紫外线的强度。紫外线灯的外表和内部不得有灰尘及显像液的污染，灯上滤光片清洁明亮，发现灯泡（管）破损应及时更换修复。紫外线的照度在开灯后 15 min 采用紫外线照度计测定，具体要求如下：距灯泡（管）400 mm 处紫外线的辐照度不得低于 1 000 μW/cm^2，或在距灯泡（管）300 mm 处不低于 1 100 μW/cm^2。

4）后处理装置。这种装置比较简单，无特殊的技术要求。

分离式布置是一种通用性较强的设计，按照需要适当选择前面所述的各种装置，根据操作顺序进行布置。检测装置在使用过程中会产生损坏，将会直接影响探伤检测操作的顺利进行和导致错误的判断，为此各探伤检测装置在使用过程中应定期检查其性能，进行维护保养。

5）清洗装置。对水压、水流量和水温的调节机构是保证工作清洗效果好坏的重要部件，装置上水压表、流量计和水温表的精度应定期进行计量，发现有损坏及精度不够时，应随时更换或修复，水压、水流量和水温的调节范围如下。

水压：0.1 ~0.3 MPa 范围内可调。水流量：12 ~25 L/min 范围内可调。水温：20 ~45℃范围内可调。

6）干燥装置。一般采用干燥温度可调的手持式循环干燥器。干燥器内的温度、温度分布及温度回升等性能会直接影响工件干燥后所形成的缺陷显示痕迹，在使用过程中对干燥器的控温系统必须进行定期检测，发现损坏及时更换或修复，对于干燥器性能的要求如下。

最高温度：≤90℃。温度分布：开机 40 min 以后，干燥器内温度分布为（90 ±5）℃。温度回升时间：工件进出干燥器温度下降以后，在 8 min 以内回升到（90 ±5）℃。

（3）渗透检测固定式装置。工作场所流动性不大，工件数量较多，要求布置流水作业线时一般采用固定式探伤检测装置，所采用的探伤检测方法一般为水洗型、后乳化型渗透探伤。如图 2—4—9 所示的设计和布置是按水洗型渗透——湿式显像探伤方法要求布置的，包括预处理、干燥、渗透、排液、水洗、湿式显像、冷却、观察等装置。

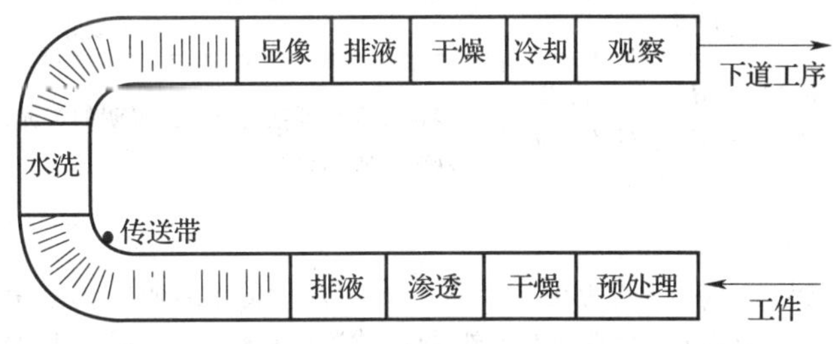

图 2—4—9　流水作业线的设计及布置

这种布置一般在专业性较强的场合下采用。在这些专用的渗透探伤设备上不宜多安排操作人员，一般宜 2 ~3 人，否则易造成人工浪费及管理混乱。大批量生产时，需要连续批量地进行渗透探伤，可采用高效率的自动操作整体型装置。

2. 渗透探伤照明装置

照明对渗透探伤有重要意义，它不仅涉及检测灵验度，也关系到操作人员的实力。

（1）白光灯。着色探伤用日光灯或白光照明，光照度应不低于 500 lx，在没有照度计测量的情况下，可用 80 W 的日光灯在 1 m 远处的光照度（即 500 lx）作为参考。

（2）紫外线灯。荧光探伤需要波长为 365 nm 的紫外线束激发荧光。紫外线灯一般采用水银石英灯。水银石英灯可以分成固定式（功率为 400 W）和便携式（功率为 100 W 和 500 W）两种。高压水银石英灯结构如图 2—4—10 所示。

紫外线灯所放射出的光谱范围很宽，除了紫外线外，还有可见光和红外线，波长在 390 nm 以外的可见光会在零件上产生不良的衬底，使荧光显示不鲜明。330 nm 以下的短波光会伤害人的眼睛，所以紫外线灯所选用的起滤光作用的深紫色玻璃应只能通过 330 ~390 nm 的波长。紫外线灯的类型、质量和滤光片均不同。即使是同一制造厂生产的紫外线灯，输出的功率也可能不同。

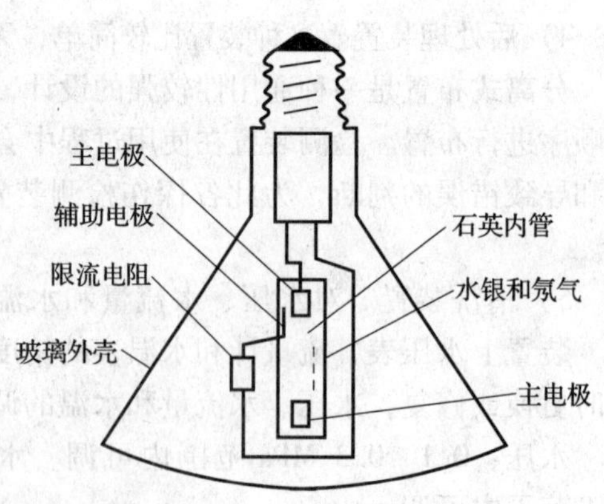

图 2—4—10　高压水银石英灯

紫外线灯点燃并稳定工作后，石英内管中的水银蒸气压力很高。这种状态下关闭电源时，断电的一瞬间，镇流器上产生一个阻止电流减小的反电动势，这个反电动势加到电源电压上，使得在断电的一瞬间，两主电极之间电压高于电源电压。此时，由于石英内管中水银蒸气压力很高，会造成紫外线灯处于瞬时击穿状态，缩短紫外线的使用寿命，每断电一次，灯的使用寿命大约缩短 3 h。因此，要尽量减少不必要的开关次数。通常每个工作班只开关一次，即紫外线灯开启后直到本班不再使用才关闭。

3. 渗透检测剂

渗透检测剂包括渗透剂、去除剂和显像剂，其组成和性能要求见表 2—4—3。

表 2—4—3　　渗透检测剂的组成和性能要求

渗透检测剂	组成特点	性能要求
渗透剂	一般由颜料、溶剂、乳化剂，以及多种改善渗透性能的附加成分组成	渗透力强、鲜艳的颜色或鲜明的荧光，清洗性能好，并易于从缺陷中吸出
去除剂	1）水洗型去除剂主要是水 2）后乳化型去除剂主要为乳化剂和水，乳化剂以表面活性剂为主，并附加有调整黏度等的溶剂 3）溶剂去除型去除剂主要是有机溶剂	乳化剂应易于去除渗透剂，黏度适中，有良好的洗涤作用，外观易与渗透剂区分，性能稳定，无腐蚀，闪点高，无毒，对渗透剂溶解度大，有一定的挥发性和表面湿润性，不干扰渗透剂功能
显像剂	1）干式显像剂为粒状白色无机粉末，如氧化镁、氧化钛粉等 2）湿式显像剂为显像粉末溶解水中的悬浮液、附加润湿剂、分散剂及防腐剂等 3）快干式显像剂是将显像粉末加在挥发性有机溶剂中，加有限制剂和稀释剂等	各种显像剂都应满足： 1）显像粉末呈微粒状，易形成均匀薄层 2）与渗透剂有高的衬度对比 3）吸湿能力强，吸湿速度快 4）性能稳定，无腐蚀，对人体无害

注：1. 检测镍合金时，检测剂的硫含量均不应超过残留物质量的 1%。
2. 检测奥氏体不锈钢或钛合金焊缝时，各检测剂的氯和氟含量之和，应不超过残留物质量的 1%。

在渗透检测中，渗透剂、去除剂和显像剂应选用同一制造厂生产的产品。这样的系列材料称为一个族组。只有同一族组的材料配合使用才能得到满意的检测效果。不同族组的材料混合使用有可能因发生化学反应而降低检测灵敏度。

4. 灵敏度试块

渗透检测灵敏度试块是指带有人工缺陷或自然缺陷的试件，用于比较、衡量、确定渗透检测材料和渗透检测灵敏度等，目的是在相同条件下检测渗透检测材料的性能及显示缺陷迹痕的能力。常用渗透检测灵敏度试块有镀铬试块和铝合金试块，这两种试块都有人工缺陷。常用的渗透检测灵敏度试块如图 2—4—11 所示。根据试块的材料和制造工艺的不同，划分为 A、B 和 C 三种类型，其主要参数和用途见表 2—4—4。

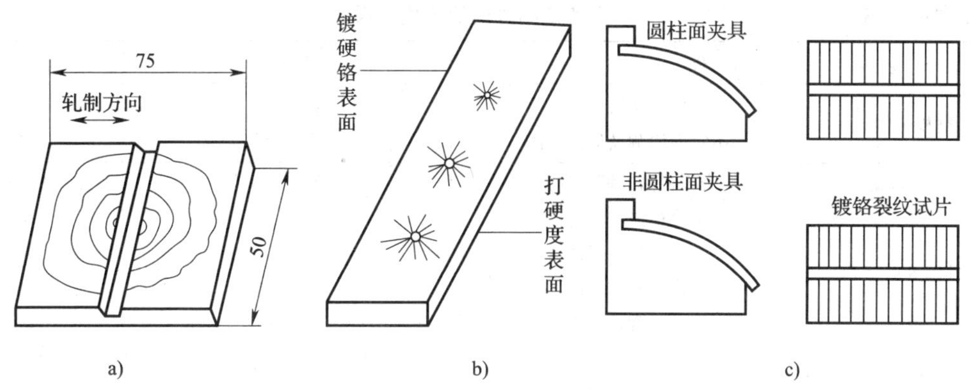

图 2—4—11　常用的渗透检测灵敏度试块

a）铝合金淬火试块　b）镀铬辐射状裂纹试块　c）镀铬裂纹试片及弯曲夹具

表 2—4—4　常用的渗透检测灵敏度试块主要参数与用途

试块名称	型号	试块材料	试块尺寸/mm	缺陷形式	主要用途
铝合金淬火试块	A	铝合金	50 × 75 厚度 8 ~ 10	淬火裂纹	灵敏度对比，综合性能比较
不锈钢镀铬辐射状裂纹试块	B	1Cr18Ni9Ti 单面镀铬	130 × 25 × 4 镀层厚度 0. 025	压制裂纹	校正操作方法和工艺系统灵敏度
黄铜板镀铬裂纹试块	C	黄铜镀铬	100 × 70 × 4 镀层厚度 0. 02 ~ 0. 05	弯曲裂纹	鉴别渗透剂性能和确定灵敏度等级

一般情况下，做过着色试验的试块不宜再做荧光渗透试验，反之亦然，以免残存的着色染料减小甚至遮盖荧光物质的发光亮度。

试块使用后必须彻底清洗。清洗后的试块上不应留有任何荧光或着色渗透剂。为防止试块污染，可将其浸泡在质量分数为 50% 的丙酮与质量分数为 50% 的另一种适当溶剂的混合液中，或用其他防污方法保存。

四、渗透检测工艺

1. 渗透检测方法的选择

不同的渗透剂适用于不同的检测对象和条件。如水洗型荧光渗透剂较适用于粗糙表面和形状复杂的工件，但其检测结果的重复显示性较差；后乳化型荧光渗透剂能检测出浅而宽的表面缺陷，检测结果的重复显示性好，但操作周期长，检测成本高，不适于大型工件的检测；溶剂去除型着色渗透剂操作方便，适合现场和大型设备的局部检测，但擦除多余渗透剂时容易将浅而宽缺陷中的渗透剂擦掉等。

除渗透剂外，根据检测对象和条件选择合适的显像方法也十分重要。干式显像剂不能有效地吸附在非常光滑的表面上，在这种情况下湿式显像的效果较好；反之，在粗糙的表面上干式显像的效果较好；快干式显像剂可有效地显示细微的裂纹，但对浅而宽的缺陷的显示效果则较差。

渗透检测方法的选择见表 2—4—5。具体应用时，还要根据被检对象的特点综合考虑。

表 2—4—5　　渗透检测方法的优先选择

对象或条件		渗透剂	显像剂
被检工件	批量连续检测	FA，FB	W，D
	不定期检测及局部检测	FC，VC	S
工件的表面状态	表面粗糙的铸、锻件	FA，VA	D，W
	中等粗糙的精铸件	FA，FB	D
	车削加工表面	FA，FB，VC	S，D，W
	磨削加工表面	FB，VC	S
	螺纹、键槽等拐角	FA，VA	D
	焊缝	FA，VA，FC，VC	D，S
设备条件	有水、电、气的暗室	FA，FB	D，W
	无水、电或现场检测	VC	S
其他	要求重复检测	VC，FB	S，D
	泄漏检测	FA，FB	D，S

2. 渗透检测方法选用原则

各种渗透探伤方法都有独特之处，也都具有局限性，所以在具体进行渗透探伤时，渗透检测方法的选用可根据被检工件表面粗糙度、检测灵敏度、检测批量大小和检测现场的水源、电源等条件来决定。此外，还要考虑经济性，应选用相容性高而价廉的渗透检测系统。具体渗透检测方法的选用原则如下：

（1）对于表面光洁且检测灵敏度要求较高的工件，宜采用后乳化型着色法或后乳化型荧光法，也可采用溶剂去除型荧光法。

（2）对于表面粗糙且检测灵敏度要求低的工件，宜采用水洗型着色法或水洗型荧光法。

（3）对于现场无水源、电源的检测，宜采用溶剂去除型着色法。

（4）对于现场大批量的工件检测，宜采用水洗型着色法或水洗型荧光法。

（5）对于大工件的局部检测，宜采用溶剂去除型着色法或溶剂去除型荧光法。

（6）荧光法比着色法有较高的检测灵敏度。它可加快渗透速度，缩短时间。

3. 渗透检测的操作程序

（1）渗透检测方法的一般操作程序。几种常用的渗透检测方法的一般操作程序如图 2—4—12 所示。渗透检测的一般工艺要点见表 2—4—6。

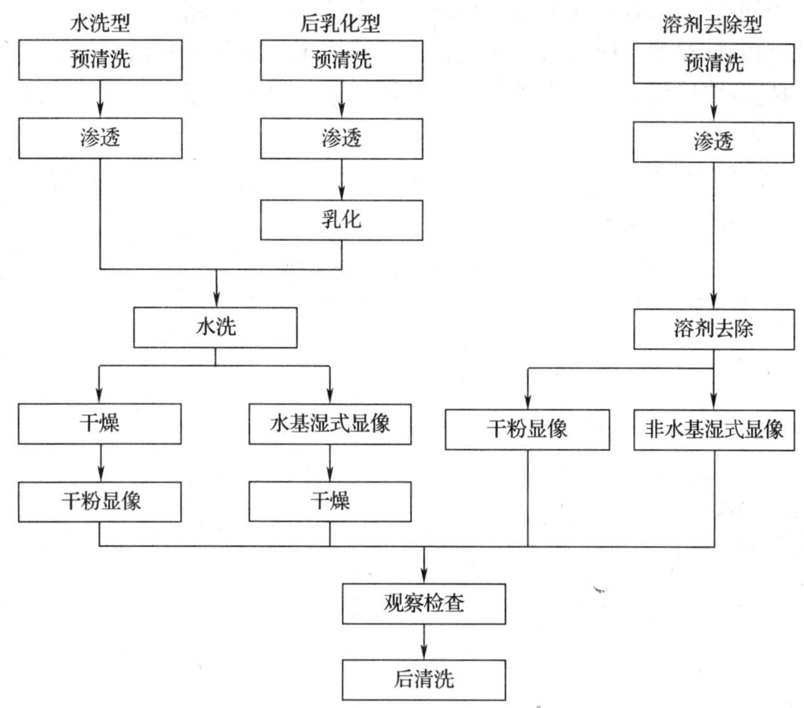

图 2—4—12　渗透检测的操作程序

注：干粉显像即干式显像，非水基湿式显像即快干式显像。

表 2—4—6　渗透检测的一般工艺要点

检测步骤	操作内容
预处理	焊缝表面及两侧至少 25 mm 区域，采用砂轮打磨等方法清除焊渣、飞溅、氧化皮，不允许用喷砂、喷丸等清理方法
预清洗	用清洗液洗净焊缝检测区表面的油污，并经强热风吹干或自然蒸发，使其充分干燥
渗透处理	采用浸、刷、喷等方法涂敷渗透液，温度为 10～15℃，时间不得小于 5 min
乳化处理	采用喷、浇、浸等方法，合适的乳化时间必须通过试验确定
去除处理	1）水洗型或后乳化型经乳化处理后，用喷水方法清洗，水压不超过 0.345 MPa，水温不超过 40℃ 2）溶剂去除型可用布或纸沿一个方向擦拭，禁用冲洗方式
干燥处理	可用干净材料吸干、热风吹干或自然挥发干燥，表面温度不应超过 50℃
显像	可采用喷、浸、刷等方法，在 10～50℃范围内显像时间一般为 7 min
观察	在显像的同时应立即观察，其条件为：着色法要求白光光照度应不低于 500 lx；荧光法应在白光光照度小于20 lx的暗环境，黑光辐照度应不小于 1 000 μW/cm^2
后处理	可用布、纸擦除，也可用水冲洗或喷气清除

必须注意的是：对同一工件进行磁粉检测以后再进行渗透检测是不合适的。对渗透检测来说，湿磁粉也是一种污染物，特别是在强磁场的作用下，磁粉会堵塞缺陷。而且这些磁粉

的去除是比较困难的，只有在充分退磁以后才能有效去除。因此，对于同一工件，如需同时进行渗透检测和磁粉检测，应先进行渗透检测，然后再进行磁粉探伤。如果工件同时需要进行渗透检测和超声波检测，也应先进行渗透检测，然后再进行超声波检测。因为超声波检测所用到的耦合剂，对渗透检测来说，也是一种污染物。

（2）各种渗透探伤方法的操作步骤。《承压设备无损检测》（JB/T 4730—2005）对各种渗透检测操作步骤的规定见表2—4—7。

表2—4—7　　各种渗透检测操作步骤

所使用的渗透剂和显像剂的种类	检测方法符号	前处理	渗透	乳化	清洗	去除	干燥	显像	干燥	观察	后处理
水洗型荧光渗透剂—干式显像剂	FA－D	○	○		○		○	○		○	○
水洗型荧光渗透剂或水洗型着色渗透剂—湿式显像剂	FA－W VA－W	○	○		○			○	○	○	○
水洗型荧光渗透剂或水洗型着色渗透剂—快干式显像剂	FA－S VA－S	○	○		○		○	○		○	○
水洗型荧光渗透剂—不用显像剂	FA－N	○	○		○		○			○	○
后乳化型荧光渗透剂—干式显像剂	FB－D	○	○	○	○			○		○	○
后乳化型荧光渗透剂—湿式显像剂	FB－W	○	○	○	○			○		○	○
后乳化型荧光渗透剂—快干式显像剂	FB－S	○	○	○	○			○		○	○
溶剂去除型荧光渗透剂—干式显像剂	FC－D	○	○			○		○		○	○
溶剂去除型荧光渗透剂或溶剂去除型着色剂—湿式显像剂	FC－W VC－W	○	○			○		○		○	○
溶剂去除型荧光渗透剂或溶剂去除型着色剂—快干式显像剂	FC－S VC－S	○	○			○		○		○	○
溶剂去除型荧光渗透剂—不用显像剂	FC－N	○	○			○				○	○

4. 渗透检测在压力容器表面质量检测中的应用

（1）压力容器表面质量检测。压力容器焊缝渗透检测主要是检测焊缝表面的针孔和裂纹等危害性较大的缺陷，其具有如下特点：焊缝表面不平，凹凸现象较为严重；要求的检测灵敏度较高；工作尺寸较大，工作现场往往缺少电源及水源，尤其是野外或高空作业时更甚。

为此，对压力容器焊缝进行渗透检测时，一般不采用荧光屏渗透检测，而较多地采用着色渗透检测。若现场有水源，且检测灵敏度要求不高的场合，优先考虑采用水洗型着色渗透检测，因为水洗型着色渗透剂在凹凸不平的表面上易被清洗，较溶剂去除型着色渗透剂优越。若现场条件不允许，且检测灵敏度要求较高，则采用溶剂去除型着色渗透检测。

着色检测前，焊缝表面的准备必须借助于机械的方法，如铁刷、压缩空气等手段来清除焊渣、飞溅、焊药、氧化皮等脏物。在对焊缝进行表面准备时（例如打磨焊缝），特别要注意不要让铁屑粉末堵塞表面开口缺陷。脏物基本清除后，应用清洗剂洗净焊缝表面的油污，最后用压缩空气吹干。搁置较久的焊缝，若已生锈，则必须除锈后才能进行检测。清洗工件的同时清洗试块表面。

（2）焊缝渗透常用涂刷法。涂刷时，用蘸有渗透剂的刷子在焊缝上反复涂刷 3 ~ 4 次，每次间隔 3 ~ 5 min。

渗透检测完毕后，先用干净的纱布大致擦去焊缝上的剩余渗透剂，然后用去除剂清洗。清洗时，常用擦洗法。第一步，应用去除剂将棉布润湿；第二步，用此种棉布擦洗焊缝表面检测区。也可以用压缩空气将渗透剂赶至焊缝两侧以外，用干净布擦净焊缝表面，然后按上述方法用蘸有去除剂的布擦洗。在保证清洗干净的前提下，应尽量缩短去除剂与焊缝的接触时间，以避免产生“过洗”现象，一般以丙酮作为去除剂。清洗干净后的焊缝表面用压缩空气吹干。

（3）焊缝显像。焊缝显像以喷涂法为最好，利用压缩空气或压力喷罐将溶剂悬浮显像剂均匀喷洒于焊缝表面，喷嘴距受检表面不要太近，显像层应薄而均匀，显像时间以 15 ~ 30 min为宜。

显像 3 ~ 5 min 后，可用肉眼或借助于 3 ~ 5 倍放大镜观察所显示的图像。为发现细微缺陷，可间隔 5 min 观察一次，重复观察 2 ~ 3 次。焊缝的起弧、熄弧处易产生细微的弧坑裂纹，应特别注意。

显示时间结束后，先检查试块表面，观察辐射状裂纹显示是否符合要求。如果显示符合要求，说明整个渗透系统及操作符合要求。即可对所发现的缺陷做出评定和记录。

（4）焊缝清洗。焊缝被渗透探伤检测后，应进行后清洗，对于多层焊道的焊缝，每层焊缝渗透探伤后的清洗更加重要，必须清洗干净，否则渗透剂及显像剂残留在焊缝，会使随后进行的焊接产生严重缺陷。

五、迹痕解释与缺陷评定

1. 焊缝迹痕

对显示迹痕的解释是正确判定缺陷的基础。迹痕可能是真实缺陷引起的，也可能是由于结构形状或表面多余渗透液未清洗干净所致。

焊缝迹痕可按《无损检测　焊缝渗透检测》（JB/T 6062—2007）标准的规定进行评级，

或参考其他各专业标准的规定。对于可判定的表面与近表面裂纹以及其他超标缺陷，一旦发现应打磨使之消失，打磨过深应补焊到与表面相平。

2. 缺陷的分类

缺陷显示的分类一般根据显示的形状、尺寸和分布状态进行。渗透检测的质量验收标准不同，对缺陷显示的分类也不尽相同。下列所述是常见的分类方法。

(1) 线状显示迹痕。线状显示指长度大于等于三倍宽度的显示迹痕，根据缺陷的形式不同，迹痕的形态也不同，通常反映的缺陷有裂纹、未熔合、分层、条状夹杂等。这些迹痕有可能表现为比较整齐的连续直线；在缺陷全部扩展到表面时，也可能表现为断续直线；也有可能显现为参差不齐、略微曲折的线段，或长宽比不大的不规则迹痕。

(2) 圆形显示迹痕。圆形显示迹痕指长度小于三倍宽度的迹痕，可能呈圆形、扁圆形或不规则形状。圆形显示迹痕通常由表面气孔、弧坑缩孔、点状夹杂等形成的缺陷所致。

根据迹痕形状判断缺陷类型在相当程度上是依靠检测人员的经验，虽然有些一般规律可遵循，例如在检测焊缝时，根部未焊透常表现为连续或断续的直线段；裂纹则为宽度不大的不规则线段；条状夹杂则多为长宽比相对来说不大的不规则迹痕；表面气孔多呈圆形显示。就一般规律而言，较为准确的缺陷则还要根据显现的位置特征、材料的特征等因素综合判断。对缺陷深度的判断更为困难，对着色探伤则根据迹痕色彩的深浅大体定性的对比确定。

(3) 分散型和密集型的显示。在一定面积范围内，存在几个缺陷的显示，可认为是分散型的缺陷显示。如果缺陷显示中最短的显示长度小于 2 mm，而间距又大于显示迹痕时，则可看做是单独的缺陷显示；如间距小于显示迹痕时，则可看做是密集型的缺陷迹痕显示。

各种常见焊接缺陷迹痕的特征见表 2—4—8。

表 2—4—8　　各种焊接缺陷迹痕的特征

缺陷种类		显示迹痕的特征
焊接气孔		显示呈圆形、椭圆形或长圆形，显示比较均匀，边缘减淡
焊缝与热影响区裂纹	热裂纹	一般显示出带曲折的波浪状或锯齿状的细条纹
	冷裂纹	一般显示出较直的细条纹
	弧坑裂纹	显示出星状或锯齿状条纹
	应力腐蚀裂纹	一般在热影响区或横贯焊缝部位，显示出直而长的较粗条纹
未焊透		呈一条连续或断续直线条纹
未熔合		呈直线状或椭圆形条纹
夹 渣		缺陷显示不规则，形状多样且深浅不一

3. 缺陷显示的等级评定

对确认为缺陷的显示，均应进行定位、定量及定性等评定，然后再根据引用的标准或技术文件，评定质量等级，做出合格与否的判定。评定缺陷时，应严格按照标准或技术文件的要求进行。在定量评定时，要特别注意缺陷的显示尺寸和实际尺寸的区别。因为前者往往比后者大得多。

对明显超出质量验收标准的缺陷，可立即做出不合格的结论。对于那些缺陷尺寸接近质量验收标准的，需在白光下借助放大镜观察，测出缺陷的尺寸和定出缺陷的性质后，才能做出结论。超出质量验收标准而又允许打磨或补焊的工件，应在打磨后再次进行渗透检测，确认缺陷被打磨干净后，方可验收或补焊。

（1）缺陷的分级。不同的技术标准对分级的划分不同，现介绍《无损检测　渗透检测》（JB/T 9218—2007）和《压力容器着色探伤》两项标准的分级方法。

1）《无损检测　渗透检测》（JB/T 9218—2007）。对缺陷显示迹痕的等级分类，该标准按缺陷显示不同分为线状显示、圆形显示和分散型显示。线状显示和圆形显示的等级以及在 2 500 m^2 矩形面积（最大边长为 150 mm）内长度超过 1 mm 的分散型显示的等级按表 2—4—9 评定。

表 2—4—9　缺陷显示的等级评定　mm

等级分类	线状和圆形缺陷显示迹痕长度	分散型缺陷显示迹痕的总长度（2 500 mm^2 矩形面积内）
1 级	$1 \leqslant l < 2$	$2 \leqslant l < 4$
2 级	$2 \leqslant l < 4$	$4 \leqslant l < 8$
3 级	$4 \leqslant l < 8$	$8 \leqslant l < 16$
4 级	$8 \leqslant l < 16$	$16 \leqslant l < 32$
5 级	$16 \leqslant l < 32$	$32 \leqslant l < 64$
6 级	$32 \leqslant l < 64$	$64 \leqslant l < 128$
7 级	$l \geqslant 64$	$l \geqslant 128$

在判定迹痕时，如果有 2 个或 2 个以上缺陷显示迹痕大致在同一条连线上，同时间距又小于 2 mm，则应看做是一个连续的线状缺陷显示迹痕，其长度为迹痕长度与间距之和。如果缺陷显示迹痕中最短的迹痕长度小于 2 mm，而间距又大于显示迹痕时，则可看做是单个缺陷显示迹痕；间距小于显示迹痕时，则可看做是密集型缺陷显示迹痕。此时可按分散型缺陷显示迹痕确定总长度，按表 2—4—9 中的 6 ~ 7 定级。

2）《压力容器着色探伤》。这项标准对缺陷显示按线状和圆形各分为三级，各级允许存在的缺陷尺寸还与材料厚度有关，具体数值见表 2—4—10。需要指出的是表中所列数值均为缺陷实际尺寸，而不是缺陷显示迹痕的尺寸。

表 2—4—10　最大允许存在的缺陷尺寸　mm

材料厚度 t	线状显示			圆形显示		
	Ⅰ级	Ⅱ级	Ⅲ级	Ⅰ级	Ⅱ级	Ⅲ级
$t < 16$	0	≤1.6	≤2.4	0	≤3.2	≤4.8
$16 \leqslant t \leqslant 50$	0	≤1.6	≤3.2	0	≤4.8	≤6.4
$t > 50$	0	≤1.6	≤4.8	0		

凡是出现下列情况之一的均为不合格：表面裂纹分层；大于表中规定的单个缺陷；在一条直线上有 4 个或 4 个以上间隙排列的缺陷显示，且每个缺陷之间的距离小于 2 mm；在任何一块 150 mm×25 mm 表面上存在 10 个或 10 个以上的缺陷显示。

产品的合格级别由设计部门根据压力容器有关标准规范决定。由于这是一项指导性标准，同时只适合于压力容器着色探伤，因此参考此标准时要注意适用范围。

(2) 渗透检测报告和记录。进行渗透检测时应做好记录。渗透检测完成后，应签发渗透检测报告。原始记录及检测报告一般应包括下述内容：受检工件状态、检查方法及条件、检测标准、验收标准、检测结论、示意图，以及检测日期、检测人员签名、复核校对人员签名（注明人员资格）等，见表 2—4—11。

表 2—4—11 **渗透检测报告**

委托单位					
工件名称			工件规格		
材质		表面状况		探伤方法	
探伤部位		环境温度		观察方式	
渗透剂型号		去除剂型号		显像剂型号	
执行标准					
操作方法及参数	a. 前处理方法				
	b. 渗透方法及时间				
	c. 乳化方法及时间				
	d. 清洗方法				
	e. 干燥方法				
	f. 显像和观察时间				
序号	缺陷位置	缺陷长度/mm	序号	缺陷位置	缺陷长度/mm
结果					
探伤员			日期	年 月 日	
审核员			日期	年 月 日	

六、安全卫生技术

液体渗透探伤所用的探伤液大多数内含可燃、易燃的油类和有机化学试剂，对人体的健康有一定的影响，所以在使用时必须注意防火和卫生保护。

1. 储存探伤剂的防火安全措施

渗透检测试验使用的探伤剂基本上都是油性的可燃性物质构成的，另外，也有像空气溶胶产品那样，充入的气体是液化石油气的强燃性物质，使用这样的探伤剂时，必须进行预防火灾的管理。

（1）储装渗透检测剂的容器应加盖，并且需要密封。

（2）储存地点应尽量挑选冷暗处，并且避免烟火、热风、直射阳光等。

（3）压力喷罐严禁在高温处存放，因为在高温时，罐内的压力将增大，有发生自燃爆炸的危险。

（4）当环境温度较低时，喷罐内的压力将降低，喷雾将减弱且不均匀。此时，可将其放入 30℃ 以下的温水中，待加热之后再使用。但绝不允许将压力喷罐直接放在火焰附近加热。

2. 劳动卫生的防护措施

直接将渗透液、清洗剂、显像剂等吸入体内或者大量吸入上述雾状物的话，会影响身体健康。

（1）在不影响探伤灵敏度、满足零件技术要求的前提下，尽可能采用低毒配方。

（2）采用先进技术，改进探伤工艺和完善探伤设备，特别是增设必要的通风装置，降低毒物在操作场所空气中的浓度。

（3）严格遵守操作规程，正确使用个人防护用品，例如口罩、防毒面具、橡胶手套、防护服和涂敷皮肤的防护膏等。

（4）当紫外线光通过三氯乙烯时将产生有害光气，在除油过程中，注意不要让三氯乙烯滞留在零件的盲孔里或其他凹陷处。

（5）波长在 330 nm 以下的紫外线光对人眼有害，所以严禁使用不带滤波片或滤波片破裂的紫外灯。必要时应戴上防紫外线辐射的特殊眼镜。人体皮肤尽量不直接暴露在紫外线照射场内，减少皮肤与紫外线接触的机会。在暗室里检测，检测者很容易疲劳，所以检测员在暗室里连续检测的时间不能太长。

（6）避免在火焰附近以及高温环境下操作。特别是压力喷罐，如果环境温度超过 50℃，应特别引起注意。操作现场禁止明火存在并严禁吸烟。若吸烟或饮食，应远离现场并将手洗干净后方可进食。

（7）若在通风不良条件下（如在压力容器内）进行渗透探伤时，应加装通风排气装置。

任务实施

一、检测前准备

1. 检测材料的准备

材料为不锈钢 1Cr18Ni9Ti，根据表 2—4—5 渗透检测方法的优先选择指南，本任务的焊缝渗透检测采用溶剂去除型着色渗透检测方法进行检测，渗透材料为 DPT－5 型（见图 2—4—13）。应该注意的是在检测前必须确认所使用的渗透材料是配套渗透材料，不可混用不同牌号、不同厂家的渗透材料。

2. 渗透材料性能检测

对存放时间较长或者新购置的渗透材料需要对其性能进行检测，确保检测时的灵敏度。

图 2—4—13　渗透检测材料

3. 环境温度与工件温度确认

渗透检测在标准规定的温度范围（10～50℃）内进行时，可以不进行对比试验。当在低于10℃或高于50℃条件下进行检测时，必须与标准温度下的对比试块（见图 2—4—14）同时进行对比检测试验，确认检测可执行性并确认灵敏度。

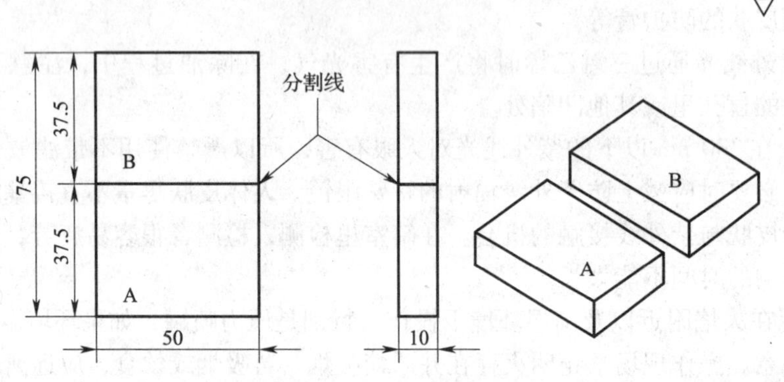

图 2—4—14　对比试块

4. 其他辅助器材

钢板尺、照明灯、胶带或照相机。

二、检测操作

1. 试板检测前准备

根据标准《承压设备无损检测》（JB/T 4730—2005）要求，焊缝及焊缝两侧各25 mm范围为检测区域，因此检测前对此区域进行检查确定，这一区域内试件表面没有任何影响磁痕显示的缺陷存在，如果发现有缺陷存在，必须在检测前进行打磨去除。对本任务试板，由于是管板与钢管焊接，焊缝周围及焊缝之间均需要进行处理，确认没有飞溅、咬边等影响渗透材料清洗的表面缺陷。

2. 渗透检测实施

（1）渗透检测步骤。检测前清洗—渗透剂施加——多余渗透剂去除——干燥——显像剂施加——干燥——显示评定与记录——后处理。

（2）检测前清洗。采用配套清洗剂进行工件检测表面清洗。

（3）渗透剂施加。当表面清洗剂挥发后（一般 2 ~ 3 min）就可施加渗透剂了，可采用喷、浸、涂等方式，为了便于清理，本试样可采用涂的方式，将渗透剂涂抹在焊缝及焊缝周围，并保持润湿状态 10 ~ 15 min。

（4）去除多余渗透剂。用干净不脱毛布擦拭工件表面，将表面大部分渗透剂去除后，再向干净的布上喷洒去除剂，然后沿一个方向擦拭工件表面，直到将工件表面上多余的渗透剂去除干净为止，注意不能将去除剂直接喷洒到工件表面，而且不要过度清洗。

（5）表面干燥。表面干燥 1 ~ 2 min，同时摇匀显像剂，然后施加显像剂，显像剂的施加方法有浸、喷等，不能采用涂抹的方式施加。本试样可采用喷洒的方式施加显像剂，距离工件表面 300 ~ 350 mm，角度为 45°。

（6）显像。显像时间不少于 7 min，一般是在 7 min 后才开始观察工件表面，并对出现的显示进行评定。

（7）后处理。将显示进行记录后，需要对工件表面进行清洗。

当对显示不能确定时，则必须重新进行渗透检测，此时必须从检测前清洗开始严格按上面的检测步骤进行检测。

三、检测结果评定

根据标准对显示进行评定，根据显示的形状判断缺陷的性质，测量缺陷的长度等，并采用照相的方式或胶带的方式对显示进行记录。通过不锈钢换热器的接管与板之间的角接焊缝显像来观察工件表面的缺陷，观察未发现缺陷。根据《承压设备无损检测》（JB/T 4730—2005），本焊件渗透检测为Ⅰ级合格。

四、撰写检测报告

按标准要求，撰写渗透检测报告。

任务评价

评分标准见表 2—4—12。

表 2—4—12　　评分标准

序号	考核内容	评分标准	配分	得分
1	了解检测要求	符合 JB/T 4730—2005《承压设备无损检测》标准Ⅱ级合格	10	
2	主要材料选择	渗透材料为 DPT－5 型（配套渗透材料），相同牌号、相同厂家的渗透材料	20	
3	渗透检测方法	采用溶剂去除型着色渗透检测方法	10	
4	渗透检测基本操作	检测前清洗—渗透剂施加—多余渗透剂去除—干燥—显像剂施加—干燥—显示评定与记录—后处理等操作正确	30	
5	检测观察、记录与评定	显像观察，根据焊缝质量分级进行准确评定	30	
总分合计			100	

思考与练习

1. 渗透检测是如何分类的，各有什么特点？
2. 什么是去除剂？渗透检测中常用哪几种类型的去除剂？
3. 显像剂应具备哪些主要性能？
4. 工件表面的污染物对渗透检测有何影响？
5. 渗透检测记录和报告应包括哪些基本内容？

模块三　泄漏检测和压力试验

任务1　泄 漏 检 测

技能点

◎ 泄漏检测操作程序；泄漏检测结果的评定。

知识点

◎ 泄漏的危害性；泄漏检测方法及应用范围；泄漏检测设备；泄漏检测要求。

任务提出

随着现代化工业和科学技术的发展，泄漏检测显得越来越重要。核工业放射化工设备、核电设备及核产品容器都包含着大量放射性物质，所有这些容器、部件的系统都需要严格的密封性。另外，化工、冶金、电子、航天及低温、高真空领域对产品、设备的密封性要求也越来越高。为了确保设备产品的安全可靠或获得真空，防止易燃、易爆、有毒、腐蚀性介质漏出，容器和管道的密封性是至关重要的。泄漏检测技术的发展，已从真空工程的检漏发展到受压容器、高压气密工程。

如图 3—1—1 所示的过滤器（压力容器），其材质为 1Cr18Ni9Ti，规格为ϕ400 mm × 30 mm，过滤介质为机油，设计压力是1.2 MPa。为了确保过滤器使用过程不出现泄漏，根据设计要求需要在 1.5 MPa 的水压试验后进行泄漏检测。

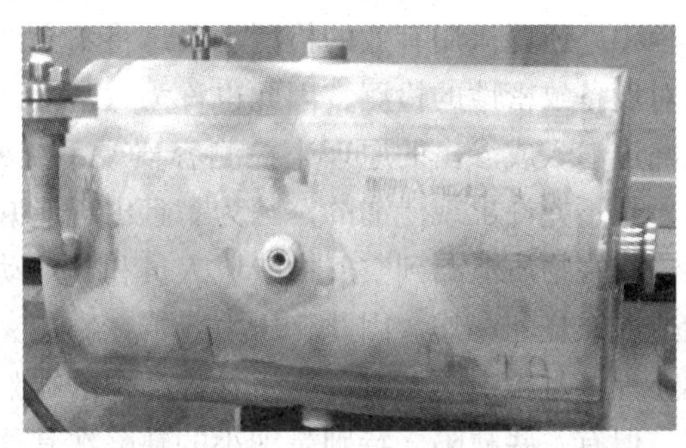

图 3—1—1　过滤器

任务分析

根据该过滤器使用介质、使用条件及设计要求，应对此产品进行气密性试验。检测时，在压力试验之后不松动连接螺栓，直接将用于气密性试验的氮气通入容器内，达到设计要求的压力时，对所有连接部位、密封面、焊缝采用肥皂水进行检测，如果出现气泡则说明此处有泄漏，需要确认产生泄漏的原因并进行处理，即通常所说的气泡法气密性试验，如图3—1—2所示。检测不合格的容器必须进行返修工序，之后重新检测（或对该容器进行报废处理）。如果所有连接部位、密封面、焊缝在检测完成后没有显示泄漏的气泡产生，则此容器泄漏检测合格。

图3—1—2　气密性试验

相关知识

随着科学技术的进步和工业生产的发展，对设备致密性的要求也就越来越高。因此，除了设计和加工过程中应采取有效措施，防止泄漏隐患外，在设备的生产、组装、调试及使用过程中，还要运用有效的检漏手段，将不允许存在的漏孔找出来，以便进行修补。泄漏检测是对设备致密性的检测，因此也称为致密性试验，是基于密闭容器内外存在压差时流体能够从漏道渗入或渗出的原理来检测容器或系统密封性的无损检测方法。压力容器在工作状态时，是不允许出现泄漏的，因为一旦出现泄漏，将对整个系统的生产造成影响，还会引起有毒、有害物质泄漏到空气中造成人员和其他动物的伤亡，特别是对于易燃、易爆物质将有可能造成燃烧和爆炸。因此，压力容器在制造完成后进行泄漏检测是十分必要的。由于压力容器在焊接过程中不可避免产生各种各样的缺陷，其中一些缺陷在其他检测过程中可能会被发现，但有一些缺陷，特别是细小的缺陷在其他检测过程中可能未被发现，另外密封面有轻微的泄漏时，在进行压力试验时也不易被发现，因此需再通过泄漏试验进行二次确认检测。

一、泄漏的危害性

设备或器件因功能不同，泄漏点的大小、部位和泄漏的物质不同，泄漏所带来的危害程度和危害表现也就不同。泄漏的危害性主要表现在以下几方面。

1. 破坏真空设备或真空器件的工作真空度

真空设备和器件要求在一定的真空度下工作，因此必须预先将真空设备和真空器件预抽到相应的或更高的真空度。一般真空设备本身带有抽气系统，设备工作时真空系统仍然对其抽气，微小的泄漏存在一般不会影响其工作真空度，但是比较严重的泄漏则会破坏设备的平衡压力，干扰甚至破坏设备的正常工作。如加速器真空度的破坏将造成粒子能量的损失；镀膜机真空度的破坏将影响膜层质量；对于电真空器件来说，在制造过程中用相应的真空系统将它抽到一定的真空度后便将它密封，如果器件有泄漏，则器件中的压力将随时间上升，漏孔越大，器件中的压力上升得越快，由于电真空器件（如电子管）的体积一般很小，因此微小的漏孔也将很快破坏器件内的真空度，使器件无法工作。

2. 破坏仪器设备内部的工作压力

各种仪器或设备的工作压力是不同的，相应系统内阀门开启与关闭的压力也是有严格要求的，如果出现泄漏则可能造成压力不够、阀门不能正常工作，从而使整个系统不能正常工作。例如，为了保证装在卫星上的天地通信应答机内的半导体器件很好地散热，要求其在大气条件下工作，因此它是用一密闭外壳将大气封存起来的；驱动阀门的气路则要求有较高的工作压力，否则阀门无法被驱动和密封。

3. 使储存的高压气体或燃料损失

由于泄漏的存在，使容器内的介质流失，造成容器内介质储备不够，将直接影响容器所在系统的正常运转。例如，储存高压气体或燃料的气瓶和储罐如果有泄漏，将会造成大量的气体或燃料的浪费；航天器姿态控制系统的气瓶和储罐一旦发生泄漏，会造成后期用气和燃料的不足，影响航天器的功能和使用寿命，使航天器因失控而失效。

4. 对器件内部气体造成污染

有些微电子器件不仅要求在一定的压力下工作，而且只允许在某些气体下工作，因此其内部一般要充入保护性气体。然而，由于漏孔存在，外部环境中的有害气体（如水蒸气）可能通过漏孔进入到设备或器件内部，使器件内部气体成分发生改变，即造成污染，使器件不能正常工作甚至失效，另外有毒、有害物质泄漏到空气中会对人员造成危害。

二、泄漏检测的工作内容

泄漏检测的任务是用适当的方法检测产品是否漏气。即使设备的设计、加工和安装都非常满意，也不可能做到绝对不漏气。通常所说的“不漏”是相对泄漏检测灵敏度而言的，一般泄漏检测是采用目视的方法或者借助于肥皂水的方式进行检测，这种方式取决于人眼的感知度。而氦泄漏检测设备对氦气的感应度决定检测灵敏度，氦泄漏检测方法主要是测定总漏率（漏孔定量），确定它是否在允许漏率范围之内；同时还能找出漏孔的确切位置（漏孔定位），以便进行修补。产品可接受的泄漏率是由产品使用条件及介质要求决定的。

设备检漏方法运用及有效性取决于设计要求及检漏方法的正确实施，检漏工作应在以下阶段实施。

1. 在产品制造或检测开始前

检漏人员应充分了解设计人员所提出的允许漏率值及检测要求，以及了解设备的结构、材料、焊接及密封形式、敷层、连接件、技术要求等信息，并从检漏角度提出对设计的要求，例如不要采用连续双面焊结构，设计一个能与检漏仪器、充压系统或抽气系统方便连接的检漏接头，尽量减少总装后无法检查的焊缝，不要采用铸件等。然后，针对设计提出的漏率指标拟订检漏方案或程序，并设计出检漏中所需的工装和附件（如检漏盒、盲板、接头等）。

2. 在设备的加工阶段

检漏人员要向生产单位了解加工工艺及加工工序，并从检漏角度提出对加工工艺及加工工序的要求。在加工过程中焊接人员要紧密配合加工工序，及时地对各种零部件，特别是制造完毕后无法接触或修理的部件的焊缝进行严格检漏，不合格的要求重焊或补焊，重焊或补焊后要重新检漏，符合要求后才允许进行下一工序。对于大型复杂结构的设备来说，它直接影响到总装后总体检漏工作的成败与速度，不可忽视。

3. 在设备的安装、调试阶段

主要检查连接部位的密封性。检漏人员要根据安装的顺序一步一步地有计划地进行检漏。如果条件允许的话，最好在每安装一个零部件后便对有密封要求的连接部位进行一次检漏，达到要求后再安装下一个零部件。要避免将所有零部件装完后再检漏，否则会给总体检漏工作带来极大的困难。因为在这种情况下，除了有疑问的部位太多外，有些连接部位可能难以实现检漏。调试过程中，一般先进行总漏率测试，以便确定总漏率是否在允许范围之内。如果总漏率在允许范围内就不需再进行检漏了。如果超出允许漏率范围，检漏人员应根据需要和可能选用最简单、经济的方法去进行找漏。

4. 在设备的运转或使用阶段

由于机械振动造成连接部位松动；经常拆卸的密封部位或转动密封部位，出现密封圈的划伤、损坏、磨损；某些部位由于冷热冲击而疲劳，由于应力集中而破裂；某些部位受工作液的腐蚀而破损；某些曾被油、水蒸气及其他脏物堵塞的漏孔的疏通等，都可以使设备出现漏气现象。因此，需要定期对设备进行检漏，检测周期一般是一年。检漏人员应根据设备的使用情况、故障现象来分析故障原因，判断漏气的可能位置，然后采取相应的检漏手段找出漏气位置，使设备尽快恢复正常运转。

三、泄漏检测方法分类及应用范围

储存液体或气体的焊接容器都有致密性要求。生产中常用泄漏检测来检查焊缝的贯穿性裂纹、气孔、夹杂、未焊透等缺陷。泄漏检测方法分类及应用范围见表3—1—1。目前，在焊接容器设备中常用的泄漏检测方法是气密性试验检测方法。

表3—1—1　　泄漏检测方法分类及应用范围

名称	试验方法	应用范围
气密性试验	将焊接容器组装密封后，按设计图样规定的气密试验压力通入压缩空气，在焊缝外面涂以肥皂水检查，不产生肥皂泡为合格	密封容器

续表

名称	试验方法	应用范围
吹气试验	用压缩空气对着焊缝的一面猛吹，焊缝的另一面涂以肥皂水，不产生肥皂泡为合格 试验时，要求压缩空气压力大于 405.3 kPa，喷嘴到焊缝表面的距离不超过 30 mm	大型敞口容器
载水试验	将容器充满水，观察焊缝外表面，无渗水为合格	小型敞口容器
水冲试验	对着焊缝的一面用高压水流喷射，在焊缝的另一面观察，无渗水为合格 水流的喷射方向与试验焊缝表面夹角大于 70°。水管喷嘴直径为 15 mm以上，水压应使垂直面上的反射水环直径大于 400 mm；检查竖直焊缝应从下往上移动喷嘴	大型敞口容器，如船甲板等密封焊缝的检查
沉水试验	先将容器浸到水中，再向容器内充入压缩空气，使检验焊缝处在水面下 50 mm 左右的深处，观察无气泡浮出为合格	小型容器密封性检查
煤油试验	煤油的黏度小，表面张力小，渗透性强，具有透过极小的贯穿性缺陷的能力。试验时，将焊缝表面清理干净，涂以白粉水溶液，待干燥后，在焊缝的另一面涂上煤油浸润，经 0.5 h 后白粉无油浸为合格	敞口容器，如储存石油、汽油的固定式储器和同类型的其他产品
氨渗透试验	氨渗透属于比色检漏，以氨为示踪剂，试纸或涂料为显色剂进行渗漏检查和贯穿性缺陷的定位。试验时，在检验焊缝上贴上比焊缝宽的石蕊试纸或涂料显色剂，然后向容器内通以规定压力的含氨的压缩空气，保压 5 ~ 30 min，检查试纸或涂料，未发现变色为合格	致密性要求较高的密封容器，如尿素设备的焊缝检验
氦检漏试验	氦气是惰性气体，不会与其他物质发生反应；氦气密度小，能穿过微小的空隙。氦检漏试验是通过被检容器充氦气或者用氦气包围着容器后检查容器是否漏氦和漏氦的程度。利用氦气检漏仪可发现千万分之一的氦气存在，是灵敏度很高的致密性试验方法	用于致密性要求很高的压力容器

四、常用泄漏检测方法

1. 气密性试验

气密性试验是通过将系统或单个密封设备充气到指定的压力，然后检测相关连接部位的致密性试验。

为了确保气密性试验的安全，气密性试验应在液压试验合格后进行。压力容器气密性试验压力为压力容器的设计压力。对设计要求做气压试验的压力容器，一般不需要再进行气密性试验，必要时可在气压试验完成后降压到设计压力后保压进行检测。

（1）气密性试验条件。根据《压力容器安全技术监察规程》的规定，符合下面任一条件的压力容器必须进行气密性试验：介质毒性程度为极度、高度危害；设计上不允许有微量泄漏的压力容器；介质具有易燃易爆特点。另外，如有泄漏将危及容器的安全性和正常操作的其他各种情况，都应考虑进行气密性试验。

（2）气密性试验检测方法分类及应用。气密性试验检测方法按检测时使用的检测物质分类，其工作条件及应用见表 3—1—2。其中气泡法是目前焊接容器中常用的气密性试验检测方法。

表 3—1—2　　　　气密性试验检测方法比较

检测方法	工作条件	原理现象	检漏方式	应用
气泡法	容器内充高压气体，容器外侧涂皂液	漏孔处产生皂泡	目视检测	压力容器、真空容器的焊缝、密封面检漏
听音法	容器内充一定压力气体	漏孔处气体通过时发出“嘶嘶”声	听觉	与压力容器气压试验同时进行
火焰飘动法	容器内充一定压力气体，待检处慢慢移动火焰	通过漏孔的气流使火焰飘动	目视检测	承压容器或管道

（3）气密性试验方法的操作要求。根据《压力容器安全技术监察规程》的规定，压力容器气密性试验的要求如下。

1）气密性试验应在液压试验合格后进行。对进行气压试验的压力容器作气密性试验时，气密性试验可与气压试验同时进行，试验压力应为气压试验后降到设备的设计压力。

2）气密性试验所用气体，应为干燥、清洁的空气、氮气或其他惰性气体。

3）碳素钢和低合金钢制压力容器，其试验用气体的温度应根据标准规定不低于 5℃，其他材料制成的压力容器按设计图样规定的温度。

4）压力容器进行气密性试验时，一般应将安全附件（安全阀、减压阀等）装配齐全。如需使用前在现场装配安全附件，应在压力容器质量证明书的气密性试验报告中注明装配安全附件，之后需再次进行现场气密性试验。

5）与气压试验同时进行泄漏试验时，压力应缓慢上升，达到规定气压试验压力后保压不少于 30 min，然后降至设计压力后保压进行泄漏检测，若有泄漏，修补后重新进行液压试验和气密性试验；经检查无泄漏，则设备泄漏检测合格。

（4）气密性试验检测的评定。根据《压力容器安全技术监察规程》的规定，气密性试验检测过程中若有泄漏，则设备泄漏检测评定为不合格，需要进行返修；经全面检查，设备无泄漏为合格，气密试验结束。气密性试验如果与气压试验同时进行，则在设计压力下进行泄漏检测，检测结果无泄漏即为合格。

2. 煤油试验

对外侧焊有连续焊缝、内侧焊有间断焊缝的罐体壁上的搭接和对接焊缝，都要涂上煤油进行致密性检查，即煤油试验。

焊缝检查的一侧，要把脏物和铁锈去掉，并涂上白粉乳液或白土乳液，等干燥后，在其另一侧的焊缝上至少喷涂两次煤油，每次要间隔 10 min。

煤油的渗透力很强，能够渗过极小的毛细孔。如果煤油喷涂浸润以后经过 12 h，涂白色焊缝的表面没有出现斑点，焊缝就符合要求；如果环境气温低于 0℃，则需在 24 h 后不应出现斑点。

冬天为了加快检查速度，允许用事先加热至 60 ~ 70℃的煤油来喷涂浸润焊缝。此时，在 1 h 内不应出现斑点。焊在有垫板上的对接焊缝和双面搭接焊缝的致密性试验，通过用 10.1 MPa 压力，经专门钻好的孔往钢板或垫板之间的缝隙压送煤油的办法来进行。试验以后，将钻孔喷吹干净并重新焊好。

3. 氨渗透试验

（1）氨渗透试验介绍。当对压力容器焊缝有高致密性要求、不允许存在微小渗漏通道而通常的气密性试验或煤油渗漏试验又无法进行时，可采用这种试验方法。例如，有防腐蚀层作衬里的容器要检查衬里的焊缝是否有微小泄漏通道时，常采用这种检验方法。容器内可采用纯氨或 15%、20%、25% 浓度的混合气体，所用压力可为 0.05 MPa、0.15 MPa、0.185 MPa，保压时间从几分钟到 20 min。若有泄漏通道，具有高渗透性的氨便会渗透出来，再通过容器外层预先设置好的检漏孔排出。这时只需用 5% 的硝酸汞或酚酞水溶液浸渍过的纸条（或其他试剂）在检漏孔处检查即可。

由于氨是易燃、易爆气体，实验现场应切实做好防火和防爆的安全工作，必须派专人驻守现场。氨气有毒，实验人员和现场人员应切实做好防毒和隔离操作的工作。

（2）试验方法分类及操作程序。氨渗透试验方法分为抽真空法和置换法。置换法就是采用其他气体和氨气互换，以达到检测的目的。一般采用氮气作为置换氨气的气体，这是因为氮气为惰性气体，不与其他物质发生反应。如果只用氨气检测，则其危险性较大。如图 3—1—3 所示为压力容器氨渗透试验用置换法示意图。具体操作实施过程如下。

1）按工艺及规范完成该试压产品的水压试验，水压试验合格后使产品保持充满试压水状态。事先应在水池中放入自来水。

2）打开放气排水阀门排水，同时打开氮气（惰性气体）压力钢瓶的阀门充入氮气。

3）当放气排水管在水池中的管口有氮气溢出（即有大量气泡）时，关闭放气排水阀门和氮气压力钢瓶的阀门。

4）打开氨气压力钢瓶阀门，充入氨气，使压力达到 0.09 MPa（表压）。

5）关闭氨气压力钢瓶阀门，停止充氨。

6）打开氮气（惰性气体）压力钢瓶阀门，充入氮气，使压力达到 0.60 MPa（表压）。

7）将检漏显示剂（或试纸）紧密涂敷在管板上，并始终让其保持湿润状态。

8）关闭氮气（惰性气体）压力钢瓶阀门，停止充氮。

9）进行保压检漏，在检漏压力下，保压时间为 6 h。检查泄漏情况的时间和次数为：保压开始后 0.5 h、1 h 各一次，以后每 2 h 检查一次，观察试纸上有无红色斑点出现。

10）检漏实验完毕，应小心缓慢地开启放气排水管路阀门进行排泄，避免因压力过大吹跑水池中的水。

11）当压力降为“0”MPa 时，打开氮气（惰性气体）压力钢瓶阀门和三通管路进气阀门，充入氮气，用 3 ~ 5 倍充气空间容积的氮气（惰性气体）进行置换，清除氨气后，关闭阀门。

12）拆除检漏用的设备和仪表，并进行清理。

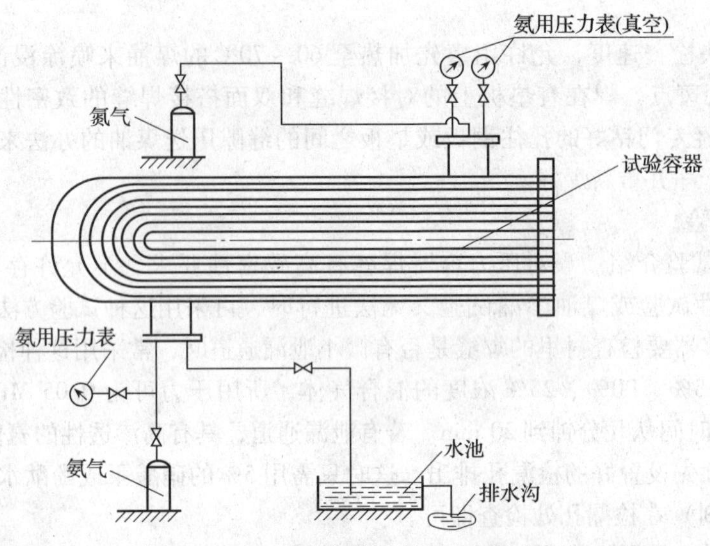

图 3—1—3　压力容器氨渗透试验用置换法

通过试验证明，氨渗透试验除了能满足设计图样要求，还大大提高了容器的密封性、可靠性和安全性。

任务实施

根据设备的使用条件、设备结构、设备致密性要求以及检测任务要求，可选用气密性检测方法检测此设备的泄漏情况；检测结果的评定以没有发现因泄漏产生气泡为合格。

一、检测前准备

1. 气密性试验的准备

如图 3—1—1 所示，该产品（过滤器）是一压力容器，设计压力是 1.2 MPa，根据《压力容器安全技术监察规程》的规定，以及使用介质、使用条件及设计要求，确认对此产品进行气密性试验。

（1）气瓶气密性试验的环境温度应不低于 5℃。

（2）气密试验前进行压力试验，在压力试验保压时，必须对容器进行全面认真的检查，确认容器没有在压力试验时出现变形、泄漏等，这样可确认容器具有承受设计压力下的强度。气密性试验前必须经压力试验合格。

（3）清理干净容器被检部位，不得有油污或其他杂质。

2. 气密性试验器具准备

（1）用于气密试验的气源。可根据现场条件、设备要求准备相应的气源：压缩空气或氮气（也可使用瓶装氮气）。本次检测采用瓶装氮气进行气密性试验。瓶装氮气的压力一般在 10 MPa 左右，可自然放气到容器内。

（2）压力表。根据气密性试验压力大小选择合适的压力表，压力表的量程值一般为试验压力的 1.5 ~3 倍。因产品的设计压力是 1.2 MPa，故选择 4 MPa 量程的压力表。

（3）可压缩瓶装肥皂水。肥皂水通过将肥皂溶解在水中制作而成，也可用洗涤剂与水混合而成。本次检测采用后者作为试验用肥皂水。

（4）其他器具。软棉布（毛笔）——可将肥皂水涂抹到一些细小的拐角处；抹布——用于试验前清理设备表面或检测结束后清理设备表面；手电筒——用于增强设备表面的光照度，便于泄漏检测。

二、检测操作

1. 容器压力试验后，不拆去螺栓连接，直接将氮气瓶通过压力表、气管连接到容器上，如图 3—1—4 所示。

2. 缓慢松开氮气瓶阀门，同时观察压力表，当压力达到 0.6 MPa 时，用肥皂水检查容器所有连接部位、密封面、焊缝，在没有泄漏的情况下继续升压到试验压力 1.2 MPa。保压不少于 30 min，同时用干净的毛笔或软棉布蘸上肥皂水，均匀地涂抹在被检处（四周都涂），全面检查容器上所有连接部位、密封面、焊缝。然后，等几分钟后借助手电筒仔细观察所有连接部位、密封面、焊缝上是否有气泡产生。

3. 全面检查容器上所有连接部位、密封面、焊缝。

4. 气密性试验结束后，稍开启瓶阀放气，缓慢放气完成后，将容器表面擦干。

图 3—1—4　气密性试验（气泡法）

三、检测结果评定

容器上所有连接部位、密封面、焊缝无肥皂泡产生，即表明无泄漏，此时就说明该容器气密性试验检测合格；若有肥皂泡出现，即表明该处有泄漏，在容器泄漏处做好明显标记，以待处理，则该容器气密性试验检测不合格。

四、撰写检测报告

气密性试验完成后，根据试验结果撰写检测报告，报告中至少包含以下内容：产品名称、规格；试验介质；试验压力；检查结果；检验人员、检验日期。

任务评价

评分标准见表 3—1—3。

表 3—1—3　评分标准

序号	考核内容	评分标准	配分	得分
1	气密性试验准备	图样要求、环境温度、检测气体选择、工件表面清理、检测工量具的选择	20	
2	检测过程操作	氮气瓶与容器的连接，试验压力的确定与升、降压的操作，以及保压时间的选择，目视观察是否有肥皂泡产生（借助手电筒）	40	

续表

序号	考核内容	评分标准	配分	得分
3	检测结果评定	根据《压力容器安全技术监察规程》标准规定对检测结果进行评定	20	
4	撰写检测报告	包括：试验介质、试验压力、检测结果、检测人员及检测日期	20	
		总分合计	100	

思考与练习

1. 泄漏有哪些危害性？
2. 检漏的主要任务有哪些？
3. 泄漏检测分类情况是怎样的？
4. 气泡法检漏的注意事项有哪些？

任务2 压力试验

技能点

◎ 压力试验操作程序；压力试验结果的评定。

知识点

◎ 压力试验方法及应用范围；压力试验设备；压力试验要求；压力试验安全知识及注意事项。

任务提出

目前，承压设备已广泛应用于化工、电力、能源、航天等领域，承压设备的制造质量直接关系到生产设备的安全运行。因此，对承压设备的质量检验就显得非常关键，通常对承压设备的承压部件进行压力试验，以检验承压部件的强度和致密性。以锅炉为例，在压力试验过程中，通过观察承压部件有无明显变形或破裂，来验证锅炉是否具有设计压力下安全运行所必需的承压能力。同时，通过观察焊缝、法兰等连接处有无渗漏，以检验锅炉、压力容器的致密性。

如图3—2—1所示为燃油燃气常压热水锅炉换热器，该换热器（工件）的额定设计工作压力为0.8 MPa，工件水室材料为ϕ377 mm×12 mm管，材质为20钢；管板为35 mm厚钢板加工而成，材质为Q235A；法兰及法兰盖为DN350、PN1.0，材质为Q235A；换热管为

ϕ25 mm×1.5 mm 铜管，材质为 T3；进出水接管为 ϕ89 mm×4 mm 管，材质为 20 钢。水室与管板、法兰、进出水管采用焊条电弧焊连接，换热管与管板采用胀接，两端用法兰盖通过螺栓连接。为了检查焊接接头及胀接接头的致密性和该工件的强度、刚度，按设计图样要求对燃油燃气常压热水锅炉换热器进行水压试验。

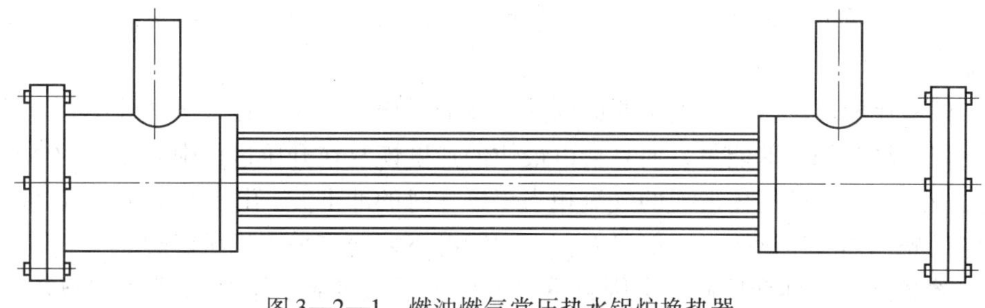

图 3—2—1 燃油燃气常压热水锅炉换热器

任务分析

如图 3—2—1 所示的锅炉换热器在制造完成后，需对该承压部件的强度和致密性进行检验，按锅炉相关标准由压力试验来完成此项检验工作。根据燃油燃气常压热水锅炉换热器的材料构成及结构特点，考虑到实际操作的方便性及试验成本、安全性等方面，采用水压试验方法进行检验是比较合适的。要完成图 3—2—1 所示的燃油燃气常压热水锅炉换热器水压试验任务，首先要对水压试验的相关标准和图样有一定的了解，熟悉电动压力泵设备的操作规程，正确选用压力表，了解水压试验的相关条件和安全操作要求，掌握水压试验的操作方法，对水压试验合格与否进行准确判断，并撰写水压试验报告。

相关知识

一、压力试验方法

压力试验是将制造完毕的待检设备（工件）充入合适的液体或气体介质并将其密闭，通过加压设备将待检设备（工件）按照相应标准升到一定压力后，通过观察待检设备（工件）有无明显变形或破裂，来验证待检设备（工件）是否具有设计压力下安全运行所必需的承压能力。其检验结果不仅是产品是否合格和等级划分的关键，而且是保证其安全运行的重要依据。

压力试验的目的是检验锅炉压力容器的锅筒、换热器、气罐等承压部件的强度和致密性。在试验过程中，通过观察承压部件有无明显变形或破裂，来验证锅炉压力容器是否具有设计压力下安全运行所必需的承压能力。同时，通过观察焊缝、法兰等连接处有无渗漏，检验锅炉压力容器的致密性。

根据试验介质的不同，压力试验分为液压试验与气压试验两大类，两者的目的与作用是相同的，只进行其中一种即可。由于压力试验的试验压力要比最高工作压力高，所以应该考虑到锅炉压力容器在压力试验时有破裂的可能性。由于相同体积、相同压力的气体爆炸时所释放出的能量要比液体大得多，为减轻锅炉、压力容器在耐压试验时破裂所造成的危害，通常情况下试验介质选用水、煤油等液体。凡在试验时不会导致发生危险的液体，在低于其沸点的温度下，都可用做液压试验介质。一般应采用水，因为水的来源和使用都比较方便，又具有做耐压试验所需的各种性能，故液压试验也常称为水压试验。当采用可燃性液体进行液压试验时，试验温度必须低于可燃性液体的燃点。试验场地附近不得有火源，且应配备适用的消防器材。

气压试验比液压试验危险的主要原因是气体的可压缩性高。在气压试验中一旦发生破坏事故，不仅会释放积聚的能量，而且会以最快的速度恢复在升压过程中被压缩的体积，因此其破坏力极大，这时的气体形成的气流相当于爆炸时的冲击波。出于对安全因素的考虑，压力试验应优先选择液压试验，一般只有在下列情况下才允许采用气压试验。

（1）容器充满液体介质后，会因自重和液体的质量导致容器本身或基础破坏，这主要是指直径大、压力低且充满气态介质的容器，如大型天然气球罐等。

（2）因结构原因液压试验后难以将残存液体吹干排净，而试验时又不允许使用残存任何液体的容器。

二、水压试验

水压试验是对系统的强度试验。水压试验是通过往锅炉压力容器内注满水，当其内部压力升到一定高度并经稳压后观察仪表压力及试件外表是否变化，从而判断锅炉压力容器是否合格的一种检验方法。它适用于不与水发生反应的密闭产品。如图 3—2—2 所示为水压试验示意图。

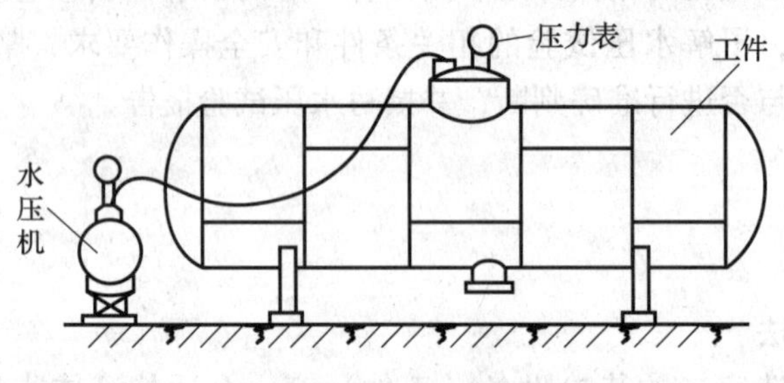

图 3—2—2　水压试验

水压试验是最常用的压力试验方法。水的压缩性很小，倘若容器一旦因缺陷扩展而发生泄漏，水压立即下降，不会引起爆炸。水压试验既廉价又安全，操作也很方便，因此得到了广泛应用。对于极少数不能充水的容器，如对氯离子含量要求较高的容器，则可采用不会发生危险的其他液体，如液压油等，但要注意试验温度应低于液体的燃点或沸点。

水压试验压力应以能考核承压部件的强度、暴露其缺陷，但又不损害承压部件为佳。通常规定，承压部件在水压试验压力下的薄膜应力不得超过材料在试验温度下屈服极限的 90%。

1. 水压试验准备工作及安全注意事项

在水压试验中主要设备是电动试压泵。其他器材包括压力表、加压管、通用接头、扳手、手锤、温度计、水温测量仪等。在使用电动试压泵时，应注意正确操作与维护。

（1）准备工作。为了顺利而准确地完成水压试验工作，保证试验设备工作正常，正式操作前应做好以下准备工作。

1）检查水压机润滑系统油位，松开减速箱上的油位螺塞，向箱内加入润滑油，待油从油位螺孔中溢出时，即可停止加油。

2）两侧传动箱内加30号机械油，油面勿高于十字头下部导轨面，使用中还需移开传动箱上的加油标牌，定期向油池中加注润滑油，并保持每次运转时有油往传动箱内滴注。

3）水箱内加满洁净的水，并注意随时补充，其温度应在5～60℃，并以略高于环境气温为宜。

4）压力表的量程应为相关标准规定试验压力的1.5～3倍。

5）被试器件中应预先放尽空气，充满工作介质——水，以缩短试压时间。

6）运转前开启放水阀和截止阀，起动泵在常压下试运转，若无异常响声及阻滞现象，回水管排除水，进水管正常充液时，即可关闭放水阀，进行试压。

（2）安全注意事项。为了确保试验过程安全，试验数据准确，试验时应注意如下事项。

1）接至泵的电源应装有熔断器，接线时必须使电源可靠接地，确保安全。

2）减速箱中油温不应超过80℃。

3）工作中发现泵或其他部分有明显渗漏现象，应停机卸压进行检修。

4）当泵的排出压力达到或接近试验压力时，应停机，再点动加压。保压时若泵有泄压现象，可关闭截止阀，使泵与被试系统关断。试压完毕后，应及时松开截止阀。

5）泵工作时，液控阀回水管在1.6 MPa以下时，随压力升高回水量增大；超过1.6 MPa时回水量减小，若压力升高后，回水量继续增加，应停机调整检修液控阀，使其工作正常。

6）泵外表、减速箱和传动箱内的润滑油及水箱中的试压介质必须保持清洁，不允许有污物和其他杂物。

7）长期使用的泵，应经防腐处理，先把试压介质排净，并灌入一次防锈油或防锈水，未涂漆的零件外表应涂机油防锈。

2. 试验条件

根据锅炉压力容器水压试验相关标准规定，水压试验应满足以下条件。

（1）锅炉压力容器本体和受压元件的水压试验，应在无损探伤和热处理后进行。

（2）水压试验必须在5℃以上的环境温度下进行，在低于该温度时应有防冻措施。

（3）在水压试验平台上必须设温度计，以便记录环境温度。

（4）水压试验水质一般采用洁净的自来水或井水，当采用储水罐循环用水时，其用水必须保持清洁。试验水质应具有适当的温度，以适应不同的要求，但不应低于露点温度和高于钢种的脆性转变温度。

（5）试件人孔、头孔、手孔的密封装置在试验完成后将随试件出厂，因此该密封装置必须采用该产品配件，不能使用替代件。

（6）水压试验的场地、设备、工具及其要求。

1）水压试验应有专用的试验场地。

2）水压试验用加压泵应符合水压试验压力值、压力稳定性及操作方便等工艺要求。

3）试验时，试压泵与试件各装一只经定期检定合格的压力表，一般情况下，压力表量程是试验压力的1.5～3倍，最好选用2倍。具体水压试验的压力规定如下。

①压力容器、单个锅筒和整装出厂的焊制锅炉的试验压力可以选择。

②集箱和其他类似的部件，应该用1.5倍的工作压力进行水压试验。

③对接焊接的受热面管子及其他受压管件，应逐根逐件进行水压试验，试验压力为元件工作压力的2倍。工地组装的受热面管子、管道的焊接接头可与本体同时进行水压试验。

为便于观察，位于2 m以下高度的压力表刻度盘直径不小于100 mm；位于2 m以上高度的压力表刻度盘直径宜选用150～200 mm；位于4 m以上高度的压力表刻度盘直径应大于200 mm。

（7）水压试验用加压管一般选用软性黄铜管或高压橡胶管，长度以4 m左右为宜。

（8）水压试验用通用接头、扳手、锤子、温度计、水温测量仪等应满足水压试验有关量程、操作方便性等工艺要求，温度计、水温测量仪应经校验合格且在有效期内。

（9）水压试验应在光照充足的条件下进行。

3. 水压试验操作程序

（1）水压试验前的准备。

1）产品在进行水压试验之前，焊接工作必须全部结束，且焊缝的返修、焊后热处理、力学性能检验和无损探伤检验都必须合格。

2）受压部件充水之前，必须清理干净药皮、焊渣等杂物。

3）根据试验压力选择压力表的量程，并要求表盘直径不小于100 mm。压力表的量程应为试验压力的2倍左右，但应不低于1.5倍和不高于4倍的试验压力。压力表精度等级的选择见表3—2—1。

表3—2—1　　压力表精度等级的选择

工作压力/MPa	精确度
<2.45	不低于2.5级
≥2.45	不低于1.5级

（2）水压试验的规范包括环境温度、水的温度、试验压力和保压时间等。

1）水压试验时水的温度应高于材料的脆性转变温度，但不能太高，以防汽化造成检验时渗漏难以发现。我国现行标准规定碳素钢、16MnR和正火15MnVR钢制容器水压试验的水温不得低于5℃，其他低合金钢不低于15℃。一般情况下使用的水温为5～60℃。

2）试验压力见表3—2—2。

表3—2—2　　压力容器试验压力　　MPa

压力等级	耐压试验压力 P_T		气密试验压力
	水压	气压	
低压	1.25P	1.20P	1.05P
中压	1.25P	1.15P	1.05P
高压	1.25P		1.05P或1.25P
超高压	1.25P		1.00P

注：P_T——试验压力；P——设计压力。

3）试验前，电动试压泵、压力表、加压管等各连接部件的紧固螺栓必须装配齐全，并将两个量程相同、经过校正的压力表装在试验装置上便于观察的地方。

4）试验现场应有可靠的安全防护装置。停止与试验无关的工作，疏散与试验无关的人员。

（3）水压试验操作程序。

1）向试件充水前，应把试件内部铁屑、杂物等清理干净，并用水冲洗内部。试件留出排气孔和进水孔各一个，其余孔分别用封板、法兰盖、胀塞封闭，并装妥人孔、头孔及手孔装置。

2）将加压泵与试件连接妥当，各装设压力表一个。

3）通过进水孔将水注入试件内，水充满后关闭排气孔。

4）试验时，将锅炉、压力容器充满水后，用顶部的放气阀排净内部的气体。将空气排净后再密封加压。试验过程中应保持锅炉、压力容器（试件）表面的干燥，并注意观察。

5）待锅炉、压力容器壁温与水温度接近时，缓慢升压至设计压力；确认无泄漏后继续升压到规定的试验压力，焊接的锅炉应在试验压力下保持 5 min；压力容器根据容积大小保压 10 ~ 30 min。然后降至设计压力下保压进行检查，保压时间不少于 30 min，以便对所有焊缝进行检查。如有渗漏，修补后重新试验。注意必须降压、排水、干燥后才能修补，不得在有压力和与水接触的情况下补焊。检查期间压力应保持不变，不得采用连续加压以维持试验压力不变的做法。不得带压紧固螺栓。

6）对于夹套容器（如空分设备中的液氧储槽），应先进行内筒水压试验，合格后再焊夹套，然后进行夹套内的水压试验。

7）漏水、渗水部位须做出标记，并做好记录。

8）水压试验完毕后，应拆除所有管座上的封口元件，将水放尽。并用压缩空气将内部吹干。

9）水压试验合格后，检验员应在试件上做好“水压合格”标记，并填写水压试验原始记录，交品质部存入档案。

4. 水压试验的结果评定

（1）水压试验应根据锅炉压力容器的类别执行《压力容器安全技术监察规程》《热水锅炉安全技术监察规程》《蒸汽锅炉安全技术监察规程》相应的标准和设计图样的要求。

（2）合格标准。

1）压力容器水压试验后，符合下列条件则水压试验为合格：无渗漏；无可见的变形；试验过程中无异常的响声；对抗拉强度规定值下限大于等于540 MPa 的材料，表面经无损检测抽查未发现裂纹。

2）锅炉水压试验后，符合下列条件则水压试验为合格：在受压元件金属壁和焊缝上没有水珠和水雾；锅炉换热器胀管胀口处，在降到工作压力后不滴水珠；水压试验后，无渗漏，无残余变形发生。

3）压力试验的免除问题。事实上，压力试验的免除仅仅针对那些不可能进行压力试验的现场组焊的大型压力容器，例如催化裂化装置中有隔热层的大型反应器和再生器，以及那些基本不能承受液压试验时水的质量的压力容器等。

5. 安全操作要求

（1）试验人员应熟悉试件水压试验的条件和图样要求。

（2）试验人员应熟悉安全规程，确保人身、设备安全。

（3）经常检查加压泵、压力表及保险装置，发现故障应及时排除，不准带“病”操作。

（4）试压过程中，操作人员不得少于2人，且有一人留在电源闸刀旁。

（5）试验压力大于9.8 MPa时，应在水压试验场地的醒目位置立有警示牌。

（6）试压操作人员不得擅离岗位，试验过程中应随时观察试件有无异常变化。如发现异常响动、压力下降、加压装置发生故障不正常时，应立即停止试验并查明原因。

（7）水压试验时，试验场地内禁止无关人员在场。

（8）水压试验前拧紧螺栓，登高作业时防止滑跌和工具脱手伤人。

（9）试验压力下，任何人不得靠近试件，待降到工作压力后，方可进行各项检查。

三、气压试验

1. 适用范围

由于气体的体积压缩比大，气压试验时因缺陷扩展有可能引起爆炸危险。如果由于设备结构原因（如设备容积大）、支撑原因（如地基无法承受）不能向压力容器内充灌液体时，或者有水渍存在不便清除而有可能参与介质反应发生爆炸时，以及运行条件不允许残留试验液体等因素的容器不能用液压试验时，才能采用气压试验。气压试验目的是检验压力容器的耐压强度和密封性，气压试验压力为设计压力的1.15倍。

2. 使用介质

根据试件对介质的要求，试验所用气体应为干燥洁净的空气、氮气或其他惰性气体，对盛装介质要求较高或试件材料不适合空气作为试验介质时，应采用氮气或其他惰性气体。气压试验实际操作时一般采用空气作为试验介质，不需要在设备上安装安全附件。

3. 注意事项

由于气压试验危险性比液压试验高，因此对安全防护的要求也比液压试验高。气压试验试压环境必须安全可靠，要设有防爆墙及其他安全设施，除了要有必要的保护措施外，还要有试验单位的安全部门人员在现场进行监督。

4. 气压试验的要求

（1）《钢制压力容器》（GB 150—1998）规定进行气压试验的容器，对其纵缝和环缝等焊接接头进行100%射线或超声检测。根据《压力容器安全技术监察规程》的要求，气压试验时，容器壳体的环向薄膜应力值不得超过试验温度下材料屈服点的80%与圆筒的焊接接头系数的乘积。

（2）碳素钢和低合金钢制压力容器的试验用气体温度不得低于15℃。其他材料制压力容器的试验用气体温度应符合设计图样规定。

5. 试验操作要点

制定合理的试压工艺规程，并使压力缓慢地上升。应先缓慢升压至规定试验压力的10%，保压5~10 min，并对所有焊缝和连接部位进行初次检查。如无泄漏可继续升压到规定试验压力的50%。如无异常现象，之后按规定试验压力的10%逐级升压，直至升到试验压力，保压30 min。然后，降到规定试验压力的80%，保压足够时间进行检查，检查期间压力应保持不变。不得采用连续加压来维持试验压力不变。气压试验过程中严禁带压紧固螺栓。检查中不允许做任何敲击，也不允许在带压条件下进行返修。

6. 气压试验的合格标准

气压试验应根据锅炉压力容器的类别执行《压力容器安全技术监察规程》《热水锅炉安全技术监察规程》《蒸汽锅炉安全技术监察规程》相应的标准和设计图样的要求，进行试验和结果评定。

气压试验后，符合下列条件则气压试验为合格：保压期间压力表稳定；压力容器无异常响声；经肥皂液或其他检漏液检查均未发现漏气；升压中，无可见的变形；降压后，容器没有肉眼可以观察到的残余变形；对设计中要求测量残余变形的容器，径向变形率不得大于0.03%。

四、压力试验与气密试验的区别

1. 水压试验与气密性试验的区别

（1）试验目的不同。水压试验是对系统强度的试验，主要检查安装管道本体的强度；气密试验是系统的致密性试验，主要检查整个系统连接的致密性。

（2）试验压力不同。水压试验压力应为设计压力的1.5倍。水压试验的压力比气密试验的压力要高。气密试验压力最大可取设计压力，一般不超过设计压力。

（3）试验时间不同。水压试验一般在管道安装完毕进行。气密试验一般在系统清扫、清洗完毕后，开车前进行。通常情况下，气密性试验是在强度试验（水压试验）合格后进行的。

（4）参与部件不同。部分部件不参与水压试验，如调节阀，因此不能够和水接触，除此以外所有部件都要参与气密试验。

2. 气压试验与气密性试验的区别

（1）性质不同。气压试验属于校核强度性试验，气密性试验属于致密性试验。

（2）目的不同。气密性试验是检验压力容器的致密性，特别是微小穿透性缺陷；气压试验是检验压力容器的耐压强度，侧重于设备的整体强度。

（3）使用介质。气压试验实际操作时一般采用空气作为试验介质；气密性试验除了空气外，如果介质毒性比较高，不允许有泄漏或易渗透，可采用氨气、卤素或氦气作为试验介质。

（4）安全附件。气压试验时，不需要在设备上安装安全附件；气密性试验一般情况下在安全附件安装完毕方可进行（压力容器安全技术监察规程）。

（5）顺序。气密性试验需要在气压或水压试验完成后进行。

（6）试验压力。气压试验压力为1.15倍的设计压力，内压设备则还需乘温度修整系数；气密性试验介质为空气时，试验压力为设计压力，如采用其他介质，还应根据介质情况来调整。

（7）使用场合。优先采用液压试验；如果由于设备结构或支撑原因不能用液压试验时，或设备容积较大时一般采用气压试验。

（8）应力校核。气压试验时，容器壳体的环向薄膜应力值不得超过试验温度下材料屈服强度的80%与圆筒的焊接接头系数的乘积。气密性试验则不需要。

根据有关规定，气密性试验之前，必须先经水压试验，合格后才能进行气密性试验；而已经做了气压试验且合格的产品，可以免做气密性试验。

五、水压试验设备

如图3—2—3所示为水压试验常用的4D－SY型（6.3～80 MPa）电动试压泵，其具有操作方便、使用寿命长、性能稳定、移动灵活、质量轻、使用安全方便、节能省电等特点。

电动试压泵适用于各类压力容器、氧气瓶、管道、阀门、蒸汽锅炉等的水压试验。

1. 主要结构

4D－SY 型电动试压泵为卧式四缸对称配置的往复泵，由电动机、减速箱、传动箱、高（低）压水缸、集水器、液控阀、安全阀及水箱等主要部件组成。

整台泵装在水箱上，水箱下有 4 个滚轮，使泵能移动灵活。电动机与减速箱由两件半联轴器连接。减速箱为蜗杆、蜗轮传动式，速比为 2∶55。蜗轮轴两端有互成 180°的偏心轴，通过两侧传动箱内的滑动机构，将旋转运动转变为滑块、十字头的往复运动。十字头上所装的柱塞在水缸内做往复运动，实现泵的交替吸入和排出过程。

图 3—2—3　4D－SY 型电动试压泵

在柱塞的往复作用下，4 只水缸内的工作容积形成周期变化。当柱塞处在吸入行程时，出水阀关闭，随水缸工作容积的增大，缸内形成真空，水箱内的工作介质在大气压力的作用下，通过滤网、吸水管，顶开进水阀进入缸体内。当柱塞处在排出行程时，进水阀关闭，出水阀被迫开启，柱塞将工作介质通过出水阀输入集水器，输送到被试容器内，直至达到某一预定的试验压力，实现试压的目的。

4D－SY 型电动试压泵主要部件功能如下。

（1）集水器。集水器是泵的控制枢纽，起控制、测量和保护作用。集水器设有止回阀、截止阀、安全阀、放水阀及连接输出接管的工件接头，其上装有压力表。

（2）止回阀。止回阀是高、低压缸间的通断阀，可以避免低压水缸承受高压。

（3）截止阀。截止阀是泵与被试容器的控制阀，当系统压力达到试压示值时，即应关闭此阀并停机，进行保压检查与检验。试压完毕后，打开截止阀及放水阀卸压，将工作介质放回水箱内。

（4）安全阀。安全阀是本泵液力端的过载保护装置。当泵的实际排出压力≤25 MPa 时，该阀的起跳压力为额定排出压力的 1.1～1.15 倍；当泵实际排出压力≥25 MPa 时，该阀的起跳压力为额定压力的 1.15～1.25 倍，此时应释放工作介质，使泵不致过载，起到保护作用。

（5）液控阀。液控阀的两端与两只低压缸相连，液控管与集水器的高压腔相通。液控阀关闭时，四只高、低压缸同时工作，而当排出压力＞1.6 MPa 后，排出介质通过液控管使该阀开启，则两只低压缸互相连通，止回阀将它们与高压腔隔断，这时左、右低压缸不再输出介质，仅由高压缸工作，实现流量由大到小的自动切换，实现泵的流量自动变换，同时两只低压缸互通，也不再消耗能量，还可避免因泵过载而损坏机件。

（6）压力表。集水器上装有压力表，当被试容器内的压力达到试验压力，应立即停机并关闭截止阀，此时压力表仍指示试验压力。压力表的数值范围应相当于泵额定压力的 1.2～1.5倍。

2. 工作条件

（1）工作介质。5～60℃的清水，或者乳化液和黏度不大于45 mm^2/s 的油品。

（2）工作环境温度。5～60℃。

（3）工作压力条件。在试压的初始阶段能迅速充液和升压，以缩短试验时间，具有较大的流量；当压力超过1.6 MPa（可以调低）后，为使试压过程更加平稳地进行，则流量自动减小。因此，该电动试压泵在高、低压时具有两种流量，并能自动变换。凡在额定排出压力以下，可进行任意数值的压力试验。

任务实施

要对任务提出的锅炉换热器进行压力试验，根据该试件的结构及材料特点，考虑到试验的成本及锅炉相关标准要求，决定选用水压试验来检验该试件是否合格。

一、试验前准备

如图3—2—1所示的换热器（工件），其设计的额定工作压力为0.8 MPa。

1. 试验设备

本任务采用的水压试验设备为4D－SY型电动试压泵。

2. 辅助器材

（1）两块表盘直径不小于 ϕ100 mm且为经定期检验合格的压力表，压力表量程优先选用0～2.5 MPa（0～2 MPa或0～4 MPa的也可），压力表精度不低于2.5级。

（2）水压试验用加压管一般选用软性黄铜管或高压橡胶管，长度以4 m左右为宜。本任务选用总长不超过4 m的1/2 in高压橡胶管。其耐压值为6.3 MPa以下，且接头与电动试压泵相匹配。

（3）经校验合格且在有效期内的两只温度计或水温测量仪，量程为0～50℃为宜。

（4）水压试验用通用接头、扳手、锤子、计时器具等工具，记录用表格及笔等工具。

3. 工件准备

工件在进入本任务流程之前必须经过相关检验，合格后根据试验场地将工件吊装到试验平台相应位置并固定稳妥，清理工件内部焊渣、焊条头等杂物，装配垫片及法兰盖，焊接堵头、仪表接管、排气接管等。

4. 其他试验条件

（1）工件的水压试验应在无损检测和热处理后进行。

（2）压力表、温度计、水温测量仪应经校验合格且在有效期内。

（3）水压试验必须在5℃以上的环境温度进行，在低于该温度时应有防冻措施。水压试验平台上的温度计测得试验的环境温度为25℃。

（4）水压试验用通用接头、扳手、锤子、温度计、水温测量仪等满足水压试验工艺要求。

（5）水压试验厂房的光线（或照明）应充足。

二、试验操作

1. 如图3—2—4所示将试压泵与试件连接妥当，各装设压力表一只，压力表表面朝向便于读数的位置。因换热器（工件）的额定工作压力为0.8 MPa，选择压力表的量程为3 MPa。

a)

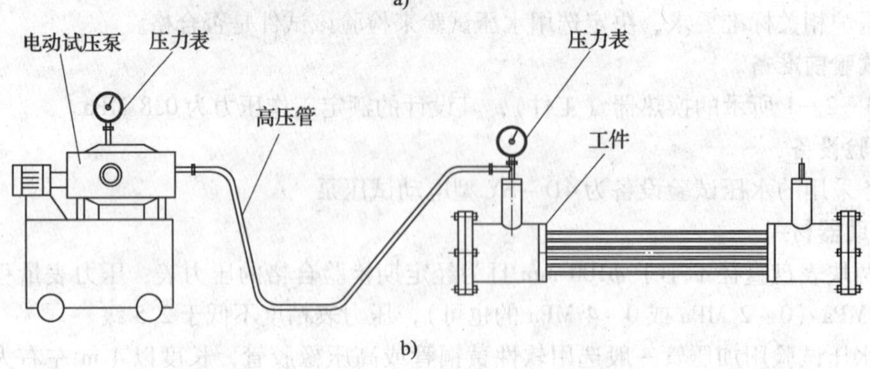

b)

图 3—2—4　换热器的水压试验

a）换热器的水压试验　b）换热器的水压试验示意图

2．通过进水孔将水注入试件内，水充满后关闭排气孔。

3．接通设备上相应电缆，确认设备处于完好状态。

4．选择水压试验的试验压力为 1.2 MPa。

5．加压时，当压力缓慢升到 0.08 MPa 时，应停止升压并进行检查，确保密封良好、没有泄漏后再升压。当压力升到工作压力 0.8 MPa 时应停止升压，检查有无漏水或异常的变形等现象，然后再将试验压力升到 1.2 MPa。在试验压力 1.2 MPa 下稳压 20 min，然后将压力降至额定工作压力 0.8 MPa 进行检查，检查期间压力应保持不变，保压时间不少于 30 min。为了试验结果的真实性，试验中不得采用连续加压以维持试验压力不变的做法。为了安全起见，不得带压紧固螺栓。

6．试验中试验人员应严格按试压泵的安全操作要求进行试验，并注意检查加压泵、压力表及保险装置，如图 3—2—5 所示。发现故障应及时排除，不准带“病”操作。同时，借助照明灯仔细观察焊接接头及其他连接处，如图 3—2—6 所示。若出现漏水、渗水部位，须对其做出标记，并做好记录。

7．水压试验完毕后，应拆除所有管座上的封口元件，将水放尽，如图 3—2—7 所示。

图 3—2—5　检查焊接件是否漏水或有水珠

图 3—2—6　借助照明灯检查焊接接头是否漏水

图 3—2—7　水压试验后拆除封口元件

三、试验结果评定

在本换热器水压试验过程中，在受压元件金属壁和焊缝上没有水珠和水雾；管板与换热管胀接处，当试验压力降到工作压力后不滴水珠；水压试验后，无渗漏，无残余变形发生。

因此，根据《热水锅炉安全技术监察规程》和《锅炉水压试验技术条件》(JB/T 1612—1994)的规定进行评定，满足以上条件的试件，水压试验将被判定为合格。

四、撰写试验报告

水压试验合格后，检验员应在试件上做好“水压合格”标记，并填写水压试验原始记录，交品质部（质检部门）存入档案。

根据水压试验原始记录，将试验所得原始数据进行整理，编制相关的水压试验报告，见表3—2—3，并经相关责任人员签字确认，水压试验报告中的水压试验过程图根据相关标准和具体试验工件的相关技术要求确定。

表3—2—3　　水压试验报告

产品编号	××××	产品型号	CWNS1.4－60/50－YQ	试件名称	换热器
执行标准	JB/T 1612和《锅炉压力容器安全技术监察规程》	环境温度	25℃	试验温度	21℃
额定压力	0.8 MPa	试验压力	1.2 MPa	稳压时间	20 min
升压过程	缓慢	试压泵型号	4DSY－165/6.3	试压泵编号	××××
试压泵上压力表型号	Y－100	量程及精度	0～2.5 MPa 1.5级	检测编号	××××
				有效日期	×年×月×日
试件上压力表型号	Y－100	量程及精度	0～2.5 MPa 1.5级	检测编号	××××
				有效日期	×年×月×日

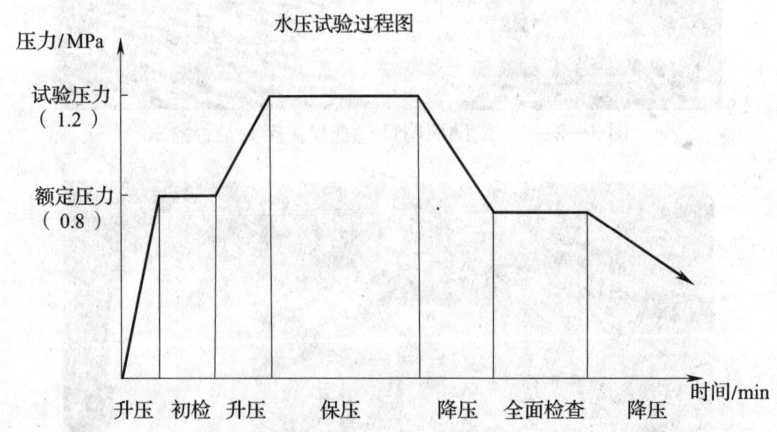

操作者	张某某	专检人员	陈某某	试验日期	×年×月×日
试验结论	合格	监　检	黄某某	监检日期	×年×月×日

任务评价

评分标准见表 3—2—4。

表 3—2—4　　　　评分标准

序号	考核内容	评分标准	配分	得分
1	水压试验准备	图样及标准要求、环境温度、介质温度、工件表面清理、检测工量具的选择	20	
2	试验过程操作	试压泵与试件的连接，试验压力的确定与升、降压的操作，保压时间的选择，目视观察是否有水珠滴漏及水雾产生、试件表面是否有明显变形（借助手电筒）	40	
3	试验结果评定	根据《热水锅炉安全技术监察规程》和《锅炉水压试验技术条件》（JB/T 1612—1994）标准规定对试验结果进行评定	20	
4	撰写水压试验报告	内容包括：试件名称、环境及试验温度、试验器具名称型号、水压试验过程图、试验结论、试验人员及试验日期	20	
总分合计			100	

思考与练习

1. 水压试验与气压试验的选择原则有哪些？为什么说气压试验比水压试验具有更大的危险性？

2. 气压试验与气密性试验有何区别？它们是否能相互替代？

3. 简述水压试验的操作步骤。

4. 水压试验的注意事项有哪些？

模块四 破坏性检验

检测焊接结构能否安全运行，在要求的期限内能否达到设计功能的最直接、最可靠的方法是观察结构的实际运行。但是，这个方法在时间消耗和物质消耗方面都是最不经济的，因此出现了许多模拟试验方法，其中最基本的是在不同环境中（或经不同环境使用后）的焊接接头破坏性检验。常用的破坏性检验方法主要有拉伸试验、弯曲试验以及冲击试验。

严格而论，除部分腐蚀和功能试验外，大多数的模拟试验均属于力学性能试验。焊接生产中的破坏性检验是指测定焊接接头及焊缝金属的各种力学性能、工艺性能等检验项目。破坏性检验虽然不直接反映某具体产品的焊接质量，但是对产品设计、焊接材料的选用、焊接工艺的正确性将起到验证的作用。破坏性检验应用于产品的生产环节，如产品焊接试板检验，以及生产准备阶段的焊接工艺评定和焊工操作技能考核。

任务1 拉 伸 试 验

技能点

◎ 拉伸试样的制作；拉伸试验的操作方法；拉伸试验结果的评定。

知识点

◎ 拉伸试验分类；拉伸试验设备。

任务提出

拉伸试验是指在承受轴向拉伸载荷下测定材料特性的试验方法。通过拉伸试验得到的实验数据可以确定材料的弹性极限、伸长率、弹性模量、比例极限、面积缩减量、抗拉强度、屈服强度和其他拉伸性能指标。在高温下进行的拉伸试验可以得到蠕变数据。目前，可以进行的拉伸试验包括金属拉伸试验、塑料拉伸试验、玻璃纤维的拉伸试验、黏结剂的拉伸试验、硬橡胶的拉伸试验等，主要用于检验材料是否符合标准和研究材料的性能。本教材只介绍金属的拉伸试验。

如图 4—1—1 所示为某压力容器筒体纵缝的焊接试板，材质为 16MnR，板厚 $t=12$ mm，焊缝为 V 形坡口平焊对接接头焊缝。试件焊后焊缝外观检测为合格，100% X 射线检测 Ⅰ 级合格。根据技术要求和《压力容器安全技术监察规程》规定，压力容器的焊接试板需要进行拉伸试验，以测定焊接接头的抗拉强度 σ。

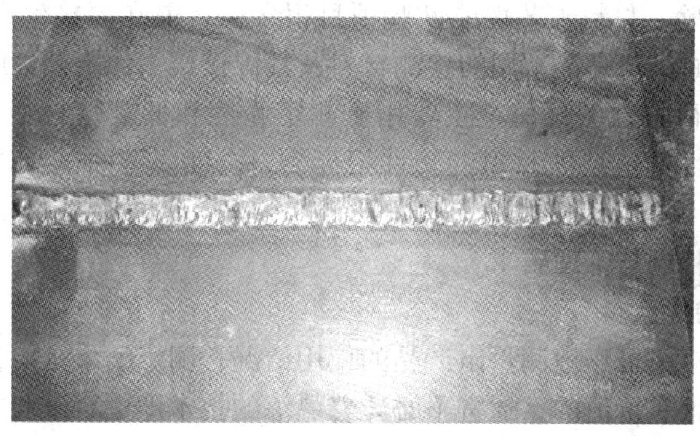

图 4—1—1　焊接试板 S2010－81

任务分析

要对焊接试板进行拉伸试验，首先要了解压力容器筒体的材质和规格以及拉伸试验的相关标准，熟悉拉伸试验的试样取样方法和取样尺寸，掌握试样的制备方法及要求，了解拉伸试验设备的操作规程，学会正确掌握拉伸试验的操作程序，熟知拉伸试验的安全操作要求，从而正确掌握拉伸试验的相关知识和技能，对拉伸试验合格与否进行准确判断，并且撰写相应的检验报告。

相关知识

一、破坏性检验概述

破坏性检验是对从焊件或试件上切取的试样，或对产品（或模拟体）的整体进行试验来检验其力学性能等的试验方法。利用破坏性检验方法对焊接接头进行的检验，一般是指对焊接试样板进行拉伸、弯曲、冲击、硬度和疲劳等的检测试验。破坏性检验一般都不直接用由交付使用的产品来制取测试试样，而是制备产品试板或模拟焊接生产条件（焊件、焊材、焊接方法、焊接参数等条件均相同）制作其他试板，焊接试样板的材料、坡口形式、焊接工艺等均与产品实际情况相同。常用破坏性检验包括力学性能试验、工艺性能试验等。

（1）力学性能试验。主要有拉伸试验、冲击试验（主要有低温、常温两种）等。就检验对象而言，拉伸试验主要有母材拉伸试验、焊接接头拉伸试验和熔敷金属拉伸试验三种；冲击试验根据焊接接头的焊缝、熔合线和热影响区分成三种。

拉伸试验是测定材料在拉伸载荷作用下的一系列的特性试验，主要用于检验材料是否符合规定的标准和研究材料的性能。金属通过拉伸试验可测定其强度指标（抗拉强度、屈服强度）、塑性指标、延伸率和断面收缩率。

冲击试验是一种动态力学性能试验，主要用来测定冲断一定形状的试样所消耗的功，即冲击韧性，故又叫冲击韧性试验。主要用于检验材料的韧脆度。

（2）工艺性能试验。材料工艺性能试验项目很多，目前在焊接生产中常用的有弯曲试验、压扁试验等。弯曲试验是最常用的检测材料及其焊接接头的工艺性能试验。弯曲试验是测定材料承受弯曲载荷特性的试验，主要用于测定脆性和低塑性材料（如铸铁、高碳钢、工具钢等）的抗弯强度并能反映材料的塑性指标——挠度。弯曲试验还可用来检查材料的表面质量。

二、破坏性检验特点与管理要求

1. 破坏性检验的优点

破坏性检验能直接、可靠地测量出产品的使用情况；测定结果是定量的，这对设计与标准化工作来说通常是很有价值的；通常不必凭着熟练的技术即可对试验结果作出说明；试验结果与使用情况之间的关系往往是一致的。

2. 破坏性检验的局限性

破坏性检验只能用于抽样检验，而且需要证明该抽样能代表一整批产品的情况；试验过的产品不能再交付使用；通常不能对同一件产品进行重复性试验，而且不同形式的试验可能要用不同的试样；对材料成本、生产成本很高或对利用率有限的零件，破坏性检验不太适用；不能直接测量运转使用期内的累计效应，只能根据所用过的不同时间的产品试验结果来加以推断；对使用中的产品很难应用；试验用的试样需要经过一定的机械加工或其他方式而制备得到；投资及人力消耗较高。

与无损探伤检测方法相比，破坏性检验还具有以下几个方面的局限性。

（1）检验过程周转环节多。例如，对于焊接工艺评定、产品焊接用的试板都要在对试板焊缝作外观和无损探伤检测合格后进行破坏性检验。从试板上切取样坯并将样坯加工成各种试样；然后，分别进行试验并填写试样报告单；最后，将检验结果送经责任人员审批后，再反馈给下达检验任务的单位。因此，从以上这个过程可以看出，破坏性检验的周转环节是很多的。

（2）有业务联系的职能部门多。以上各种试板的检验任务可能来自不同部门，如焊接工艺评定试板来自焊接责任工程师或焊接工艺科室；焊工考试试板受焊工考试委员会委托；产品焊接试板则来自生产车间产品检验科室。来自不同部门的试板在截取样坯后都要送到金工车间加工成符合要求的各种试样，然后才能送到理化检验室检验。此外，还包括来自材料供应部门下达的原材料和焊接材料的检验任务。总之，破坏性检验可能涉及焊接生产质量保证体系中的许多职能部门，服务面广，发生联系的单位多。

（3）破坏性检验涉及技术标准多。各个不同的检验项目都有各自不同的标准，其中取样方面的标准有:《钢及钢产品 力学性能试验取样位置及试样制备》(GB/T 2975—1998)、《焊接接头机械性能试验取样方法》(GB 2649 —1989)。

除以上取样方法标准外,《产品焊接试板焊接接头的力学性能试验》(GB 150—1998 附录 G)、《锅炉焊接工艺评定》(JB 4420—2008)、《钢制压力容器焊接工艺评定》(JB 4708—2000)以及劳动部门2005 年颁发的《锅炉压力容器焊工考试规则》等标准还规定了在试板上截取试样的部位和数量。

3. 破坏性检验的管理要求

破坏性检验的周转环节多,涉及许多不同部门,且在具体检验工作中要遵循很多技术标准,从而给破坏性检验的管理工作增加了难度,因此要求:

(1)必须建立能有效执行的岗位责任制度。

(2)严格按规定的流程运转。

(3)试验委托单填写项目要清晰、完整,签交转移手续要齐全。

(4)对试样切取部分的尺寸精度要求与几何公差的检查要到位。

(5)做好标记移植,在加工流程中坚持标记移植制度,试件转移交接过程应有检验人员确认。

三、破坏性试验取样

1. 取样位置与数量

焊接接头包括焊缝、熔合区和热影响区三个部分,其特点是存在金相组织与化学成分的不均匀性,从而导致力学性能的不均匀。另外,试件焊接接头位置的不同,焊接接头的力学性能测定值也不同。因此,《焊接接头机械性能试验取样方法》(GB 2649—1989)规定了金属材料熔焊及压力焊接头的拉伸、冲击和弯曲等试验的取样位置和试样数量,如图 4—1—2 和表 4—1—1 所示。焊接试件所用的母材、焊接材料、焊接工艺条件和焊前预热及焊后热处理都应与产品相同。

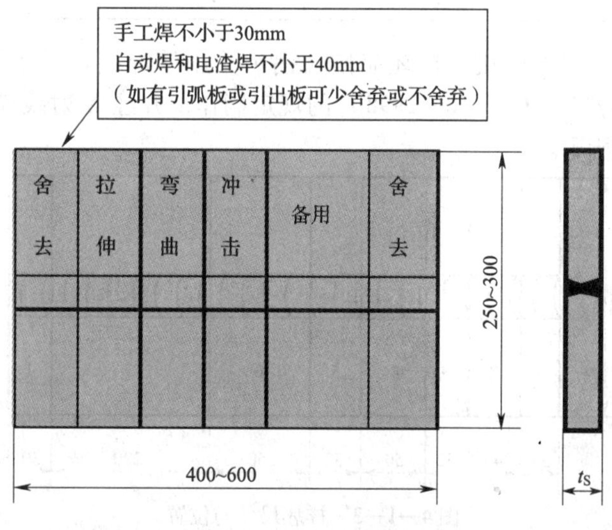

图 4—1—2 样坯取样位置

表 4—1—1　　**样坯取样数量**

类别			数量
拉伸			1
弯曲②	t_s≤20 mm	面弯①	1
		背弯	1
	t_s＞20 mm	侧弯	2
冲击③		焊缝金属	3
		热影响区	3

①当试板厚度 t_s≤30 mm 时，应采用全板厚单个试样；当 t_s＞30 mm，根据试验条件可采用全板厚的试样，也可采用多片试样。采用多片试样时，应将焊接接头全厚度的所有试样组成一组作为一个试样。

②试板厚度 t_s 为 10～20 mm 时，可用一个面弯、一个背弯，也可用两个侧弯代替面弯和背弯。

③一般只进行焊缝金属的冲击试验，但对低温容器还应增加热影响区的冲击试验。

2. 取样方法及取样尺寸

正确取样是关系焊接接头力学性能试验最终结果是否正确、合理的首要条件，因而掌握取样的原则十分重要。

表 4—1—2 给出了不同厚度试板的单边宽度尺寸，试板长度则应根据试样的尺寸、数量和切割方法统一考虑，试板两端不能利用的长度最小应不低于 25 mm。试样切取可采用冷加工或热加工的方法。但是，采用热加工方法时应注意留有足够的加工余量，保证火焰切割时的热影响区不能影响性能试验结果。如切取的试样发生弯曲变形，除非受试部位不受影响或随后要进行正火等处理，否则一般都不允许矫直。对于不同的力学性能试样，其取样方法也有不同的要求，需要根据相应的标准要求进行具体区分。

表 4—1—2　　**取样用焊接试板的最小宽度要求**　　mm

试板厚	试板单边宽度	试板厚	试板单边宽度
≤10	≥80	＞24～50	≥150
＞10～24	≥100	＞50	≥200

例如，产品受压元件焊接接头样坯应按《锅炉受压件焊接技术条件》（JB/T 1613—1993）、《钢制压力容器》（GB 150—1998）的规定制作，并经 X 射线检测合格。样坯尺寸与位置如图 4—1—3 所示。

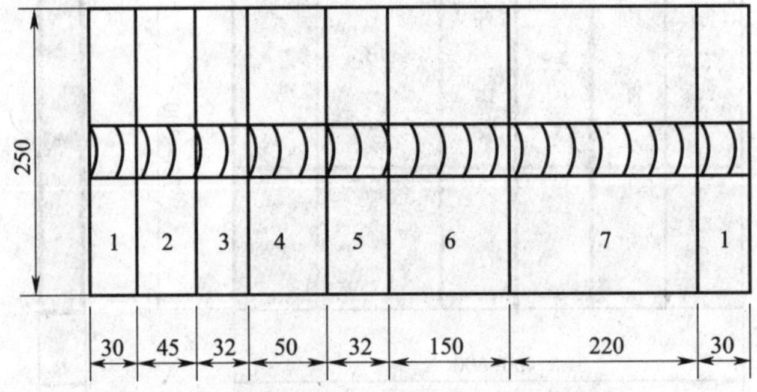

图 4—1—3　样坯尺寸与位置

1—废弃部分　2—拉伸样坯　3—背弯样坯　4—其他检查项目预留样坯
5—面弯样坯　6—冲击样坯　7—全焊缝金属拉伸样坯

要求样坯数量："2"——焊缝拉伸 1 个；"5"——面弯 1 个；"3"——背弯 1 个；"6"——冲击 9 个（其中焊缝、热影响区、母材各 3 个）；"7"——全焊缝金属 1 个。

四、拉伸试验

拉伸试验主要测定焊接接头或焊缝金属的抗拉强度、屈服强度、延伸率和断面收缩率等力学性能指标。在拉伸试验时，还可以发现试样断口中的某些焊接缺陷。拉伸试验除了检验焊接接头（包括焊缝金属、熔合区和热影响区等）及焊件的强度和塑性之外，还要求测定焊缝金属的延伸率以鉴定焊接材料性能，此时也需要做熔敷金属的拉伸试验。另外，可以通过高温短时拉伸试验，来测定耐热钢焊接接头在高温条件下的瞬时强度和塑性指标。为了解长期在高温下工作的耐热钢焊接接头的性能，需进行高温持久强度试验。

1. 拉伸试验的分类

拉伸试验一般包括母材、焊接接头及焊缝熔敷金属的拉伸试验。因它们的取样位置不同，所以其拉伸试验测定的性能所代表的对象也就不同。母材拉伸试验用来测定材料的强度和塑韧性；焊接接头拉伸试验用于评定焊缝或焊接接头的强度和塑性性能；焊缝及熔敷金属的拉伸试验只要求测定其拉伸强度及塑性。

（1）母材的拉伸试验。按照《金属材料　室温拉伸试验方法》（GB/T 228—2002）进行拉伸试验。母材金属沿纵向、横向和厚度方向的性能是各不相同的。故对三个不同方向切取的拉伸试样可测取母材沿三个不同方向的强度和塑性。不同磁场和断面的相同材料的拉伸试样测取的抗拉强度是相同的，而伸长率的数值在具有相同比例尺寸试样测试结果之间进行比较才有意义。

（2）焊接接头的拉伸试验。焊接接头的拉伸试验包括母材、热影响区和焊缝三部分，有横向和纵向两种形式。这两种形式的焊接接头拉伸试样示意图如图 4—1—4 所示。

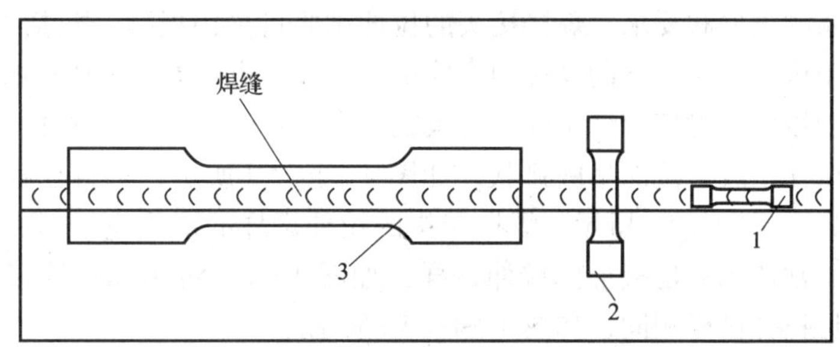

图 4—1—4　三种典型的焊接拉伸试样

1—焊缝金属拉伸试样　2—焊接接头横向拉伸试样　3—焊接接头纵向拉伸试样

目前，焊接检验拉伸试验主要用来测定焊接材料、焊缝金属和焊接接头在各种条件下的强度、塑性和韧性的数值，根据这些数值来确定焊接材料和焊接规范是否满足设计和使用要求。抗拉强度和屈服强度的差值能定性说明焊缝或焊接接头的塑性储备量。通过伸长率和断面收缩率的比较，可以看出塑性变形的不均匀程度，能定性说明焊缝金属的偏析和组织的不均匀性。

1）焊接接头横向拉伸试验。按《焊接接头拉伸试验方法》（GB/T 2651—2008）实施。其主要特点是受试区所包含的焊接接头各区在拉伸加载时，承受相同数值的应力，拉伸中的大部分塑性变形和最后断裂都发生在最弱区。

焊接接头力学性能不均匀性对接头横向拉伸性能有明显影响。在超强匹配焊接接头横向拉伸时，大部分塑性变形发生在母材（焊接低碳钢时）或热影响区（焊接调质钢时），缩颈和断裂也发生在上述区域。在这种情况下，拉伸试验只能得出焊缝强度高于母材的结论，不能定量地比较焊缝的强度和塑性。

在低强匹配的焊接接头（即焊缝强度低于母材）横向拉伸试验中，主要的塑性变形、缩颈和断裂虽然都发生在焊缝中，但是由于塑性变形的集中和母材对焊缝形变的约束作用，这种试验测出的断后伸长率（δ）和断面收缩率（ψ）也不能用来比较焊缝金属的塑性。因此，按《焊接接头拉伸试验方法》（GB/T 2651—2008）要求，横向焊接接头拉伸试验只测取抗拉强度（σ_b）。低强匹配的横向拉伸试样虽然断裂在焊缝处，但由此得到的抗拉强度并不等于焊缝金属的抗拉强度（按 GB/T 2652—1989 测定），一般情况下前者稍高于后者。应强调的是，由接头横向拉伸测取的低强匹配焊接接头抗拉强度受焊缝宽度（H_0）与试样厚度（a_0）之比的影响，也受试样厚度（a_0）和试件宽度（W_0）之比的影响。一般焊接结构的实际板厚，特别是构件的实际宽度均显著大于标准焊接接头横向拉伸试样的厚度和宽度，因此采用低强匹配的焊接结构，实际结构的抗拉强度可能高于标准横向接头拉伸试样。

2）焊接接头纵向拉伸试验。该试验尚未列入国家标准。这类试验适用于评价圆柱形压力容器和管道的环焊缝的工作条件（此时垂直焊缝方向的应力是平行焊缝方向的一半）。焊接接头纵向拉伸的主要特点是焊缝接头各区承受相同数值的应变。具有较高强度和较低塑性的焊缝的超强匹配焊接接头，其纵向拉伸试件的断裂首先发生在焊缝区，其抗拉强度低于焊缝，有时还可能低于母材。相反地，具有较高塑性焊缝的低强匹配的接头可得到较高的纵向抗拉强度。因此，对于压力管道和圆筒形压力容器的环焊缝，一般要求采用有较好塑性的低强匹配的焊接接头。

3）焊接接头拉伸试样。应按照《焊接接头拉伸试验方法》（GB/T 2651—2008）标准执行。根据焊接产品的类型和要求，焊接接头的拉伸试验可采用板形（包括板接头和管接头）和整管两种。由于试验的对象不同，拉伸试验试样的形式也不同，具体有板状、整管和圆形试样三种。板件和板件的对接焊缝试样应为板状；大直径管材及其对接接头的试样则从管子上切取一部分作试样，故横截面呈圆弧状，如图 4—1—5d 所示；小直径管子则可直接用整根管子作试样，如图 4—1—5c 所示。焊接接头的拉伸试样的形式应根据需要进行选用，对于焊接接头来讲，常选用的是板形的拉伸试样，如图 4—1—5a 所示。管接头的板形拉伸试样与板接头的板形拉伸试样相同，如图 4—1—5b 所示。

（3）焊缝及熔敷金属的拉伸试验。焊缝及熔敷金属的塑性指标包括伸长率 δ 和断面收缩率 ψ。焊缝及熔敷金属的拉伸试验应按照《焊缝及熔敷金属拉伸试验方法》（GB/T 2652—2008）标准执行，以测定其强度指标（σ_b 和 σ_s）以及塑性指标（δ 和 ψ）。

焊缝及熔敷金属的拉伸试样在如图 4—1—4 所示的 3 位置截取试样。按照 GB/T 2652—2008《焊缝及熔敷金属拉伸试验方法》标准规定，焊缝及熔敷金属拉伸试样的受试部分必须是焊缝或熔敷金属，试样可以分为长试样和短试样两种，试样的夹持部分允许有未经加工的焊缝表面或母材。试样按被夹持部分的形状又分为单肩、双肩和螺纹式三种，如图 4—1—6 所示。因此，应根据拉伸试验机的夹头形状来确定加工拉伸试样的形式，试样凸肩及头部的形状及尺寸可根据试验机引伸计结构和拉杆形式确定。

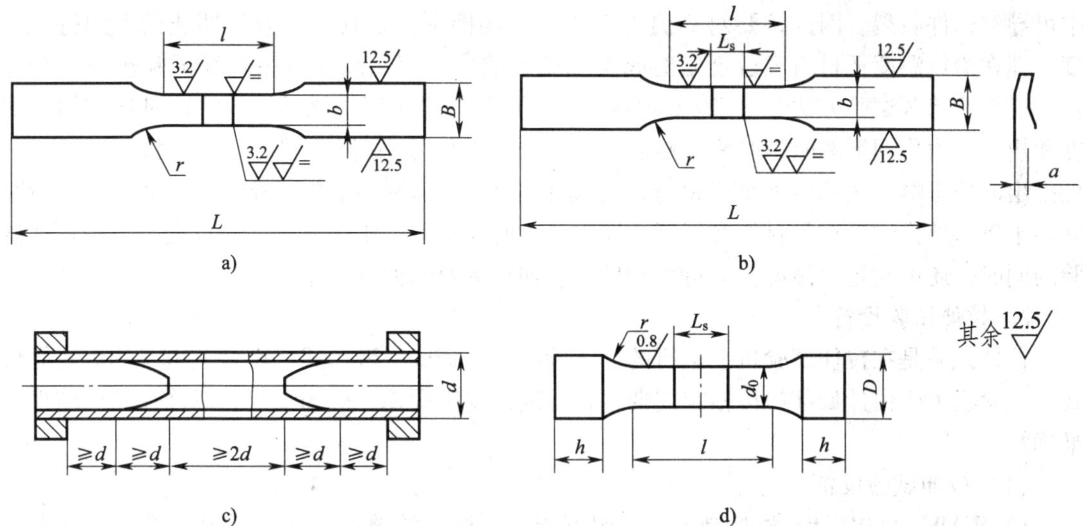

图 4—1—5 拉伸试样

a）板接头板状试样 b）管接头板状试样 c）整管形试样 d）圆形试样

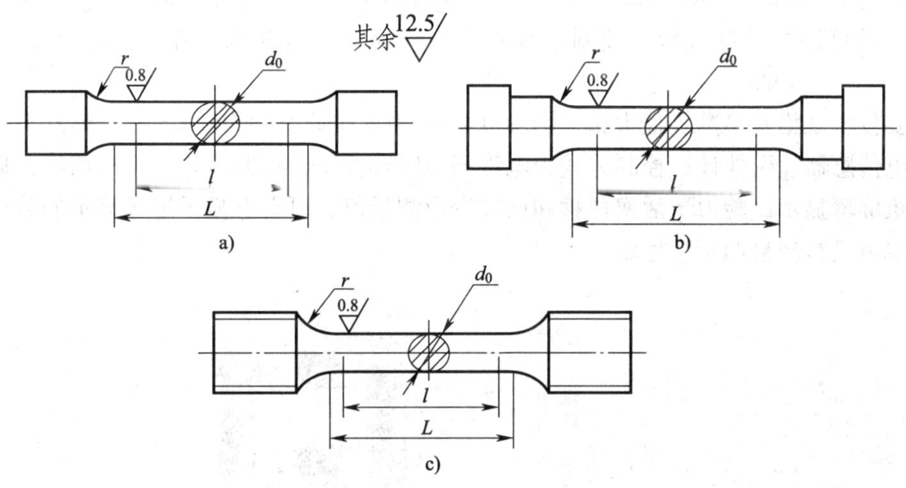

图 4—1—6 焊缝及熔敷金属拉伸试样

a）单肩试样 b）双肩试样 c）带螺纹试样

一般情况下，圆棒试样能测得抗拉强度 σ_b、屈服强度 σ_s、伸长率 δ 和断面收缩率 ψ；而板条状和整管试样只能测出抗拉强度 σ_b。焊接接头或焊缝金属的抗拉强度值不得低于母材金属的强度下限值。

（4）焊接接头的高温拉伸试验。焊接接头在高温下工作时，其力学性能与常温下有很大不同。根据焊接接头的高温工作条件进行高温短时拉伸试验，应执行《金属材料高温拉伸试验方法》（GB 4338—2006）的规定，以求得不同温度的抗拉强度、屈服强度和伸长率以及断面收缩率。

虽然，在高温工作的构件承受的应力不小于工作温度的屈服强度，但在长期的服役过程中可导致构件破裂。因此，要对高温下工作的焊接接头测定其在高温长期载荷下的持久强度，即在给定温度下材料经过规定时间发生断裂的应力值。高温持久强度试验按照《金属拉伸蠕变及持久试验方法》（GB/T 2039—1997）的规定进行。试验时，测定试样在给定温度和规定应力作用下的断裂时间，然后用外推法求出数万小时甚至数十万小时的持久强度。外推出的稳态蠕变速率应不小于最低蠕变速率的1/10；外推出的时间应不大于最长试验时间的十倍。外推时，对于材料在温度、应力及时间作用下的组织变化应予以充分考虑。在试验的同时，还可测定出高温时的持久塑性——伸长率及断面收缩率。

2. 拉伸试验设备

拉伸试验是在拉伸试验机上进行的。试验机有机械式、液压式、电液或电子伺服式等形式。试验机也应由计量部门按检定周期进行检定，检定周期一般为1年，以确保试验结果的准确性。

（1）拉伸试验设备

1）WAW－600B计算机控制电液伺服万能试验机。如图4—1—7所示，该试验机是目前常用的万能试验机，采用专用插卡式全数字闭环控制系统，能满足试验力、位移、变形的三闭环控制要求，控制方式可任意组合、平滑切换，完全满足《金属材料　室温拉伸试验方法》（GB/T 228—2002）的要求。它适用于金属材料的拉伸、压缩、弯曲、剪切等试验，并可进行批量试验。控制系统具有网络接口，可联网操作，试验结果可实现网络传输。

主要技术规格及参数：最大试验力600 kN；最大拉伸空间500 mm；传感器为油压传感器、光电传感器、引伸计；控制方式为电液伺服闭环控制，控制模式可平滑切换；显示方式为计算机屏幕显示试验力、活塞位移和试样变形测量值，可动态显示屏幕显示的数据和试验曲线，也可进行屏幕调零、标定。

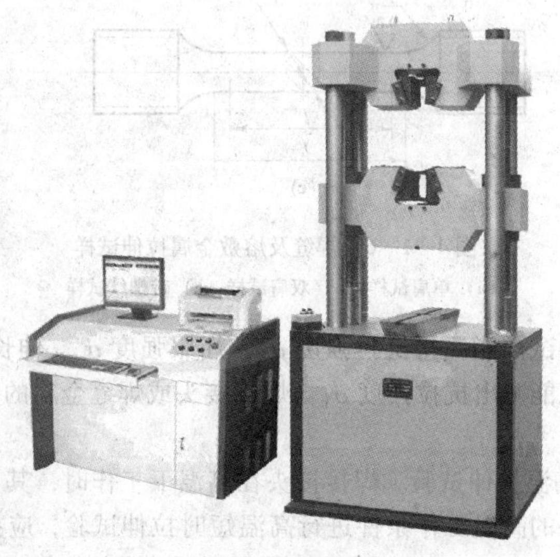

图4—1—7　WAW－600B计算机控制电液伺服万能试验机

2）WE－100 万能材料试验机。如图 4—1—8 所示，该试验机可用于金属和非金属的拉伸、压缩、弯曲、剪切等试验。试验机的示值相对误差在 ±1% 以内。随机带有拉伸、压缩、弯曲及剪切等的附件。

主要技术规格及参数：最大试验力 100 kN，拉伸钳口间最大距离（包括活塞行程）600 mm，扁试样最大夹持宽度 70 mm，扁试样夹持厚度 0～15 mm。

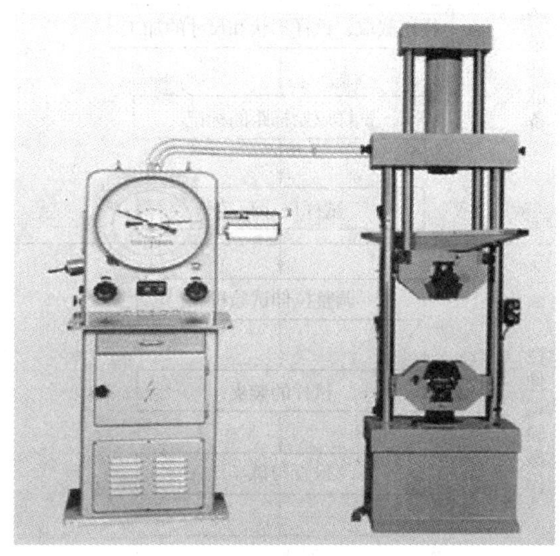

图 4—1—8　WE－100 万能材料试验机

（2）试验设备的准确度。试验机应按照《静力单轴试验机的检验》（GB/T 16825—2008）进行检验，检验结果应达到 1 级或优于 1 级准确度。引伸计的准确度级别应符合《单轴试验用引伸计的标定》（GB/T 12160—2002）的要求。测定点屈服强度、下屈服强度、屈服点延伸率、规定非比例延伸强度、规定总延伸强度，以及规定残余延伸强度的验证试验，应使用不劣于 1 级准确度的引伸计；测定其他具有较大延伸率的性能时，例如抗拉强度、最大总延伸率、最大非比例延伸率、断裂总延伸率以及断后伸长率，应使用不劣于 2 级准确度的引伸计。

（3）试验机工作条件。试验机应在下列条件下正常工作：室温在 10～35℃范围内；相对湿度应不大于 80%；电源电压波动应不超过额定电压的 ±10%；电源频率 50 Hz；工作环境应无冲击、振动，无明显电磁场干扰，周围无腐蚀性介质；在稳固的基础上水平安装，其水平度误差不应大于 0.2 mm/1 000 mm；供电电源功率不应小于 2 kW。

3. 拉伸试验一般程序

拉伸试验一般包括母材、焊接接头及焊缝熔敷金属的拉伸试验。因它们的取样位置不同，所以其拉伸试验测定的性能所代表的对象也就不同。对焊接试件进行拉伸试验，首先，应充分了解被检测焊接件的材质、规格和测定对象等参数，并确定检测要求与验收标准；然后，依据相应标准来截取试样样坯，确定试样形状和尺寸，选择合适的试验机等，同时要确定该焊接试件拉伸试验测定的性能指标。拉伸试验的一般程序如图 4—1—9 所示。

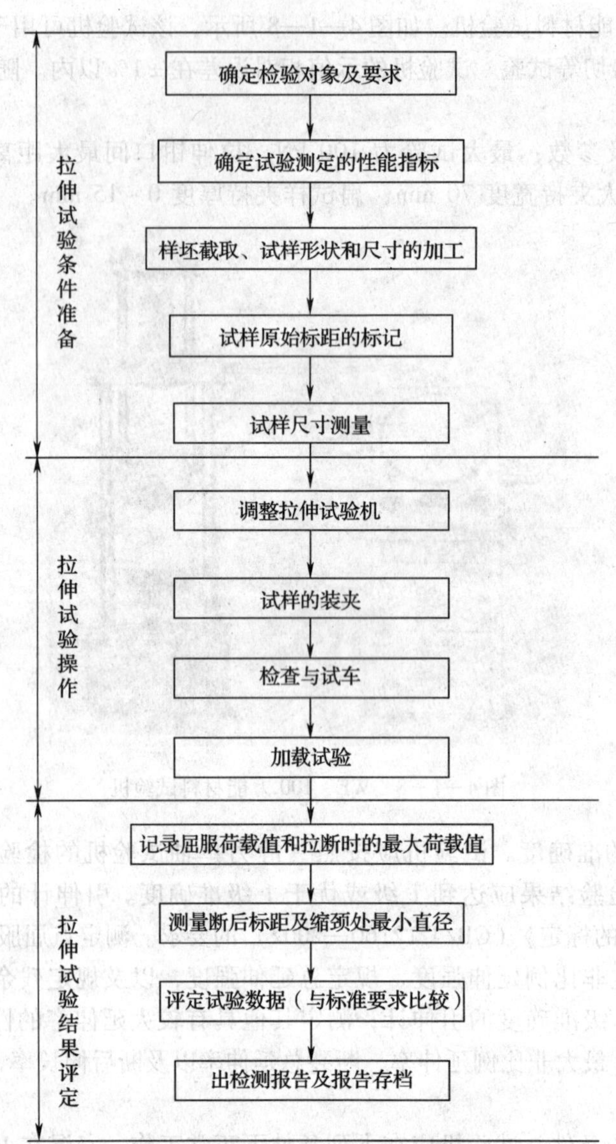

图 4—1—9　拉伸试验的一般程序

（1）拉伸试样的制备

1）试样加工。拉伸试样上的焊缝余高应用机械方法去除，通常选择万能铣床进行铣削加工或刨床进行刨削加工，使之与母材平齐，试样的棱角应倒圆，圆角半径不得大于 1 mm。

2）试样尺寸。试样的形式根据需要进行选用。

①焊接接头试样。对于焊接接头来讲，常选用的是板形的拉伸试样，按照图 4—1—2 和图 4—1—3 上拉伸的位置和尺寸截取试样样坯。当试件采用两种或两种以上焊接方法（或焊接工艺）时，试样厚度通常为板厚或管厚。如果试板厚度超过 30 mm，可以制取两个或几个试样依次进行拉伸试验，每个试样的厚度一般要相等，以取代试板全厚度的单个试样。两个或几个试样的受拉面应包括每一种焊接方法（或焊接工艺）的焊缝金属。例如，试件的

打底焊是氩弧焊，而其他层是焊条电弧焊，如果板厚超过 30 mm，则试样的厚度方向应包括由这两种焊接方法焊成的焊缝。

应用机械方法将试样样坯加工成焊接接头板形拉伸试样，其形状及尺寸如图 4—1—5 和表 4—1—3 所示。

表 4—1—3　　板形拉伸试样的尺寸　　mm

总长		L	根据试验机确定
夹持部分宽度		B	$b+12$
平行部分宽度	板	b	≥25
	管	B	$D \leqslant 76$，$B=12$；$D>76$，$B=20$
平行部分长度		l	$>L_s+60$ 或 L_s+12
过渡圆半径		r	≥25

②焊缝及熔敷金属的拉伸试样。焊缝及熔敷金属的拉伸试样夹持部分允许有未加工的焊缝表面或母材。拉伸试样形状及尺寸如图 4—1—6 和表 4—1—4 所示。

表 4—1—4　　焊缝及熔敷金属拉伸试样的尺寸　　mm

一般尺寸			短试样		长试样	
d_0	r_{min}		l	L	l	L
	单双肩	螺纹				
3 ±0.25	2	2	$5d_0$	$l+d_0$	$10d_0$	$l+d_0$
6 ±0.1	3	3.5				
10 ±0.2	4	5				

③试样尺寸的测量。试样横截面尺寸应在标距 l 的两端及中间处分别测量，并选用三处横截面面积测量中的最小值为试验实测值。测量试样原始横截面尺寸量具的最小刻度应符合表 4—1—5 的要求。如图 4—1—5 所示，试样横截面面积按下式计算：

板材
$$S_0 = a_0 b_0$$

圆钢
$$S_0 = 1/\ (4\pi d^2)$$

圆管
$$S_0 = \pi a_0\ (D_0 - a_0)$$

弧形
$$S_0 = b_0\left[1 + \frac{b_0^2}{6D_0\ (D_0 - 2a_0)}\right]$$

式中 S_0——试样平行长度部分的原始横截面面积；

a_0——试样的原始厚度；

b_0——试样平行长度部分的原始宽度；

d——试样的原始半径；

D_0——管接头试样加工前试件的原始半径。

表 4—1—5　　测量试样原始横截面尺寸的量具的最小刻度　　mm

横截面尺寸范围	量具最小刻度值
1.0～2.0	0.005
2.0～10.0	0.01
>10.0	0.05

注：等横截面不经加工的试样，可参照《金属材料　室温拉伸试验方法》（GB/T 228—2002）中相应规定进行。

3）试样原始标距的标记。可采用两个或一系列等分小冲点或细划线标出原始标距，标记不应影响试样拉伸断裂。计算比例试样的原始标距时，对于短比例试样应修约到 5mm 的倍数，对长试样应修约到 10 mm 的倍数，如为中间值则向较大的一方修约。原始标距应精确到标距的 ±0.5%。

测量试样尺寸的计量器具由计量部门按检定周期进行检定，检定周期为 1 年，以确保试验结果的准确性。

4）按要求填写试验委托单。委托单的内容应包括委托单位、工件名称、试样编号、数量及规格，试样状态、试验项目及要求等。注意要试验的试样及委托单上必须有标记，委托单要随试样实物一起流转。试样实物及委托单一起送检测部门进行拉伸试验。

（2）拉伸试验的操作程序。拉伸试验由检测部门专业技术检测人员进行操作，如图 4—1—10 所示按 GB/T 228—2002 标准执行。具体操作程序如下。

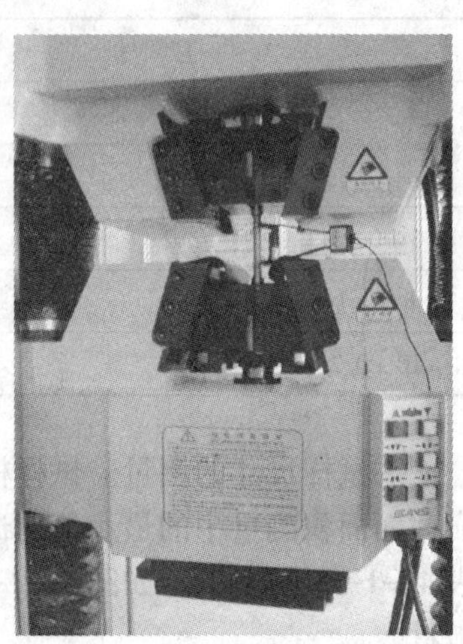

图 4—1—10　拉伸试验

1）准备试件。用刻线机在原始标距 l 范围内刻划圆周线（或用小钢冲打小冲点），将标距内分为等长的 10 格。用游标卡尺在试件原始标距内的两端及中间处，沿两个相互垂直的方向上各测一次直径，取其算术平均值作为该处截面的直径，然后选用三处截面直径的最小值来计算试件的原始横截面面积 S_0（取三位有效数字）。

2）调整试验机。根据试样材料的抗拉强度 σ_b 和试件的最大载荷（由原始横截面面积估算）来配置相应的摆锤，选择合适的测力度盘。开动试验机，使工作台上升 10 mm 左右，以消除工作台系统自重的影响。调整主动指针使其对准零点，从动指针与主动指针靠拢，调整好自动绘图装置。

3）装夹试件。先将试件装夹在上夹头内，再将下夹头移动到合适的夹持位置，最后夹紧试件下端。

4）检查与试车。请实验指导教师检查以上步骤完成情况。开动试验机，预加少量载荷（载荷对应的应力不能超过材料的比例极限），然后卸载到零，以检查试验机工作是否正常。

5）进行试验。开动试验机，缓慢而均匀地加载，仔细观察测力指针转动和绘图装置绘图的情况。注意捕捉屈服荷载值 F_s，将其记录下来用以计算屈服强度 σ_s，在屈服阶段注意观察滑移现象。过了屈服阶段，加载速度可以快些。将要达到最大值时，注意观察“缩颈”

现象。试件断后立即停车，并记录其最大荷载值 F_m。

6）取下试件，并通过计算机直接打印出试验记录纸（或取下记录纸）。

7）用游标卡尺测量断后标距。

8）用游标卡尺测量缩颈处最小直径 d_1。

9）计算出抗拉强度、屈服强度、伸长率和收缩率数据（根据要求选择一项或几项），由计算机直接打印出试验数据：

抗拉强度 $$\sigma_b = F_m / S_0$$

屈服强度 $$\sigma_s = F_s / S_0$$

断后伸长率 $$\delta = \frac{l_1 - l}{l} \times 100\%$$

断面收缩率 $$\psi = \frac{S_0 - S_U}{S_0} \times 100\%$$

式中 σ_b——抗拉强度，MPa；

σ_s——屈服强度，MPa；

δ——伸长率；

ψ——断面收缩率；

S_0——试样平行长度部分的原始横截面积，mm^2；

l_1——试样拉断后的标距，mm；

l——试样原始标距，mm；

F_m——最大荷载值，N；

F_s——屈服点荷载值，N；

S_U——试样拉伸断裂后其断面最大缩小面积（用缩颈处的断面最大宽度 b_1 和最小厚度 a_1 相乘求得），mm^2。

10）检查拉伸试验试样的断口位置及形状。

4. 影响试验结果的主要因素

（1）拉伸速度的影响。若加载速度过快，测定的屈服强度和抗拉强度都有不同程度的提高。

（2）试样形状、尺寸和表面粗糙度的影响。随试样直径的减小，其抗拉强度和断面收缩率会增大，对于脆性材料，随表面粗糙度的增加，其强度和塑性都会降低。

（3）试样装夹的影响。在拉伸试验时，一般不允许对试样施加偏心力，偏心会使试样产生附加弯曲应力，影响试验结果，对脆性材料的影响更为显著。

五、试验结果评定

拉伸试验一般只检测抗拉强度值。试样母材为同种钢号时，每个试样的抗拉强度应不低于母材钢号标准规定值的下限值；试样母材为两种钢号时，每个试样的抗拉强度应不低于两种钢号标准规定值下限的最低值；同一厚度方向上的两片或多片试样拉伸试验结果平均值应符合上述要求，且单片试样如果断在焊缝或熔合线以外的母材上，其最低值不得低于母材钢号标准规定值下限的95%（碳素钢）或97%（低合金钢和高合金钢）。

拉伸试验如不合格，取双倍试样进行复验。经复验不合格，则判该试件为不合格。

试验出现下列情况之一，其试验结果无效，应重做同样数量试样的试验。试样断在标距外或断在机械刻划的标记上，而且断后伸长率小于规定最小值；试验期间设备发生故障，影响了试验结果；试验后试样出现两个或两个以上的缩颈以及肉眼可见的冶金缺陷（例如分层、气泡、夹杂、缩孔等），应在试验记录和报告中注明。

六、撰写试验报告

试验报告一般应包括下列内容：国家标准编号，试样编号，材料名称，试样类型，试样的取样方向和位置，所测试样的性能结果。

任务实施

一、试验前准备

1. 选择拉伸试验机

选择的拉伸试验机为 WAW－600B 计算机控制电液伺服万能试验机，该设备应由国家授权的计量检测部门负责检测合格。

2. 截取试样样坯

因是焊接接头式试板，按表 4—1—3 计算，拉伸试验的试样宽度 = 30 mm + 12 mm = 42 mm（取 $b=30$ mm）。

按图 4—1—2 所示的要求在试板的合格部位截取试样样坯：数量 1 个，规格 45 mm × t（留加工余量 3 mm），并做好试样标记号 L81—S2010。

3. 试样的制备

（1）试样的焊缝余高用机械方法（铣削加工）去除，使之与母材齐平，加工方向应垂直焊缝方向。

（2）试样厚度等于试样母材厚度，$t=12$ mm。

（3）试样的形状、尺寸、表面粗糙度均达到如图 4—1—5a 所示的图样要求，取试样原始标距 $l=75$ mm。

（4）用锉刀和砂布按加工方向打磨焊接接头部位和棱角倒圆（$R\leqslant 2$ mm），并做好试样标记移植 L81—S2010。如图 4—1—11 所示为已加工好的拉伸试样。

图 4—1—11　拉伸试样 L81—S2010

（5）按要求填写试验委托单。委托单的内容包括：委托单位，工件名称，试样编号、数量及规格，试样状态，试验项目及要求等。试验的试样上的标记应和委托单上的一致，并将试样和委托单一起送检。

二、试验操作

1. 用游标卡尺量出试样平行面的长和宽，并计算出标距 $l=75$ mm 内的最小截面积 S_0。

2. 调整试验机。根据 16MnR 的抗拉强度 $\sigma_b=510\sim640$ MPa，配置相应的摆锤，选择合适的测力度盘。并调整好主动指针使其对准零点，从动指针与主动指针靠拢，调整好自动绘图装置。

3. 按试样形状选择相应的夹头，将试样装夹到试验机上，通过调节按钮将试样装夹好。

4. 开动试验机，缓慢而均匀地加载，仔细观察测力指针转动和绘图装置绘图的情况。试件拉断后立即停车，记录最大荷载值 F_m。

5. 根据要求计算出最大抗拉强度值 $\sigma_m=F_m/S_0=626$ MPa，由计算机直接打印出试验数据。

6. 检查拉伸试验试样的断口位置是否在焊缝区。拉断后的试样如图 4—1—12 所示。

图 4—1—12　拉断后的试样

三、试验结果评定

由《压力容器用钢板》（GB 6654—1996）可知：16MnR 钢板的厚度 $t=6\sim16$ mm 时，抗拉强度 $\sigma_b=510\sim640$ MPa，而试验测得抗拉强度值为 626 MPa（>510 MPa），因此是合格指标。试验结果评定为合格。

四、撰写试验报告

按照试验报告应包括的内容来撰写试验报告。

任务评价

评分标准见表 4—1—6。

表 4—1—6　　**评分标准**

序号	考核内容	评分标准	配分	得分
1	评定标准的选择	根据图样要求和 GB 6654—1996 标准，选择正确的评定标准	10	
2	试验前的准备	拉伸试样的截取和试样形状尺寸的加工，试样标距的测量和最小截面积的计算	30	

续表

序号	考核内容	评分标准	配分	得分
3	试验机的选择和调整	选择合适的拉伸试验机，同时选择合适的摆锤和测力度盘；调整好主动指针使其对准零点，从动指针与主动指针靠拢，调整好自动绘图装置	20	
4	拉伸试验的操作	缓慢而均匀地加载，仔细观察测力指针转动和绘图装置绘图的情况	20	
5	试验结果的评定	由试验结果的数据计算出需要测定的性能值，根据相关标准进行评定	20	
		总分合计	100	

思考与练习

1. 破坏性检验的特点有哪些？
2. 简述拉伸试验方法的主要特点。
3. 简述拉伸试验的操作程序。

任务2 弯曲试验

技能点

◎ 弯曲试样的制作；弯曲试验的操作方法；弯曲试验结果的评定。

知识点

◎ 弯曲试验分类；弯曲试验原理；弯曲试验的方法及要求。

任务提出

弯曲试验是测定材料承受弯曲载荷时工艺性能的试验，是材料工艺性能试验的基本方法之一。许多焊接件在焊前或焊后要经过冷变形加工，材料或焊接接头能否经受一定的冷变形加工，就要通过冷弯试验加以验证。在许多材料与试板的检验项目中都有冷弯试验。

如图 4—2—1 所示为某压力容器筒体纵缝的焊接试板，材质为 16MnR，厚度 $t=12$ mm，焊接方法为焊条电弧焊，焊缝为 V 形坡口平焊对接接头焊缝。试件焊后焊缝外观检测为合格，100% X 射线检测 I 级合格。根据《钢制压力容器》（GB 150—1998）规定，要求进行面弯和背弯的弯曲试验。

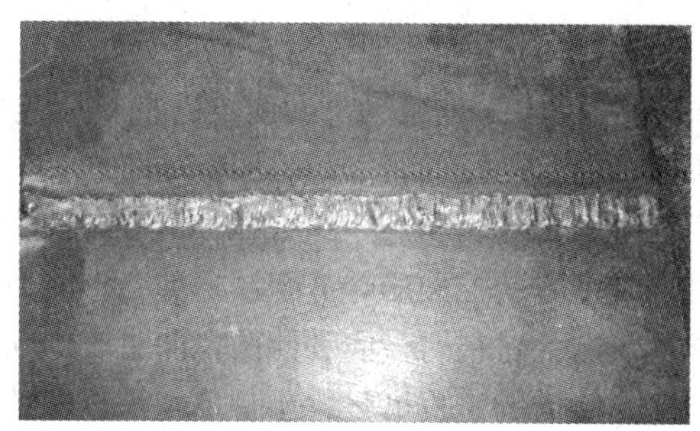

图 4—2—1　焊接试板 S2010－82

任务分析

要对焊接试板进行弯曲试验的检测，应了解压力容器筒体的材质和规格以及弯曲试验的相关标准，熟悉弯曲试验的试样取样方法和取样尺寸，掌握试样的制备方法及要求，了解弯曲试验设备的操作规程，正确掌握弯曲试验的操作程序，熟知弯曲试验的安全操作要求，从而正确掌握弯曲试验的相关知识和技能，对弯曲试验合格与否进行准确判断，撰写相应的试验报告。

相关知识

一、焊接接头弯曲试验分类

弯曲试验主要用于测定脆性和低塑性材料（如铸铁、高碳钢、工具钢等）的抗弯强度并能反映塑性指标挠度。弯曲试验还可用来检查材料的表面质量。对于脆性材料弯曲试验一般只产生少量的塑性变形即可破坏，而对于塑性材料则不能测出弯曲断裂强度，但可检验其延展性和均匀性。因此，弯曲试验也叫冷弯试验。

焊接接头的弯曲试验是测定焊接接头弯曲时的塑性及表面质量的工艺性能试验，以考核熔合区的熔合质量和发现内部焊接缺陷。许多焊接件在焊前或焊后要经过冷变形加工，材料或焊接接头能否经受一定的冷变形加工，就要通过冷弯试验加以验证。弯曲试验的试样常采用对接接头形式，并有一定形状和尺寸要求，其在室温条件下被弯曲到一定的弯曲角度后，检查其是否出现开裂，或在室温条件下被弯曲到出现第一条大于规定尺寸的裂纹的弯曲角度作为评定标准，用来评价焊接接头各区域的塑性差别。

弯曲试验可用来评价焊接接头的塑性变形能力和显示受拉面的焊接缺陷。按《焊接接头弯曲试验方法》（GB/T 2653—2008）的要求，采用横弯、纵弯和侧弯三种基本类型的弯曲试样，如图 4—2—2 所示。

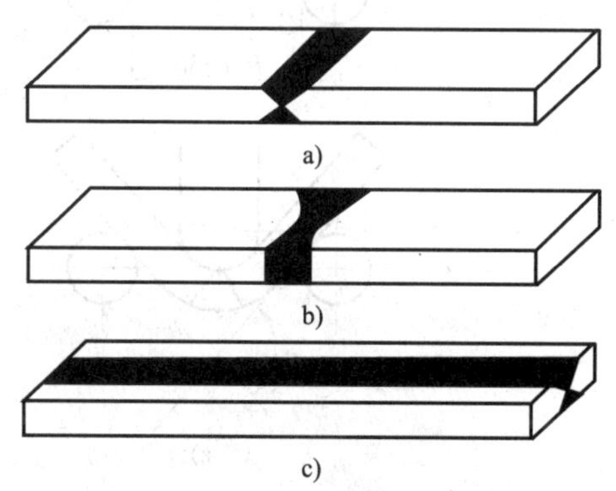

图 4—2—2　三种类型弯曲试样结构图
a）横弯　b）侧弯　c）纵弯

（1）横弯试验。焊缝轴线与试样纵轴垂直时的弯曲试验。

（2）纵弯试验。焊缝轴线与试样纵轴平行时的弯曲试验。

(3) 横向侧弯试验。试样受拉面为焊缝纵剖面时的弯曲试验。侧弯试验能评定焊缝与母材之间的结合强度、双金属焊接接头过渡层及异种钢接头的脆性、多层焊的层间缺陷等。

在弯曲过程中，压轴下面受拉面的材料产生最大拉伸形变，开裂常在此处发生，因此横向弯曲和侧向弯曲性能主要受压轴下方受拉面的焊缝金属塑性变形能力的控制。但是，根据受试接头焊缝宽度的不同，相邻热影响区材料对横向和侧向弯曲也有不同程度的影响。所以，横向和侧向弯曲性能是接头横向变形能力的工程度量，不是单纯焊缝塑性形变能力指标。

纵向弯曲时，接头各区受到相同程度的形变，开裂首先发生在压轴下方受拉面的最低塑性区，因此纵向弯曲角主要受接头最低塑性区变形能力的控制。纵向弯曲没有横弯和侧弯使用的普遍，大多设计规程不规定进行纵弯。纵弯多在科研试验和某些焊后承受变形加工的部件的工艺评定中使用。

对于焊接接头的横弯和纵弯，根据弯曲时受拉面的不同，又可分为面弯（受拉面为焊缝正面）和背弯（受拉面为焊缝背面）。所谓面弯是试样受拉面为焊缝正面的弯曲。对于双面不对称焊缝，面弯试样的受拉面为焊缝最大宽度面；对于双面对称焊焊缝，则先焊面为正面，面弯易于发现焊缝近表面的缺陷。所谓背弯则是试样受拉面为焊缝背面的弯曲，背弯易于发现焊缝根部缺陷。侧弯能检验焊层与焊件之间的结合强度，可根据产品技术条件选定弯曲检测方法。

二、弯曲试验原理

弯曲试验主要采用三点弯曲和辊筒弯曲两种试验方法（见图 4—2—3）。在弯曲试验中常用弯曲角 α 达到技术条件规定数值时是否开裂来评定受试接头或材料是否满足使用要求，有时也以受拉面出现裂纹时的临界弯曲角 α 来评定受试接头的弯曲性能。工程上常使用的是三点弯曲试验方法。辊筒弯曲试验法特别适用于两种母材或母材和焊缝之间弯曲性能显著不同的横向弯曲试验。

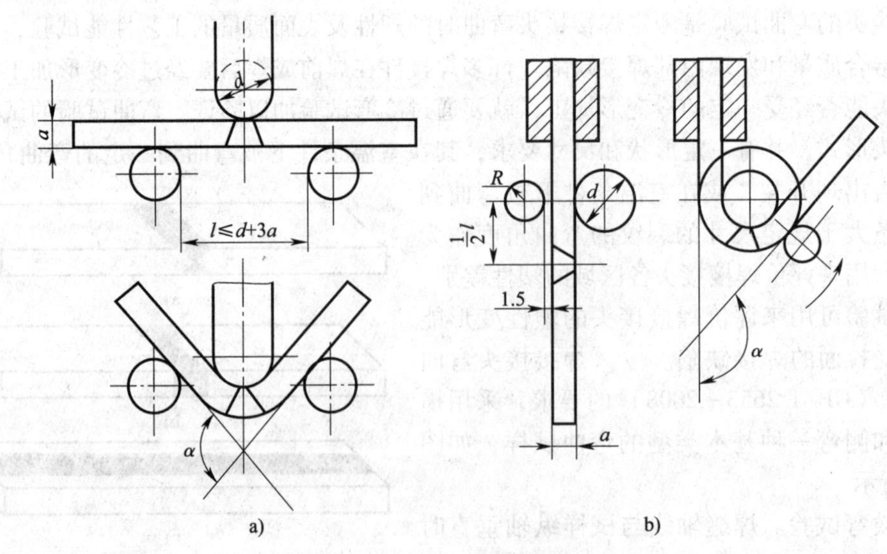

图 4—2—3　两种弯曲试验方法

a）三点弯曲　b）辊筒弯曲

三点弯曲试验方法的过程是将按规定制作的试样放置在压力机或万能材料试验机上，如图4—2—4所示。在规定的支点间距上用一定直径 d 的试验弯轴对试样施力，使其弯曲到规定的角度 α ，如图4—2—5所示。然后卸除试验力，检查试样承受冷变形的能力。在钢板的检验中，弯轴直径 d 常见的有 $2a$ 、$3a$ 、$4a$（a 为试样厚度）。弯曲角度 α 通常规定为180°，对某些塑性低的高强度钢也有小于180°的情况，通常规定为50°、90°，以钢材标准的规定为准。对焊接接头的弯曲试验要求见表4—2—1。

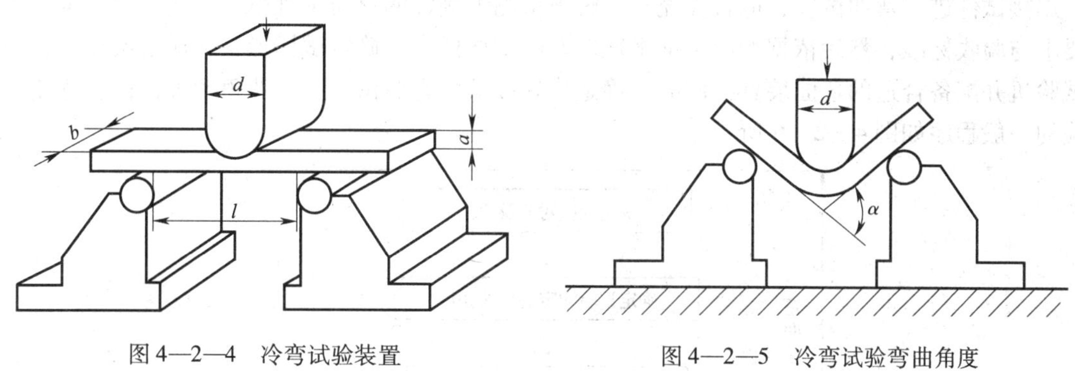

图4—2—4　冷弯试验装置　　图4—2—5　冷弯试验弯曲角度

表4—2—1　焊接接头弯曲试验要求

钢种	弯轴直径 d /mm	支点间距离 l /mm	双面焊弯曲角度 α	单面焊弯曲角度 α
碳钢、奥氏体钢	$3a$	$5.2a$	180°	90°
其他低合金钢、合金钢	$3a$	$5.2a$	100°	50°
复合板或堆焊层	$4a$	$6.2a$	180°	180°

注：a 为试样厚度。

三、弯曲试验设备

弯曲试验设备和拉伸试验的设备是相同的，如图4—1—7所示的WAW－600B计算机控制电液伺服万能试验机和如图4—1—8所示的WE－100万能材料试验机是目前较常用的。

WAW－600B计算机控制电液伺服万能试验机采用专用插卡式全数字闭环控制系统，通过PC机全数字伺服控制系统和多通道液压系统，实现了垂直空间内无级加载，在下部空间完成试样的弯曲试验，弯曲支座直接连接在工作台上增大试验空间，完全满足《金属材料弯曲试验方法》（GB/T 232—1999）和《焊接接头弯曲试验方法》（GB/T 2653—2008）的要求，并可进行批量试验。控制系统具有网络接口，可联网操作及实现试验结果的网络传输。用于弯曲试验的弯曲支座最大间距为400 mm。

WE－100万能材料试验机主机采用油缸上置式结构，也完全满足《金属材料弯曲试验方法》（GB/T 232—1999）和《焊接接头弯曲试验方法》（GB/T 2653—2008）的要求。压缩、弯曲试验空间位于主机上方油缸座和上钳口座之间，可用做金属和非金属的压缩、弯曲等试验。试验机的示值相对误差在±1%以内。随机带有压缩、弯曲等试验附件，其弯曲支辊间距为 600 mm。

WAW－600B 计算机控制电液伺服万能试验机和 WE－100 万能材料试验机都应配备弯曲装置才能完成弯曲试验。

四、弯曲试验工艺

弯曲试验用来评价焊接接头的塑性变形能力和显示受拉面的焊接缺陷。焊接接头弯曲试验一般包括面弯试验和背弯试验，因弯曲拉伸面位置不同，所以试验测定的结果也就不同。对焊接试件进行弯曲试验，应首先充分了解被检测焊接件的材质、规格等参数，并确定检测要求与验收标准，然后依据相应标准来截取弯曲试样样坯、确定试样形状和加工尺寸、选择试验机并配备合适的弯曲装置，同时要确定该焊接试件弯曲试验的弯曲角度等指标。弯曲试验的一般程序如图 4—2—6 所示。

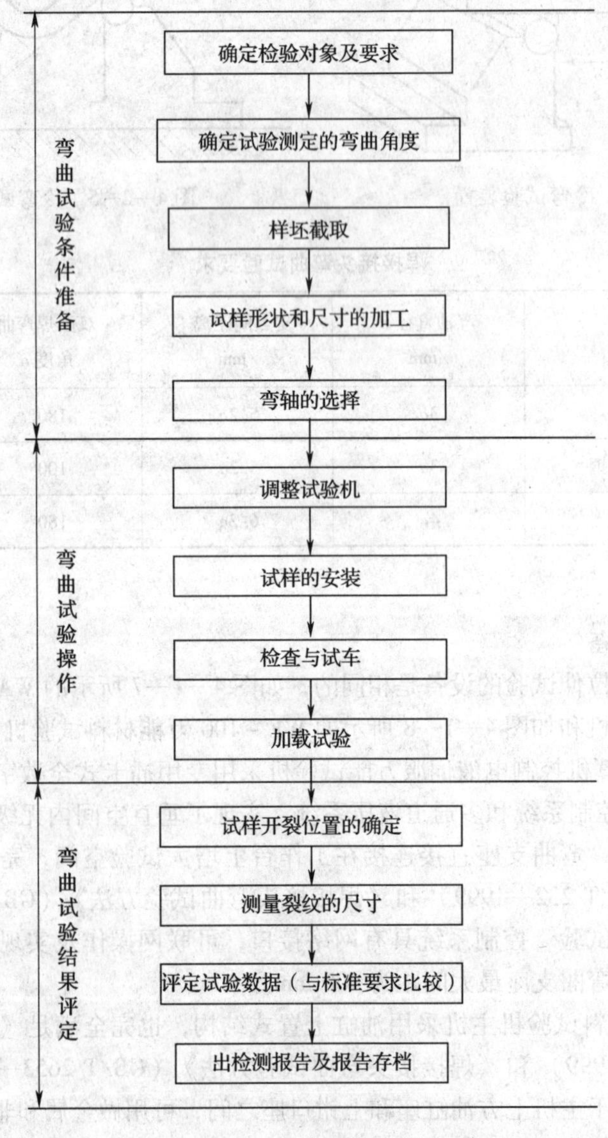

图 4—2—6 弯曲试验的一般程序

1. 弯曲试验试样的制备

（1）弯曲试验试样样坯的截取

1）截取位置。弯曲试样形式有板状和管接头条状两种。通常都是用板状试样，板状弯曲试样按照如图 4—1—2 所示的弯曲位置截取；管接头条状试样只有在焊接工艺评定和焊工考试的试样中才使用，管接头条状试样按照 JB 4708—2000《钢制压力容器焊接工艺评定》的要求截取弯曲试样样坯。

2）截取尺寸。弯曲试样样坯的宽度应大于试样的宽度（B）3 ~ 5 mm，以保证加工的试样达到尺寸要求。

（2）试样加工。

1）试样应用机械方法加工。弯曲试样上焊缝余高或垫板应采用机械方法去除，试样的拉伸面应该平齐且保留焊缝两侧中至少一侧的母材原始表面，试样拉伸面的棱角应倒圆，圆角半径不得大于 2 mm。

2）弯曲试样的形状及尺寸。弯曲试样形状如图 4—2—7 所示，不同材料弯曲试样尺寸如下。

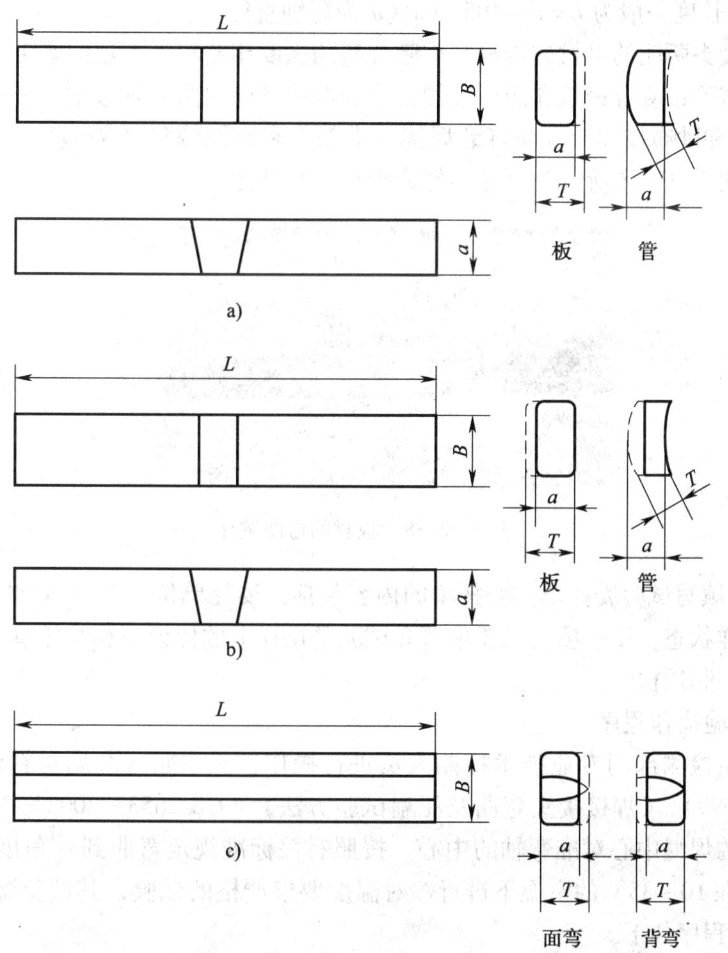

图 4—2—7　面弯与背弯试样图

a）板材和管材试件的面弯试样　b）板材和管材试件的背弯试样　c）纵向面弯和背弯试样

①母材弯曲试样尺寸。母材厚度 a 小于 30 mm 的各种板材或宽度大于 100 mm 的带材的弯曲试样，按以下尺寸加工试样：试样宽度 $B=2a$，试样长度 $L=5a+150$ mm。母材厚度 a 大于 30 mm 的板的弯曲试样：试样宽度 $B=20$ mm，$L=200$ mm。当纵弯试样焊缝较宽时，B 可增大，最大为 40 mm。

②板材焊接接头弯曲试样尺寸。板接头弯曲试样的宽度一般取 $B=30$ mm，试样长度 $L \geqslant d+2.5a+100$ mm。板接头横弯试样的宽度应不小于板厚的 1.5 倍，至少为 20 mm；如果试板的厚度超过 20 mm，则可在不同的厚度区取若干个试样，以取代接头全厚度的单个试样，但每个试样的厚度不小于 20 mm。

③管材焊接接头弯曲试样尺寸。管接头弯曲试样的试样宽度 $B=a+D/20$（a 为试样厚度，D 为管子外径），并且 10 mm$\leqslant B \leqslant$38 mm，试样的长度 $L=d+2.5a+100$ mm（d 为弯轴直径，a 为试件厚度）；当试样壁厚大于 20 mm 时，$a=20$ mm。侧弯试样的厚度应大于等于10 mm，宽度应等于靠近焊接接头的母材厚度；当试件板厚超过 40 mm 时，则可以在不同的厚度区取宽度相等的若干个试样以取代接头全厚度的单个试样，每个试样的宽度为 20 ~ 38 mm，试样的长度一般为 $L=d+105$ mm（d 为弯轴直径）。

④当焊接接头两侧的母材或母材与熔敷金属的强度相差较大或延伸率明显不同时，可用纵弯试样进行试验；复合钢板和耐蚀堆焊的接头弯曲试验取两个侧弯试样进行试验。

3）用锉刀和砂布按加工方向打磨焊接接头部位和倒圆棱角（$R \leqslant 2$ mm），并做好试样标记移植。如图 4—2—8 所示为已加工好的板材弯曲试样。

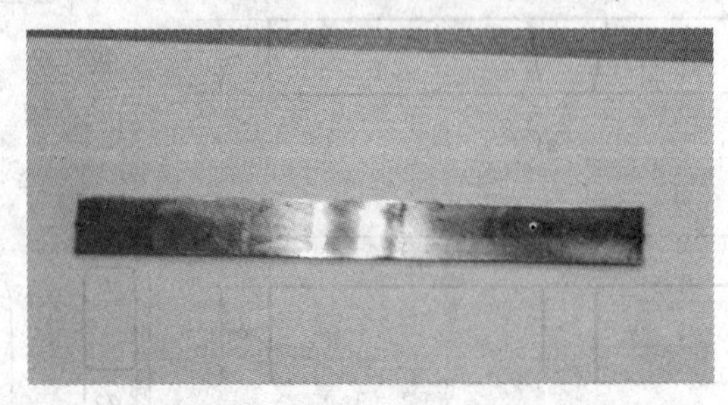

图 4—2—8　板材的弯曲试样

4）按要求填写试验委托单。委托单的内容包括：委托单位，工件名称，试样编号、数量及规格，试样状态，试验项目及要求等。试验的试样上的标记应和委托单上的一致，并将试样和委托单一起送检。

2. 弯曲试验操作程序

弯曲试验由检测部门专业技术检测人员进行操作，并按照《金属材料弯曲试验方法》（GB/T 232—1999）、《焊接接头弯曲及压扁试验方法》（GB 2653—2008）等标准的规定实施。弯曲试样的焊缝中心对准弯轴的中心，按照有关标准规定弯曲到 α 角度（见表 4—2—1）。试验一般在 10 ~ 35℃的室温下进行。对温度要求严格的试验，其试验温度应为 23℃ ± 5℃。具体操作程序如下。

（1）准备试件。用卡尺测量弯曲试样的尺寸；并根据试样的材质，选择弯曲试验的临界弯曲角度（见表 4—2—1）。

（2）调整试验机。

1）根据试样的规格，选择相应的弯曲装置，通常选择如图 4—2—4 所示的三点弯曲试验。三点弯曲试验时的内辊弯轴直径 d，根据试验材料的技术条件规定取用。d 和弯曲试样厚度 a 的比值对弯曲性能有很大影响，不同 d/a 条件下测取的弯曲角不能相互比较。确定弯曲装置支点间的距离 $l=5.2a$；同时，根据试样材质和试样的焊接形式确定弯轴直径 d（见表 4—2—1）。

2）开动试验机，使工作台上升 10 mm 左右，以消除工作台系统自重的影响。

（3）装夹试件。在三点弯曲试验中，先将试样放在试验机的两支座之上，试样轴线应与弯曲压头轴线垂直，弯曲压头中心应对准焊缝中央，且弯曲试样的拉伸面放置在试验弯轴接触面的对面，如图 4—2—4 所示。侧弯试验时，若试样表面存在缺陷，则以缺陷较严重的一侧作为拉伸面。

（4）检查与试车。开动试验机，缓慢预加少量弯曲力，检查试验机工作是否正常。

（5）进行试验。开动试验机，缓慢而均匀地施加弯曲力，仔细观察试验机的弯曲压头与试样接触面的情况。注意观察以防止弯曲压头产生滑移现象，如图 4—2—4 所示。弯曲压头在两支座之间的中点处对试样连续施加力使其弯曲，直至达到规定的弯曲角度 α 后，停止试验。弯曲试验过程如图 4—2—9 所示。进行弯曲试验时，注意应缓慢施加弯曲力，速度要适当，平稳均衡。弯曲试验时，试样两臂的轴线保持在垂直于弯曲轴的平面内。如为 180°角的弯曲试验，按照相关产品标准的要求，将试样弯曲至两臂相距规定距离，且相互平行或两臂直接接触。

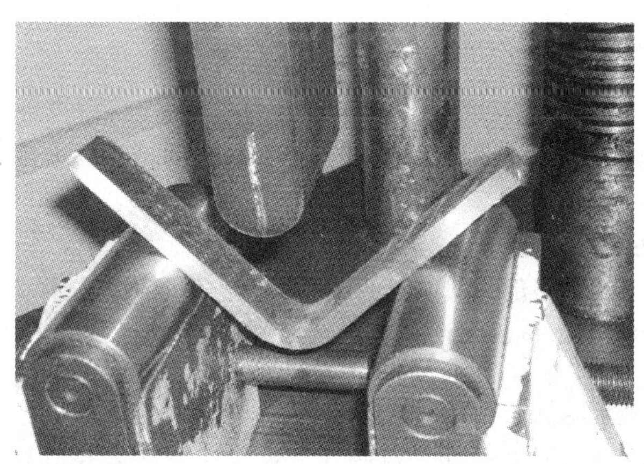

图 4—2—9　弯曲试验过程

（6）卸除试验力。检查试样承受冷变形能力；检查弯曲试样受拉面的开裂或其他缺陷的情况，并进行测量和记录。

五、试验结果评定

对试验结果按有关标准或协议的规定进行评定。试样弯曲到规定角度 α 后，检查试样的拉伸表面，一般试样的棱角开裂不计，但确因夹杂或其他焊接缺陷引起的棱角开裂长度应记入评定。弯曲试验结果一般分为：

A1 完好。试样弯曲处的外表面金属基体上无肉眼可见、因弯曲变形产生的缺陷。

A2 微裂纹。试样弯曲外表面金属基体上出现的细小裂纹，其长度不大于2 mm，宽度不大于0.2 mm。

A3 裂纹。试样弯曲外表面金属基体上出现开裂，其长度大于2 mm，而小于等于5 mm；宽度大于0.2 mm，而小于等于0.5 mm。

A4 裂缝。试样弯曲外表面金属基体上出现明显开裂，其长度大于5 mm，宽度大于0.5 mm。

A5 裂断。试样弯曲外表面出现沿宽度贯穿的开裂，其深度超过试样厚度的1/3。

弯曲试验结果评定时，A1 完好评定为合格；按相关标准的要求，微裂纹、裂纹、裂缝中的长度和宽度，只要在规定范围内，即评定为合格，若其长度和宽度超出了标准的规定范围，即评定为不合格；A5 裂断评定为不合格。弯曲试验如不合格，取双倍试样进行复验，经复验不合格则判该试件为不合格。

有下列情况之一者试验无效，应取同样试样重新试验：试验缺陷点由加工伤痕引起，如其他标准另有规定时，按该标准的规定执行；试验操作失误；焊接接头试样没有弯在规定位置上而被折断。

六、撰写试验报告

试验报告一般应包括下列内容：国家标准编号，试样标志（材料牌号、取样方向等），试样形状和尺寸，试验条件（弯曲压头直径或弯轴直径、弯曲角度），试验结果。

任务实施

一、试验前准备

1. 选择试验机

采用三点弯曲试验方法，弯曲试验选择的试验机为 WE－100 万能材料试验机，并配备支辊式弯曲装置。

2. 截取试样样坯

按图 4—1—2 所示的合格部位截取弯曲试样样坯：截取横弯试样 2 个，即面弯和背弯数量各 1 个，试样宽度为 32 mm（留加工余量 2 mm），并做好试样标记 MW82－S2010、BW82－S2010。

3. 试样的制备

（1）试样的焊缝余高用机械方法（铣削加工）去除，使之与母材齐平。加工方向应垂直焊缝方向。

（2）按图 4—2—7a 加工试样。试件是板接头，试样母材厚度 $t=12$ mm <30 mm；根据《钢制压力容器》（GB 150—1998）要求，板接头弯曲试样的宽度 $B=30$ mm；试样长度 $L\geqslant d+2.5a+100$ mm；试样厚度 a 等于试样母材厚度 t，因此 $a=12$ mm，$d=3a$，试样长度 $L\geqslant 5.5a+100$ mm $=166$ mm，取试样长度 $L=170$ mm。

（3）用锉刀和砂布按加工方向打磨试样的焊接接头部位和倒圆棱角（$R\leqslant 2$ mm），并做好试样标记移植。

二、试验操作

1. 确定试验参数

确定弯轴直径 d、弯曲角度 α 及支座距离 l。试样厚度为试件厚度 $a=12$ mm，计算出弯曲试验的弯轴直径 $d=3\times12$ mm $=36$ mm；查表4—2—1，材质16MnR的单面焊的弯曲角度 $\alpha=50°$，弯曲试验支座距离 $l=5.2a=62.4$ mm。

2. 调整试验机

（1）根据试样的规格，选择相应的支辊式弯曲装置，并选择直径 d 为36 mm的内辊弯曲压头。调整并确定弯曲装置支点间的距离 l 为62.4 mm。

（2）开动试验机，使工作台上升10 mm左右，以消除工作台系统自重的影响。

（3）装夹试件。先将试样放在试验机的两支座之上，试样轴线应与弯曲压头轴线垂直，弯曲压头中心应对准焊缝中央，且弯曲试样的拉伸面放置在试验弯轴接触面的对面，如图4—2—4所示。

（4）开动试验机，弯曲压头在两支座之间的中点处对试样连续缓慢而均匀地施加弯曲力，直至达到规定的弯曲角度50°后，停止试验。

（5）卸除试验力，检查试样承受冷变形的能力；检查弯曲试样受拉面的开裂或其他缺陷的情况，并进行测量和记录。检查面弯试样，未发现裂纹等缺陷；检查背弯试样，发现其拉伸面有横向（沿试样宽度方向）0.6 mm长、0.1 mm宽的裂纹1条。

三、试验结果评定

根据《钢制压力容器》（GB 150—1998）要求及产品技术条件的规定，弯曲试验中试样冷弯到规定角度后，其受拉面不得有横向（沿试样宽度方向）长度大于5 mm的裂纹或缺陷，或纵向（沿试样长度方向）长度大于3 mm的裂纹或缺陷。

本弯曲试验中，面弯试样未发现裂纹等缺陷；背弯试样发现其拉伸面有横向（沿试样宽度方向）0.6 mm长、0.1 mm宽的裂纹1条。因此，属于A2微裂纹，则试样背弯试验评定为合格。因此，试验结果评定为合格。

四、撰写试验报告

按照试验报告应包括的内容，撰写试验报告。

任务评价

评分标准见表4—2—2。

表4—2—2　　评分标准

序号	考核内容	评分标准	配分	得分
1	评定标准的选择	根据图样要求和《焊接接头弯曲试验方法》（GB/T 2653—2008）、《钢制压力容器》（GB 150—1998）	10	
2	试验前的准备	弯曲试样的截取和试样形状尺寸的加工	30	
3	试验机的选择和调整	选择合适的试验机，同时选择合适的支辊式弯曲装置；选择相应的弯曲压头，调整好两支座之间的距离	20	

续表

序号	考核内容	评分标准	配分	得分
4	弯曲试验的操作	对试样连续缓慢而均匀地施加弯曲力，直至达到规定的弯曲角度 α	20	
5	试验结果的评定	检查弯曲试样受拉面的开裂或其他缺陷的情况，并进行测量和记录后，根据相关标准进行评定	20	
		总分合计	100	

思考与练习

1. 简述焊接接头弯曲试样的分类及弯曲试验方法的原理。
2. 简述焊接接头弯曲试验的操作程序。
3. 对焊接接头弯曲试验结果如何评价？

任务3 冲击试验

技能点

◎ 冲击试样的制作；冲击试验的操作方法；冲击试验结果的评定。

知识点

◎ 冲击试验原理；冲击试验的方法及要求；冲击试验设备。

任务提出

焊接结构的运行条件是复杂的，从高温到低温，从静载到动载，在承受载荷的情况下还必须考虑材料，特别是焊接接头抵抗冲击载荷作用的能力。冲击试验就是用来测定焊缝金属或焊件的焊接热影响区在受冲击载荷时抵抗折断的能力（韧性），以及脆性转变的温度的试验。它能灵敏地反映材料因内部组织结构变化对性能的影响，所以生产中常用来检验材料质量和热加工工艺质量，特别是焊接件冲击韧性。这是因为材料和构件的韧性优劣直接影响使用的安全可靠性。从焊缝金属和焊接热影响区的冲击试验结果可以了解：焊缝金属和焊接热影响区的冲击韧性；脆性破坏时，从断口来判断破坏的性质和晶粒的大小；求得焊缝金属和焊接热影响区在低温冲击试验时的脆性转变温度。

如图4—3—1所示为某石化公司生产的初馏塔再沸器筒体纵缝的焊接试板，材质为16MnR，厚度 $t = 12$ mm，焊缝为V形坡口平焊对接接头焊缝。试件焊后焊缝外观检测为合格，100% X射线检测为Ⅰ级合格。根据技术要求和《钢制压力容器》（GB 150—1998），本焊接试板要求进行常温冲击试验，来检测其焊接接头的冲击韧性，以确保压力容器筒体焊接接头的冲击韧性，从而确保设备的安全运行。

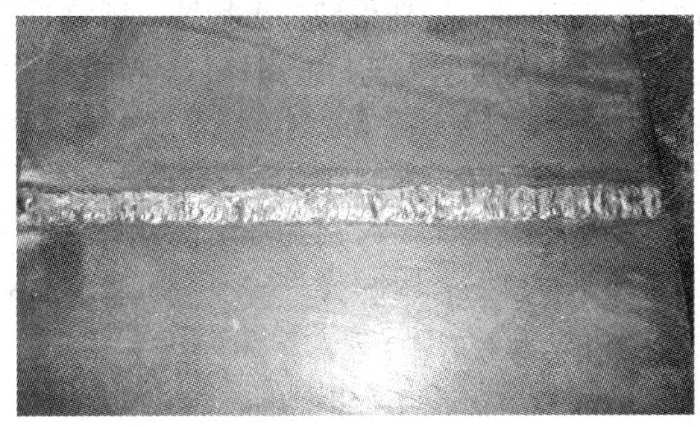

图 4—3—1　焊接试板 S2010 - 83

任务分析

要对图 4—3—1 所示的压力容器筒体纵缝的焊接试板进行冲击试验。应了解压力容器筒体的材质和规格以及冲击试验的相关标准，熟悉冲击试验的试样取样方法和取样尺寸，掌握冲击试样的制备方法及要求，了解冲击试验设备的操作规程，正确掌握冲击试验的操作程序，熟知冲击试验的操作要求，从而正确掌握冲击试验的相关知识和技能。对冲击试验合格与否进行准确判断，撰写相应的合格报告。

相关知识

一、冲击试验原理

冲击试验是一种动态力学性能试验，主要用来测定冲断一定形状的试样所消耗的功，又叫冲击韧性试验。生产上常用来检验材料质量和热加工工艺质量，以及测定韧性—脆性转变温度，特别是焊接件冲击韧性。

冲击试验是 20 世纪初由夏比（G. Charpy）提出的，一直沿用至今。根据试样形状和破断方式，冲击试验分为弯曲冲击试验、扭转冲击试验和拉伸冲击试验三种。由于横梁式弯曲冲击试验法操作简单，因此应用最广。我国现行标准规定的冲击试验就是横梁式弯曲冲击试验，其试验所用标准试样以 V 形缺口试样和 U 形缺口试样为主。

冲击试验通常是在一定温度下（如 0℃、-20℃、-40℃），把有缺口的试样放在冲击试验机上进行测定的。冲击标准试样有 V 形缺口试样和 U 形缺口试样，试样缺口部位可以开在焊缝上，也可以开在热影响区上，这与焊接试件的要求有关。

在规定条件（包括高温、室温和低温）下，在夏比冲击试验机上使试样处于简支梁状态，以试验机举起的摆锤作一次冲击，使试样沿缺口冲断，试样受冲击弯曲折断时消耗的功率为冲击吸收功（单位 J）。可用折断时摆锤重新升起的高度差来计算试样的吸收功。根据试样的缺口不同，U 形缺口的试样冲击吸收功即为 A_{KU}，V 形缺口的试样冲击吸

收功即为 A_{KV}。吸收功值大，表示材料韧性好，对结构中的缺口或其他的应力集中情况不敏感。

用试样缺口处的截面积去除冲击功，即得到冲击韧度（或称冲击值）α_{KU} 和 α_{KV}，单位是 J/cm^2。α_{KU} 和 α_{KV} 是一个综合性的金属力学性能指标，与材料的强度和塑性有关，用来评定材料的韧脆度。缺口形式不同，试样缺口处的截面积就不相同；同样试样的标准试样和非标准试样，其缺口处的截面积也不相同。因此，不同缺口形式和其他非标准试样的冲击吸收功或冲击韧度之间不能换算。一般情况下，采用标准 V 形缺口试样进行冲击试验，且缺口应开在焊接接头，作为测定冲击韧度的特定区域。

V 形缺口冲击试验在研究船舶脆断中曾被大量试验和采用，积累了许多有参考价值的数据，例如发现标准 V 形缺口试件在最低使用温度下冲击吸收功不低于 13. 7 J 时，船舶脆断事故很少发生。另外，由于 V 形缺口比 U 形缺口试样更能反映脆断问题的本质，因此 V 形缺口冲击试验的应用比较广泛。1952 年开始提出 20. 6 J 冲击吸收功标准，并广泛用于低碳钢结构之中。经验和断裂力学理论证明，对于强度较高的钢，防止脆断发生的冲击吸收功的标准应当高于 20. 6J。而且，材料强度越高，防脆断的冲击吸收功标准也应当相应提高。其他国家对压力容器用不同强度等级的钢在最低使用温度下冲击吸收功的要求，都是按上述规律制定的，例如日本的《压力容器的构造》（JIS B 8243）的相关规定见表 4—3—1。我国《低温压力容器用低合金钢钢板》（GB 3531—1996）和《耐候结构钢》（GB/T 4171—2008）对具体钢种的冲击吸收功的要求也符合上述规律，见表 4—3—2。

表 4—3—1　　日本压力容器用钢材对冲击吸收功的规定

强度极限/MPa	最小冲击吸收功/J	
	平均值	单个试件最低值
<490	20. 6	13. 02
490 ~ 588. 3	27. 4	20. 5
>588. 3	27. 4	27. 4

表 4—3—2　　国家标准对不同强度和用途的几种钢冲击吸收功的规定

标准	钢号	屈服强度 /MPa	抗拉强度 /MPa	最低冲击吸收功 A_K/J
GB 3531—1996	Q345（16Mn）DR	255 ~ 315	490 ~ 510	≥27
	09Mn2VDR	294 ~ 314		≥27
	09MnNiDR	260 ~ 300	392	≥27
	15MnNiDR	290 ~ 325	490	≥27
GB/T 4171—2008	Q235NH	215	360 ~ 490	≥27
	Q295NH	255 ~ 275	420 ~ 560	≥27
	Q355NH	325 ~ 335	470 ~ 630	≥27
	Q460NH	430 ~ 440	550 ~ 710	≥31

韧性是金属材料塑性变形和断裂全过程吸收能量的能力，是强度和塑性的综合体现。对大多数焊接用钢，其冲击韧性受温度影响很大，常温下冲击韧性值可能很高，但随着温度的降低，冲击韧性值可能会急剧下降，材质变脆。因此，对寒冷地区低温运行的结构材料，不仅仅要求常温冲击韧性良好，而且要求具有好的低温冲击韧性。当试验温度低于某一温度 T_k 时，材料的性质由韧性转变为脆性，冲击值急剧下降，冲击韧性急剧下降，此温度 T_k 称为脆性转变温度，以此来确切地表示钢的韧性。通过系列冲击试验可以测定材料的韧脆转变温度 T_k。

因此，冲击试验经常用来评定材料及焊接接头的韧脆转变行为。一般是在不同温度下对一系列的试样进行冲击试验，找出韧脆特性与温度之间的关系，如图 4—3—2 所示是这种试验的典型实例。多数情况下，韧脆转变温度按冲击吸收功 A_K 评定（见图 4—3—2a），一般称防止脆断发生的冲击吸收功标准，例如 27J 或 31J 等，所对应的试验温度为材料的吸收功韧脆转变温度，有时也取对应最大冲击吸收功数值的一半所对应的试验温度为转变温度。有时韧脆转变温度也以断口形态为标准进行评定（见图 4—3—2b），将断口上晶粒状的解理断口占总断口面积 50% 所对应的温度称为断口形貌转变温度。对强度较高的钢（抗拉强度 > 655 MPa），有时也采用延性标准来评定韧脆转变温度，即测量冲击试样断口上缺口根部的横向收缩量或缺口对面边的横向膨胀量，常采用对应 3.81% 的横向收缩或横向膨胀量的试验温度为韧脆转变温度（见图 4—3—2c）。一般情况下，用上述三种准则确定的韧脆转变温度的差别随材料不同而异，并不总是相同的。

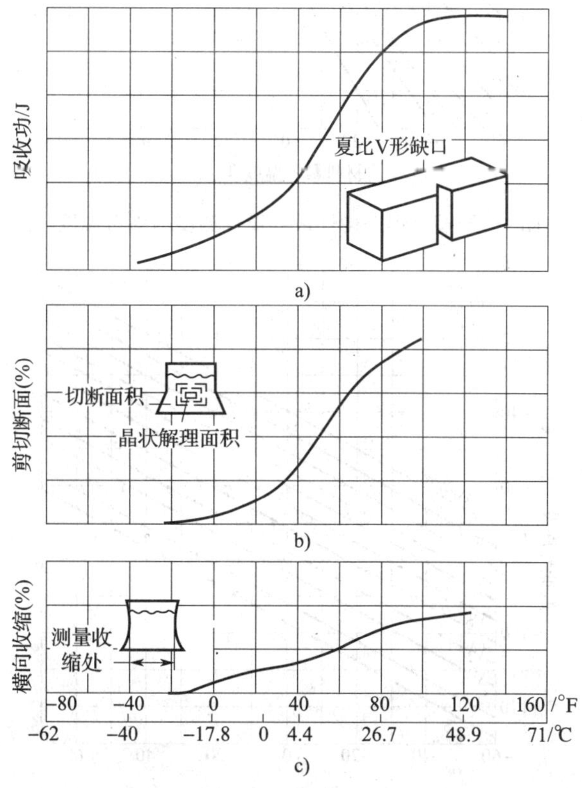

图 4—3—2　冲击试验的韧脆转变图

a）断裂吸收功转变温度　b）断口形貌转变温度　c）横向变形转变温度

应当指出，不能把冲击试验确定的材料韧脆转变温度作为用该材料制成的所有构件的最低设计温度。结构的最低设计使用温度除和材料的韧脆转变温度有关外，还和结构断面尺寸以及结构的残余应力状态有关。如图4—3—3、图4—3—4所示是英国焊接研究所在碳钢和碳锰钢宽板拉伸试验的基础上提出的建议。图中纵坐标是不同厚度的宽板试验确定的结构最低设计温度，横坐标为冲击试验按27.3 J（抗拉强度<450 MPa）或40J（抗拉强度≥450 MPa）确定的韧脆转变温度。此建议已收入英国标准PD—5500附录D中。比较图4—3—3和图4—3—4可以发现，经过焊后热处理的构件，由于残余应力的消除使得构件的最低允许设计温度显著降低，即增加了构件的使用温度范围。

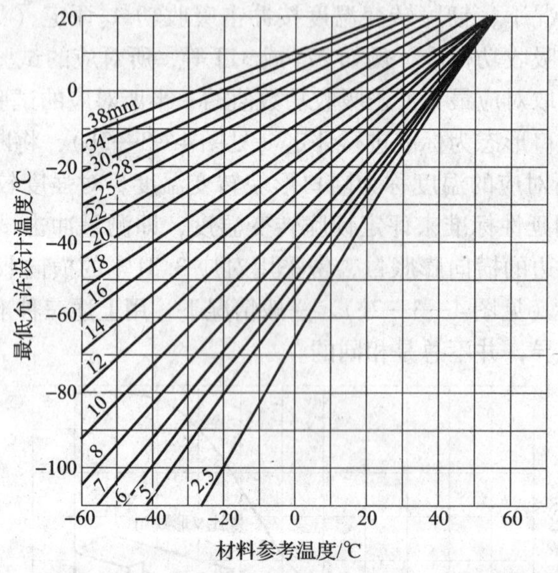

图4—3—3　焊态构件最低设计温度与参考温度

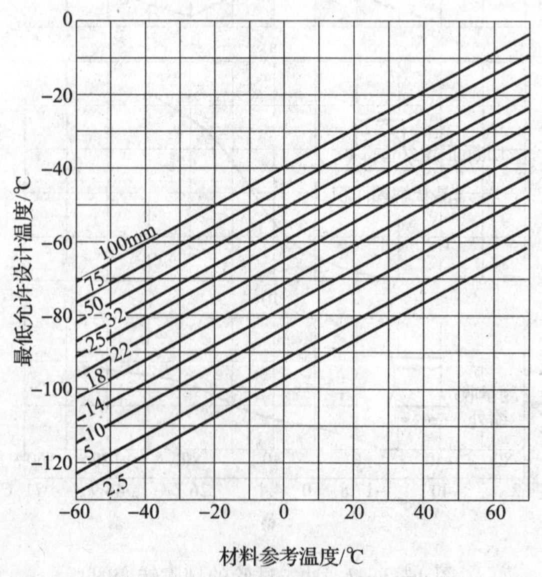

图4—3—4　焊后热处理构件最低设计温度与参考温度

焊接接头各区的冲击韧度受接头力学性能不均匀性的影响较大，它不仅和缺口所在断面的材质性能有关，而且也受相邻区材料性能的影响。因此，用热模拟技术制备的冲击试样，虽然模拟了实际焊接接头相应区域的组织和性能，但由其测取的冲击韧度和实际焊接接头相应区域的冲击韧度在数值上是不能完全等同的，模拟试样的数值往往偏低。

二、冲击试验方法

由于材料的冲击韧性受温度影响很大，因此冲击试验结果与试验温度有很大关系，只有在与焊接结构工作相同温度条件下得出的结果才有比较的意义。冲击试验根据试验温度的不同，分为常温冲击试验、高温冲击试验和低温冲击试验。

1. 常温冲击试验

在室温下进行的冲击试验是常温冲击试验，可以测定材料在常温时的冲击韧性，以检验材料由于应力集中、变形速率增加等原因所产生的脆性状态的倾向。根据冲击值可用来控制冶炼显微组织差异和工艺的质量，以判断工艺规范的执行情况。焊接接头的常温冲击试验应按照《焊接接头冲击试验方法》（GB/T 2650—2008）标准进行。焊接接头的冲击韧性是抗脆断能力的工程度量，它综合反映了材料强度和塑性的能力。

2. 高温冲击试验

有些结构需要在高温或低温环境下工作，某些材料在某温度区间内会由韧性较好的状态转变为脆性状态，为防止长期在高温下工作的机件早期开裂，故要通过高温冲击试验来研究材料在高温下的冲击韧性。使材料在较高的温度下进行冲击试验，以高温冲击韧性衡量材料在高温时承受冲击负荷下的力学性能。

3. 低温冲击试验

低温冲击试验的目的是检查或研究低温脆性倾向，改进材料低温韧性，选择抗低温韧性，保证工程结构在低温下的安全运行。低温冲击试验是测定金属从韧性状态转变为脆性状态的温度，由于工作温度低于本身的韧脆转变温度 T_k，因此，测定材料的韧脆转变温度非常重要。通过低温冲击试验得出不同的冲击韧性值，作出 α_K—T 曲线，从而确定 T_k。

4. 示波冲击试验

以上介绍的三种冲击试验是采用普通的冲击试验机进行试验的，目前还有一种采用示波冲击试验机进行的冲击试验，称为示波冲击试验。

普通的冲击试验有时并不能反映材料的真实韧性、脆性程度。由于冲击试验得到的是材料的冲击功 A_K（或 E_t），它包含了材料的裂纹萌生功 E_i 和裂纹扩展功 E_p 两部分，如图 4—3—5 所示。对于不同材料，这两部分的组成比例是不相同的。对于材料韧性好、强度低的情况，$E_i/E_p>1$；而对于强度高、比较脆的材料，$E_i/E_p<1$。严格来讲，只有裂纹扩展功才能表明材料韧性或脆性的大小。为了能区分材料裂纹萌生功 E_i 和裂纹扩展功 E_p，可采用近年来流行的示波冲击试验方法。

示波冲击试验程序与一般冲击试验程序基本相同，但与普通冲击试验机相比，示波冲击试验机具有能量自动控制和记录功能，即试样的载荷—挠度曲线可从示波器上读出，E_i、E_p 和 E_t 等可由打印机输出。采用示波冲击试验机进行试验时，所用试样可以与普通冲击试样相同（CVN 试样）。另外，由于示波冲击是研究材料动态断裂韧度的好方法，因而也常常采用带预制裂纹的冲击样品（PCVN 试样）。

示波冲击试验机可以提供试样的冲击载荷—挠度曲线，并能由计算机自行储存和处理。从图 4—3—5 中可以知道随着试验温度的降低，冲击载荷—挠度曲线上升段和下降段会变得更加陡峭。

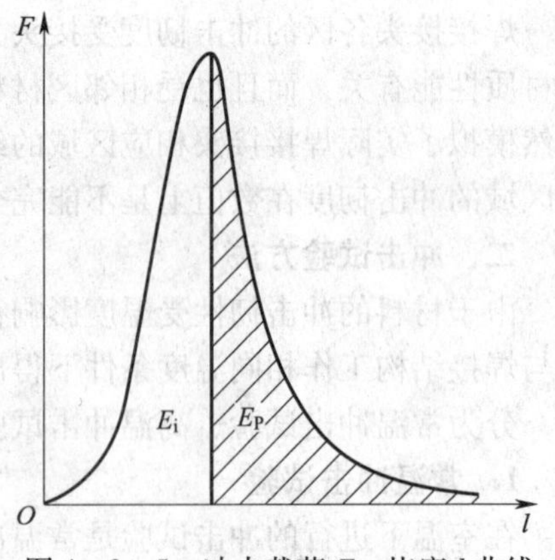

图 4—3—5 冲击载荷 F—挠度 l 曲线

三、冲击试样

1. 冲击试样样坯

试样样坯的截取应按《钢及钢产品力学性能试验取样位置及试样制备》（GB/T 2975—1998）或相关产品标准规定执行，试样制备过程应使由于过热或冷加工硬化而改变材料冲击吸收能量的影响减至最小。

焊接接头的冲击试样按照图 4—1—2 和图 4—1—3 中的冲击位置截取样坯，通过该位置截取的冲击试样可以测定焊接接头应变时效敏感性。按照产品的不同要求，冲击试样的缺口需要开在不同的位置，包括焊缝和热影响区两种开口位置。焊缝金属的冲击试样应在最后焊道的焊缝侧截取，缺口位于焊缝金属中央，热影响区的冲击试样的缺口轴线与熔合线交点间的距离应大于零，且应尽可能地通过热影响区。焊接接头冲击试样在焊缝处的三种不同位置，如图 4—3—6 所示。

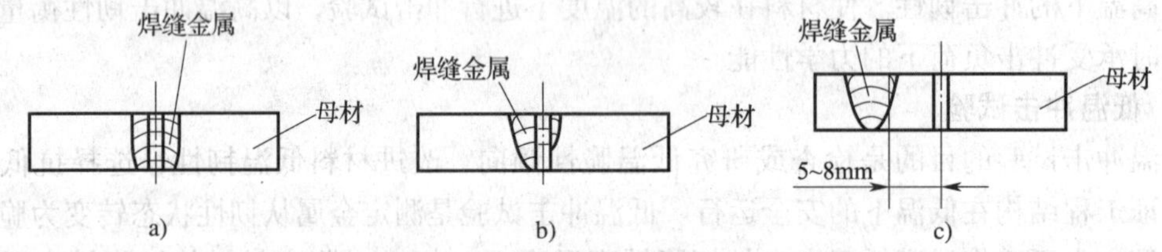

图 4—3—6 冲击试样的三种不同位置
a）焊缝金属试样 b）焊缝熔合线试样 c）焊缝热影响区试样

（1）试样取向。试样纵轴应垂直于焊缝轴线，缺口轴线应垂直于母材表面。

（2）取样位置。焊缝区试样的缺口轴线应位于焊缝中心线上。热影响区试样的缺口轴线至试样轴线与熔合线交点的距离大于零，且应尽可能多地通过热影响区。

（3）焊接接头试样数量。每种位置试样各 3 个。

2. 冲击试样的缺口形式及形状尺寸

冲击性能指标的测定一般需指定缺口部位，采用哪种缺口形式应按标准和技术条件要求而定。焊接接头冲击试验按《焊接接头冲击试验方法》（GB/T 2650—2008）规定，采用夏比 V 形缺口试样为标准试样（简称 CVN 试样），也允许采用辅助 U 形缺口试样和辅助小尺寸试样。缺口应开在焊接接头处，以此作为测定冲击韧度的特定区域，以测得该区的冲击韧度。

冲击试样的标准尺寸：冲击试样长度为 55 mm，横截面为 10 mm × 10 mm 方形截面。在试样长度中间有 V 形或 U 形缺口。如试件不够制备标准尺寸试样，可使用宽度 7. 5 mm、5 mm或 2. 5 mm 的小尺寸试样。

（1）夏比 V 形缺口冲击试样。标准样尺寸为 10 mm × 10 mm × 55 mm，中间带有 2 mm 深的 V 形缺口；辅助试样尺寸为 7.5 mm × 10 mm × 55 mm 和 5 mm × 10 mm × 55 mm，且中间带有 2 mm 深的 V 形缺口。V 形缺口的冲击吸收功用 A_{KV} 表示，用试样缺口处的截面积去除冲击功，即得到冲击韧度或称冲击值 α_{KV}。

（2）夏比 U 形缺口冲击试样。试样尺寸为 10 mm × 10 mm × 55 mm，在长度方向的中间带有 2 mm 深的 U 形缺口。也可采用 5 mm 深的 U 形缺口试样。U 形缺口的冲击吸收功用 A_{KU} 表示，用试样缺口处的截面积去除冲击功，即得到冲击韧度或称冲击值 α_{KU}（单位是 J/cm^2）。如图 4—3—7 所示为两种典型的 V 形和 U 形缺口冲击试样。

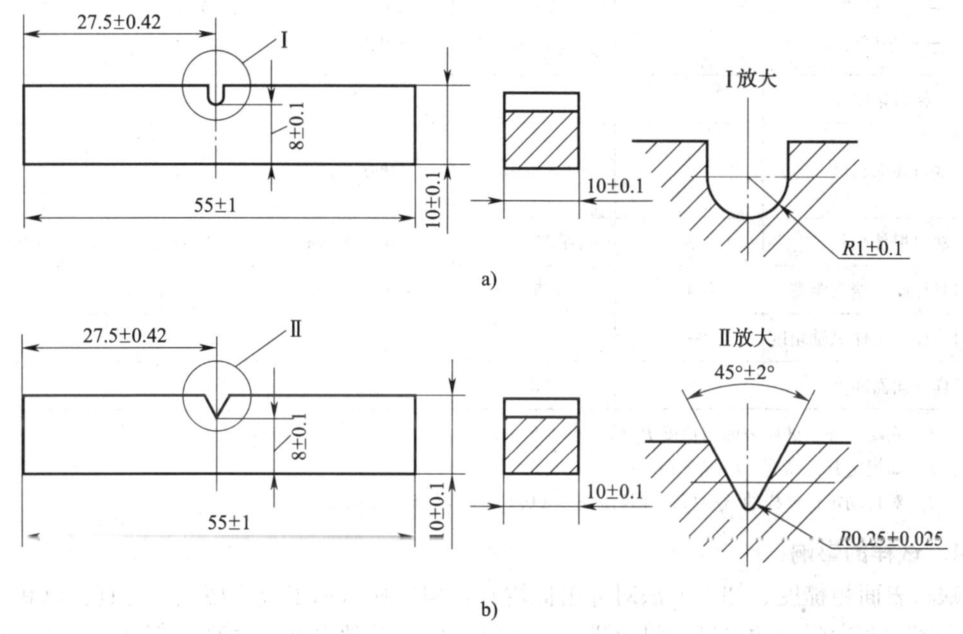

图 4—3—7　两种典型的冲击试样

a）U 形缺口冲击试样　b）V 形缺口冲击试样

3. 试样的加工要求

（1）几何形状。缺口制备应仔细，以保证缺口根部处没有影响吸收能的加工痕迹。缺口对称面应垂直于试样纵向轴线。

1）V 形缺口。V 形缺口应有 45°夹角，其深度为 2 mm，底部曲率半径为 0.25 mm，如图 4—3—7 和表 4—3—3 所示。

2）U 形缺口。U 形缺口深度应为 2 mm 或 5 mm（除非另有规定），底部曲率半径为 1 mm，如图 4—3—7 和表 4—3—3 所示。

（2）试样尺寸及偏差。试样缺口尺寸与偏差的规定见表 4—3—3。

（3）试样的标记。试样标记应远离缺口，不应标在与支座、砧座或摆锤刀刃接触的面上。试样标记应避免塑性变形和表面不连续性对冲击吸收能量的影响。

（4）表面粗糙度要求。要求试样表面粗糙度 R_a 值 < 5 μm，端部除外。对于需热处理的试样材料，应在最后精加工前进行热处理，除非已知两者顺序改变不会导致性能的差别。

表 4—3—3　　　　试样缺口尺寸与偏差

名称	符号及序号	V 形缺口试样		U 形缺口试样	
		公称尺寸	机加工偏差	公称尺寸	机加工偏差
长度	l	55 mm	±0. 60 mm	55 mm	±0. 60 mm
高度	h	10 mm	±0. 075 mm	10 mm	±0. 11 mm
宽度	w				
——标准试样		10 mm	±0. 11 mm	10 mm	±0. 11 mm
——小试样		7. 5 mm	±0. 11 mm	7. 5 mm	±0. 11 mm
——小试样		5 mm	±0. 06 mm	5 mm	±0. 06 mm
——小试样		2. 5 mm	±0. 04 mm		
缺口角度	1	45°	±2°	—	—
缺口底部高度	2	8 mm	±0. 075 mm	8 mm 5 mm	±0. 09 mm ±0. 09 mm
缺口根部半径	3	0. 25 mm	±0. 025 mm	1 mm	±0. 07 mm
缺口对称面—端部距离	4	27. 5 mm	±0. 42 mm	27. 5 mm	±0. 42 mm
缺口对称面—试样纵轴角度	—	0°	±2°	90°	±2°
试样纵向面间夹角	5	90°	±2°	90°	±2°

注：1. 除端部外，试样表面粗糙度 R_a 值应小于 5 μm。

2. 如规定其他高度，应规定相应偏差。

3. 对自动定位试样的试验机，建议用偏差 ±0. 165 mm 代替 ±0. 42 mm。

4. 试样的影响

缺口表面粗糙度、加工方法对冲击值均有影响。缺口加工应采用成形刀具，以获得真实的冲击值，在专门的冲击试验机上进行，根据需要可做常温冲击试验、低温冲击试验和高温冲击试验，后两种试验需要把试样冷却和加热至规定温度下进行，冲击试样的断口情况对接头是否处于脆性状态的判断很重要，常常被用于宏观和微观断口分析。

四、冲击试验设备

目前，常用的冲击试验设备是冲击试验机，它是一种能瞬时测定和记录材料在受冲击过程中的特性曲线的一种试验机，用于测定金属材料的抗动荷冲击性能，从而判断材料在动负荷作用下的质量状况。冲击试验机分为手动摆锤式冲击试验机、半自动冲击试验机、全自动冲击试验机、微机屏显自动冲击试验机、超低温全自动冲击试验机等。

如图 4—3—8 所示，手动摆锤式冲击试验机、半自动冲击试验机和全自动冲击试验机的工作原理是一样的，只是其自动化程度不同而已。全自动冲击自动控制试验机操作简单、工作效率高，扬摆、冲击、放摆均采用电气控制，并能利用冲断试样后的剩余能量自动扬摆，为下次试验做好准备，特别适用于连续做冲击韧性较大材料的冲击试验和大批量冲击试验。

如图 4—3—8a 所示，JB－300B 冲击试验机是手动摆锤式冲击试验机，这是一种普通的冲击试验机。其主要技术参数为：冲击能量 300 J（大锤），150 J（小锤）；冲击速度

5.2 m/s左右；摆锤预扬角150°；试样支座跨距40 mm；冲击刀刃圆角R2.0~2.5 mm；摆杆长度750 mm。

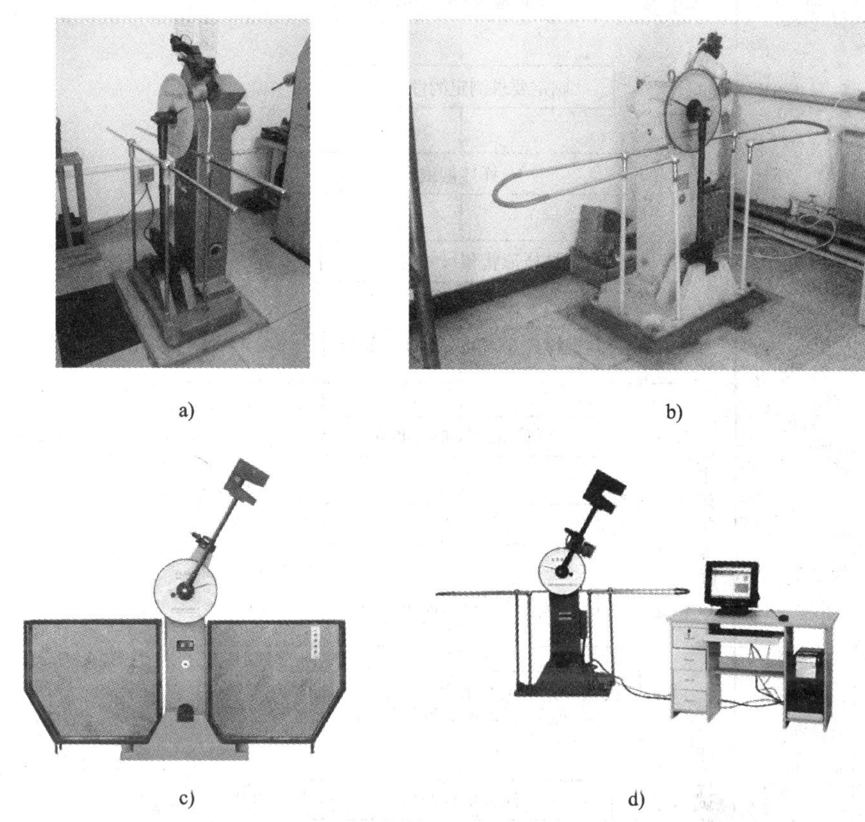

a)　b)

c)　d)

图4—3—8　冲击试验机

a）JB-300B手动摆锤式冲击试验机　b）自动冲击试验机

c）半自动冲击试验机　d）JBW-300B微机屏显自动冲击试验机

冲击试验设备应满足：

（1）一般要求。所有测量仪器均应满足国家（或国际）标准。安装及检验试验机应按GB/T 3808—2002《摆锤式冲击试验机检验标准》或JJG 145—2007《摆锤式冲击试验机》进行，且应在标准规定的周期内进行校准，以确保设备的准确率。

（2）摆锤刀刃。摆锤刀刃半径应有2 mm和8 mm两种，用符号的下标数字表示，如KV_2或KV_8。摆锤刀刃半径的选择应按相关产品标准来定。

五、冲击试验工艺

冲击试验一般包括母材、焊接接头及熔合区的冲击试验。因它们的取样位置不同，所以其冲击试验测定的冲击功数值也就有所不同。对焊接试件进行拉伸试验，首先应充分了解被检测焊接件的材质、规格等参数，并确定检测要求与验收标准；然后依据相应标准来截取试样样坯，选定试样形状和加工尺寸，选择合适的试验机等，同时要确定该焊接试件由冲击试验测定的性能指标。冲击试验的一般程序如图4—3—9所示。

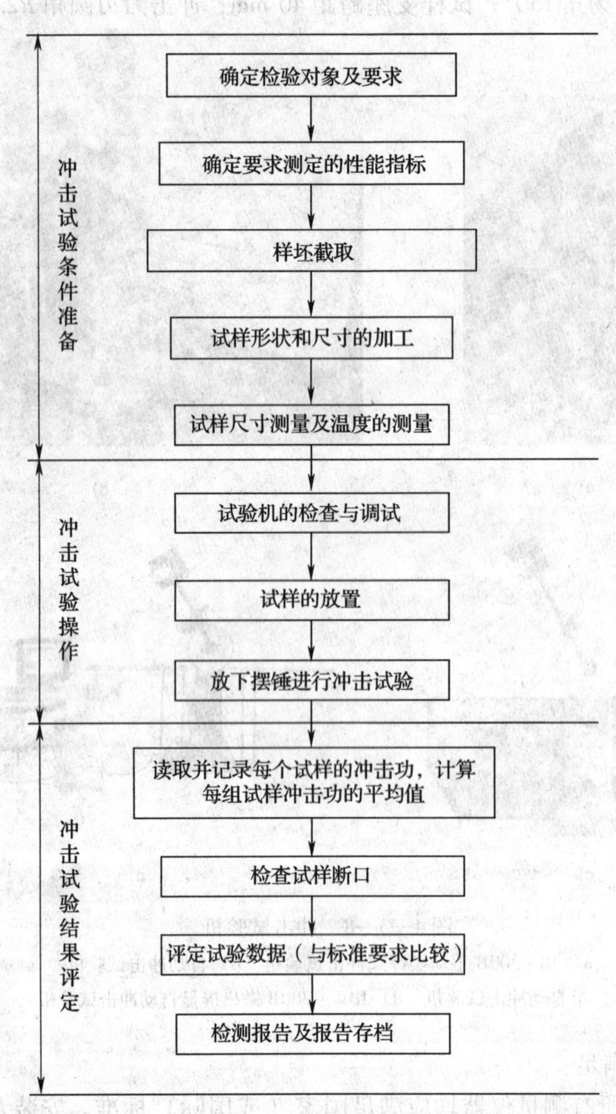

图 4—3—9　冲击试验的一般程序

1. 冲击试样的制备

（1）试样加工。通常选择万能铣床加工试样后，再选择磨床加工试样，使之表面粗糙度 R_a 值达到≤5 μm 的要求，端部除外。

（2）试样尺寸。为确保焊接接头热影响区及熔合线的冲击试样达到如图 4—3—3 所示的长度要求，试样在缺口加工前，均加工成长方体，尺寸为（75 ~ 80）mm ×（10 ±0.1）mm ×（10 ±0.1）mm。然后，用专用显示剂显现焊缝，确定并划出缺口加工轴线，以缺口轴线为中心线加工，使试样尺寸达到（55 ±0.1）mm ×（10 ±0.1）mm ×（10 ±0.1）mm。

（3）试样缺口加工。选择专用的设备（缺口拉床）加工试样缺口，试样缺口应符合如图 4—3—3 所示的要求。然后用冲击试样缺口投影仪检查试样缺口加工是否合格。冲击试样缺口投影仪是一种专用于检验夏比 V 形和 U 形缺口加工质量的光学仪器，该类仪器是利用光学投影方法将被测的冲击试样 V 形和 U 形缺口轮廓放大 50 倍后投射到投影屏上，与投影屏上的冲击试样 V 形和 U 形缺口标准板图对比，以确定被检测的试样缺口是否符合标准要求。其优点是操作简便，对比直观。

（4）每个区 3 个试样一组。

2. 冲击试验要求

（1）执行标准。冲击试验方法、试验设备以及试验温度按《焊接接头冲击试验方法》（GB/T 2650—2008）规定进行。

（2）试验温度。

1）对于试验温度有规定的，应在规定温度 ±2℃ 范围内进行。如果没有规定，室温冲击试验应在 23℃ ±5℃ 范围进行。

2）当使用液体介质冷却试样时，试样应放置于容器中的网栅上，网栅至少高于容器底部 25 mm，液体浸过试样的高度至少 25 mm，试样距容器侧壁至少 10 mm。应连续均匀搅拌介质以使温度均匀。测定介质温度的仪器推荐置于一组试样中间处。介质温度应在规定温度 ±1℃ 以内，保持至少 5 min。当使用气体介质冷却试样时，试样距低温装置内表面以及试样与试样之间应保持足够的距离，试样应在规定温度下保持至少 20 min。

3）对于试验温度不超过 200℃ 的试验，试样应在规定温度 ±2℃ 的液池中保持至少 10 min。对于试验温度超过 200℃ 的试验，试样应在规定温度 ±5℃ 以内的高温装置内保持至少 20 min。

（3）试样的转移。当试验不在室温进行时，试样从高温或低温装置中移出至打断的时间应不大于 5 s。转移装置的设计和使用应能使试样温度保持在允许的温度范围内。转移装置与试样接触部分应与试样一起加热或冷却。应采取措施，确保试样对中装置不引起低能力、高强度试样断裂后回弹到摆锤上而引起不正确的能力偏高指示。试样端部和对中装置的间隙或定位部件的间隙应大于 13 mm，否则在断裂过程中，试样端部可能回弹至摆锤上。

3. 冲击试验设备选择

依单位现有设备情况选择合适的设备。尽量选择微机屏显自动冲击试验机，如图 4—3—8d 所示，以减少读数的误差，使测得的冲击功数值更准确，并可以直接计算出冲击值。

（1）冲击试验设备的调试与检查。

1）检查试验设备。检查冲击试验设备是否（在标准规定校准的周期内）已检验合格。

2）调试。试验前应检查空打时的回零差或空载能耗，同时应检查砧座跨距，砧座跨距应保证在 40 mm ±0. 2 mm 以内。

3）选择摆锤。根据冲击能量的大小，摆锤分大锤和小锤（其冲击功的最大极限值不同）。冲击试验机可测的最大冲击功值是以大锤的冲击功的最大极限值而定的。如图 4—3—10 所示，从 JB－300B 冲击试验机的表盘上可知：大锤的冲击功的最大极限值是 300 J，小锤的冲击功的最大极限值是 150 J。因此，应根据材料冲击功的大小选择合适的摆锤进行试验。

图 4—3—10　JB－300B 冲击试验机的表盘

（2）试样的放置。试样应紧贴试验机砧座，并使缺口的背面为试样的打击面，试样缺口对称面偏离两砧座间中点的距离应不大于 0.5 mm。

（3）试验操作。放锤冲击，用摆锤一次打击试样，锤刃沿缺口对称面打击试样缺口的背面，记录冲击功（测定试样的吸收能量），完成试验。

六、试验结果评定

1. 试样的冲击吸收功

读取并记录每个试样的冲击吸收功，应至少估读到 0.5 J 或 0.5 个标度单位（取两者之间较小值）。试验结果至少应保留两位有效数字，修约方法按《数值修约规则与极限数值的表示和判定》（GB/T 8170—2008）执行。

三个试样为一组，并与试样母材钢种的冲击吸收功比较。当设计图样有要求或材料标准规定要用冲击试验时，其合格标准应符合相应标准规定：每个区 3 个试样为一组的冲击吸收功平均值应符合图样或相关技术文件规定，且不得低于母材规定值的下限。至多允许有 1 个试样的冲击吸收功低于规定值，但不低于规定值的 70%。

2. 试样未完全断裂

对于试样试验后没有完全断裂，可以报出冲击吸收能量，或与完全断裂试样结果作平均处理后报出。由于试验机打击能量不足，试样未完成断开，吸收能量不能确定，实验报告应注明用 ×J 的试验，试样未断开。

3. 试样卡锤

如果试样卡在试验机上，试验结果无效，应彻底检查试验机，否则试验机的损伤会影响测量的准确性。

4. 断口检查

如断裂后检查显示出试样标记是在明显的变形部位，试验结果可能不代表材料的性能，应在试验报告中注明。

七、撰写试验报告

试验报告应包括以下内容：执行的国家标准编号；试样相关资料（钢种、炉号等）；缺口类型（缺口深度）；与标准尺寸不同的试样尺寸；试验温度；每组冲击吸收功的平均值；可能影响试验的异常情况。

任务实施

一、试验前准备

1. 选择冲击试验机

现有设备为 JB－300B 摆锤式冲击试验机，设备应由国家授权的计量检测部门负责检测，检测周期为 1 年，同时选择摆锤为大锤。

2. 制取试样样坯

按图 4—1—1 所示在“冲击”部位截取试样样坯：3 组，每组数量各 3 个，共 9 个，并做好试样标记。

3. 试样的制备

（1）用机械方法（铣削加工和磨削加工）加工试样，加工方向应垂直焊缝方向，先加工试样为长方体，尺寸为（10 ±0. 1）mm ×（10 ±0. 1）mm ×80 mm，试样表面粗糙度 R_a 值≤5 μm，同时做好试样标记移植。

（2）3 组试样经显示剂腐蚀后，焊缝清晰显现；分组划线，标记出缺口位置中心轴线，以缺口中心轴线位置为试样长度方向的中心线，再用机械方法（铣削）加工试样端部，使试样尺寸均达到（10 ±0. 1）mm ×（10 ±0. 1）mm ×（55 ±0. 1）mm，试样表面粗糙度 R_a 值≤5 μm，同时做好试样标记移植。

（3）采用 LS71－UV 冲击试样缺口专用手动拉床，将试样拉出 V 形缺口，试样缺口应符合如图 4—3—7 所示的要求。选用 XT－50 冲击试样缺口投影仪对加工的试样缺口进行检测（与投影屏上的冲击试样 V 形标准板图对比），本 3 组冲击试样的试样缺口检测均合格。

（4）按要求填写弯曲试验委托单，并将试样和委托单一起送检。

二、试验操作

按《焊接接头冲击试验方法》（GB/T 2650—2008）规定进行。

1. 记录试验温度。由于大多数材料冲击值随温度变化，因此试验应在规定温度下进行。用温度计测得室温为 25℃，标准规定的室温冲击试验温度为 23℃ ±5℃。

2. 试验前检查摆锤空打时的回零差或空载能耗。同时，试验前应检查砧座跨距，砧座跨距应保证在 40 mm ±0. 2 mm 以内。

3. 在投影仪上检查试样 V 形缺口是否合格，再将合格的试样放到 JB－300B 冲击试验机两支座之间，用定位器确保试样放置到试验机正确的位置，试样应紧贴试验机砧座，试样缺口对称面与两砧座间的中点应相对应，缺口背向打击面放置。

4. 进行冲击试验。放锤冲击，用摆锤一次打击试样，锤刃沿缺口对称面打击试样缺口的背面，读取并记录每个试样冲击试验的冲击功（测定试样的吸收能量），完成试验。冲击试验后的试样如图 4—3—11 所示。

三、试验结果评定

根据每个区 3 个试样的为一组冲击吸收功值，计算其冲击吸收功平均值为 154 J、189 J、197 J，均大于母材规定值的下限 31 J。查《压力容器用钢板》（GB 6654—1996）可知 16MnR 材质的冲击功 A_{KV}≥31 J。因此，冲击试验结果评定为合格。

对破坏性检验的各种试验记录按规定进行控制和保存，其试验后的试样也应适度保存。原材料试样及产品试板原则上保存 3 ~ 6 个月，最低不得少于 3 个月，焊接工艺评定试样移交焊接工艺管理部门长期保存。

图 4—3—11　冲击试验后焊缝区的一组试样

四、撰写试验报告

试验报告包括以下内容：执行的国家标准编号；试样相关资料；缺口类型（缺口深度）；试验温度；每组冲击吸收功的平均值。

任务评价

评分标准见表 4—3—4。

表 4—3—4　　评分标准

序号	考核内容	评分标准	配分	得分
1	评定标准的选择	根据图样要求和《焊接接头冲击试验方法》（GB/T 2650—2008）标准进行评定	10	
2	试验前的准备	冲击试样的截取和试样形状尺寸的加工	30	
3	试验机的选择和调整	尽量选择自动化控制的冲击试验机，同时选择合适的摆锤，并调整好指针使其对准零点，调整好自动绘图装置	20	
4	冲击试验的操作	放锤冲击，用摆锤一次打击试样，锤刃沿缺口对称面打击试样缺口的背面	20	
5	试验结果的评定	由试验结果的数据计算出每组 3 个试样的平均值，根据相关标准进行评定	20	
		总分合计	100	

思考与练习

1. 简述冲击试验的原理。
2. 焊接接头冲击试样的截取和标准冲击试样有哪些要求？
3. 简述冲击试验的操作程序。